Mechanism of Focke-Wulf Fw190

フォッケウルフFw190戦闘機のメカニズム

ドイツ主力戦闘機の徹底研究

Shigeru Nohara
野原 茂

潮書房光人新社

Fw190A/F/G カラーファイル

Photos & Illustration by S. Nohara & NASM

↑1943年3月、ポーランド領内のデブリン・イレーナ飛行場にて、Bf109からFw190F-2に機種改変を完了したばかりの、第1地上攻撃航空団第Ⅱ飛行隊第5中隊(5./Sch.G1)の列線。

↑イギリス空軍機の空襲に備え、フランス北部のトリキビル飛行場周囲の林の中に駐機し、プロペラを取り外して整備・点検をうける、第2戦闘航空団第Ⅰ飛行隊第1中隊（1./JG2）のFw190A-2、またはA-3、機番号“白の14”。1942年晩秋頃の撮影。

↓戦後、調査、研究用サンプルの1機としてアメリカに搬送されたのち、長年にわたり分解され保管されていたFw190F-8/R1、W.Nr931884、機番号“白の7”が、1983年10月にNASMによる完璧な復元作業の末、往時の姿に戻った際の撮影。累計13,604マン・アワーを費しての成果だった。

Fw190V1“D-OPZE”　1939年6月　ブレーメン

Fw190A-4 W.Nr746　第2戦闘航空団第Ⅲ飛行隊第9中隊長
ジークフリート・シュネル中尉乗機　1943年2月　フランス

Fw190A-4　第1戦闘航空団第Ⅰ飛行隊第1中隊
1943年6月　オランダ／デーレン基地

Fw190A-4　第2戦闘航空団第III飛行隊長
エーゴン・マイヤー大尉乗機　1943年6月　フランス

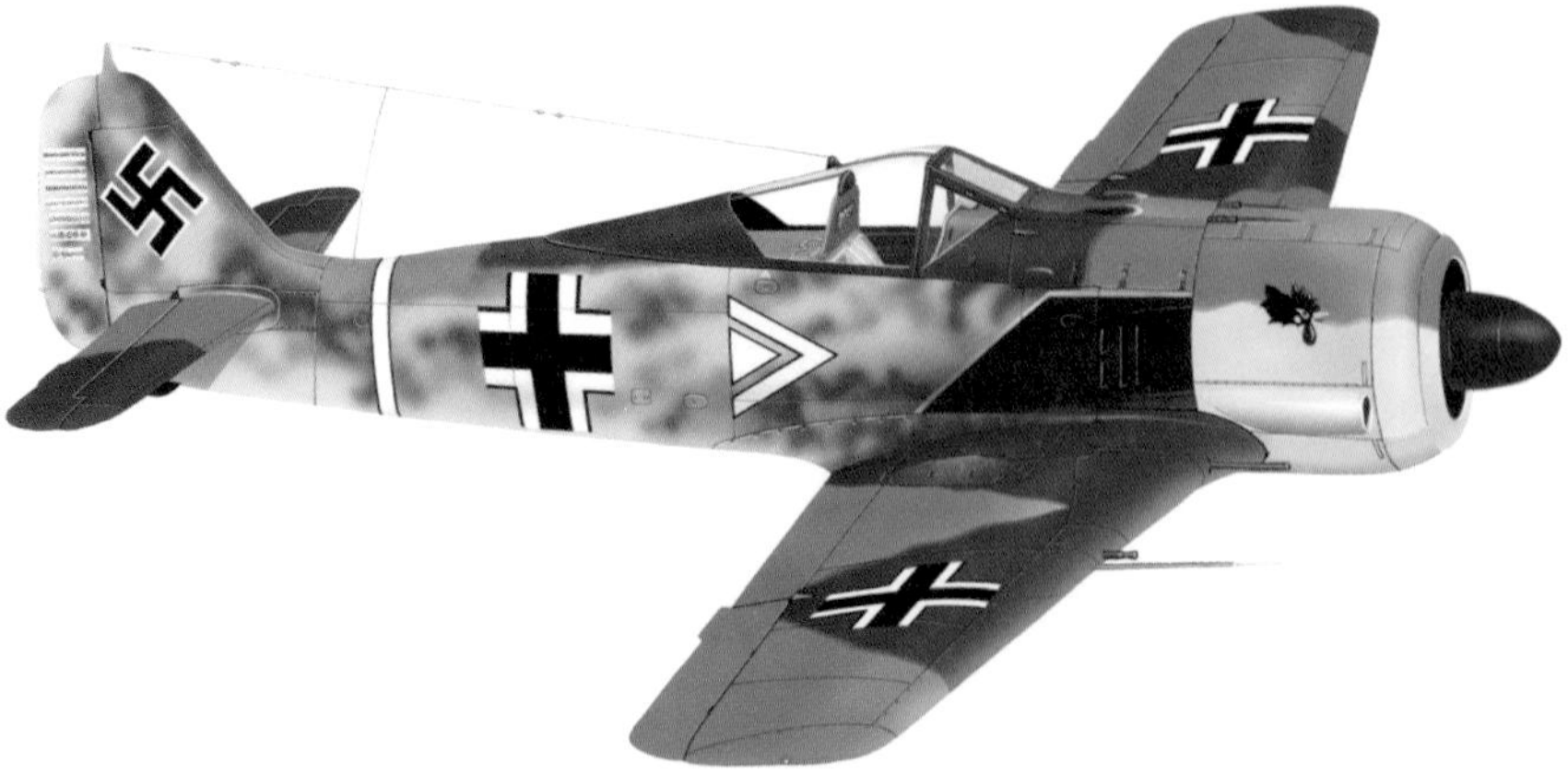

Fw190A-5/U12　第11戦闘航空団第 I 飛行隊第2中隊長
エーリッヒ・ホント少尉乗機　1943年末　ドイツ／フーズム基地

Fw190A-6　第1戦闘航空団第 I 飛行隊第1中隊
1943年7月　オランダ／デーレン基地

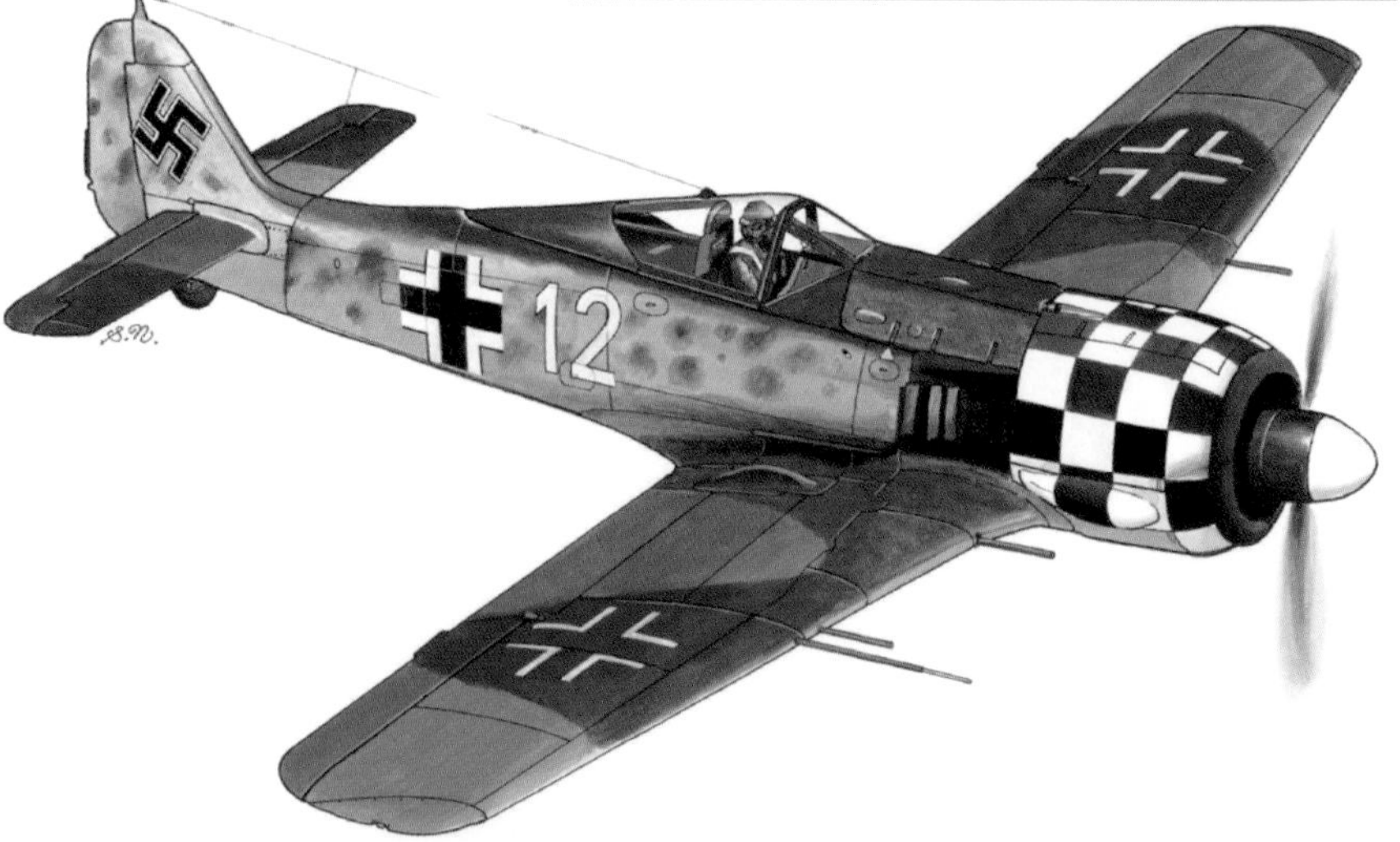

Fw190A-5 W.Nr2594　東部補充戦闘飛行隊長
ヘルマン・グラーフ少佐乗機　1943年4月　フランス

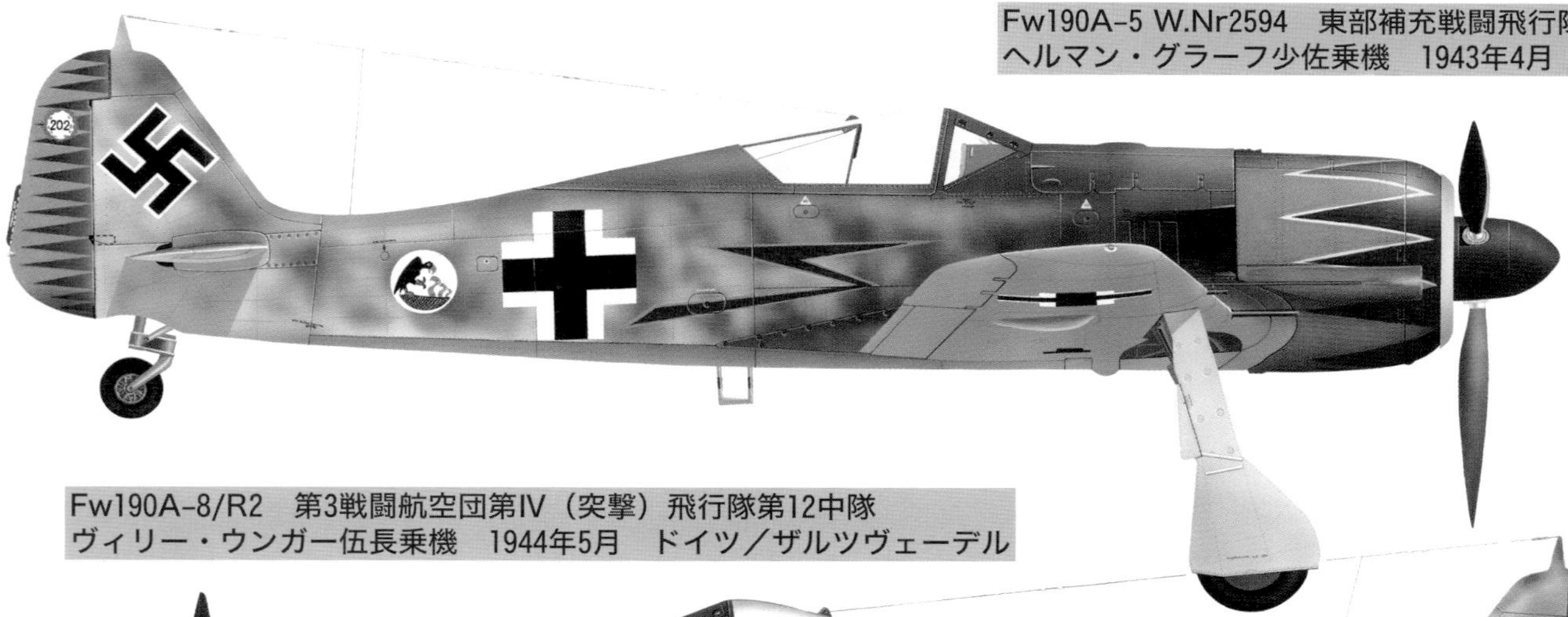

Fw190A-8/R2　第3戦闘航空団第IV（突撃）飛行隊第12中隊
ヴィリー・ウンガー伍長乗機　1944年5月　ドイツ／ザルツヴェーデル

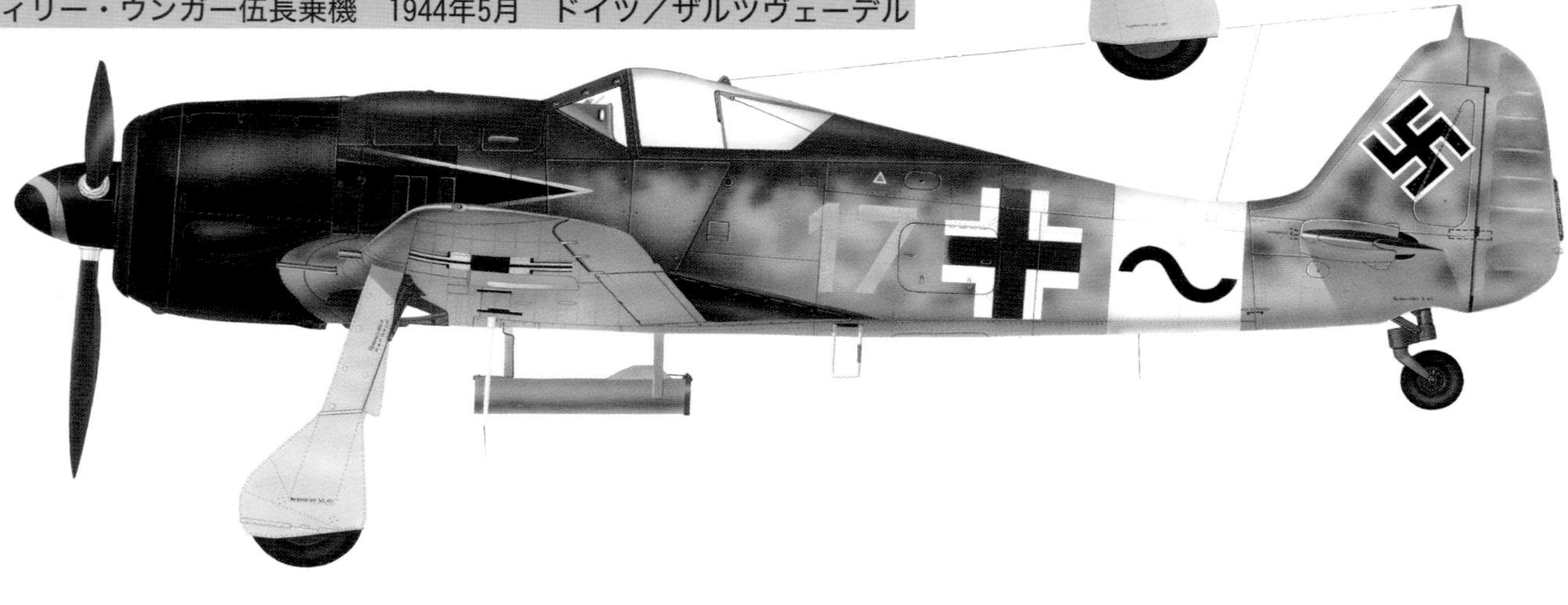

Fw190A-8　第26戦闘航空団本部小隊　1944年夏　ドイツ

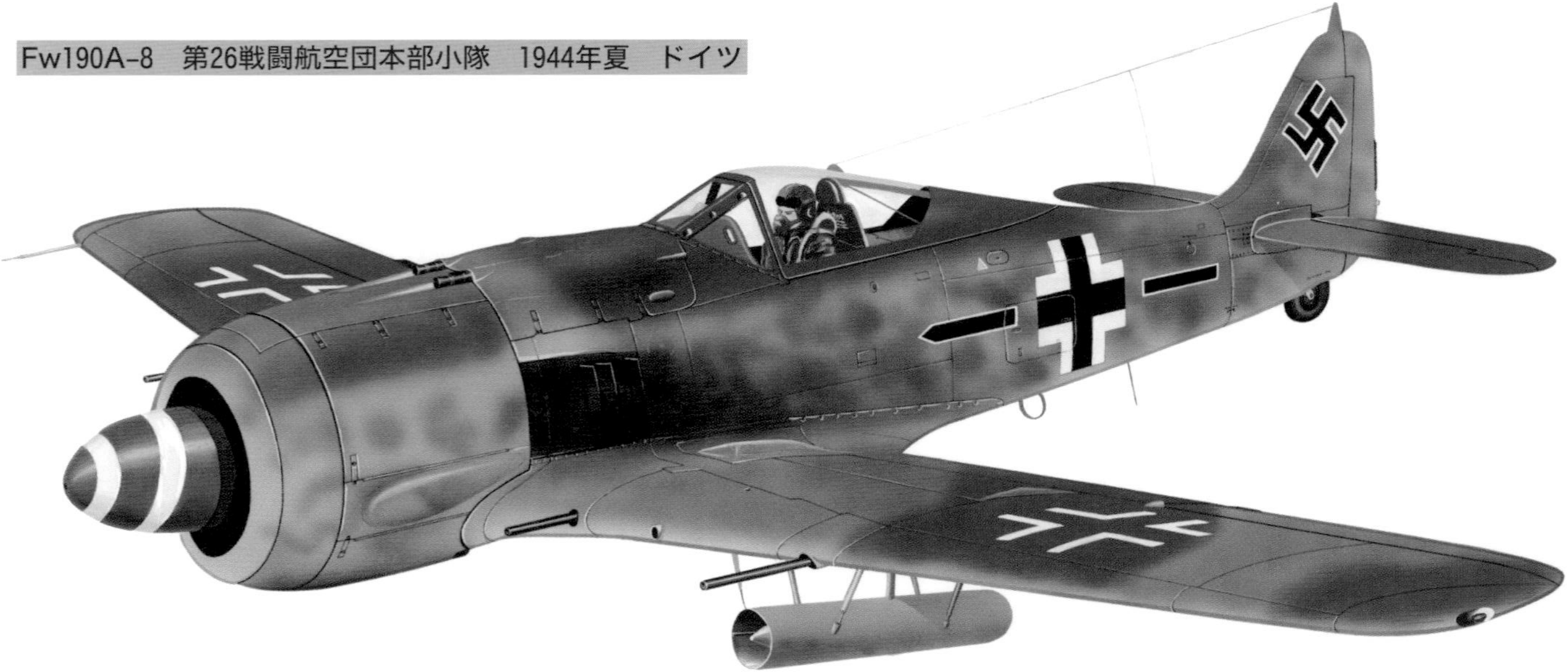

Fw190A-8　第51戦闘航空団本部小隊
ヘルムート・ヨーネ伍長乗機　1944年11月　ポーランド

Fw190A-8/R2 W.Nr682204　第300戦闘航空団第II(突撃)飛行隊第5中隊長
クラウス・ブレトシュナイダー少尉乗機　1944年秋　ドイツ／レープニッツ基地

Fw190F-9　所属部隊不詳
1945年5月　ドイツ／ミュンヘン・リーム基地

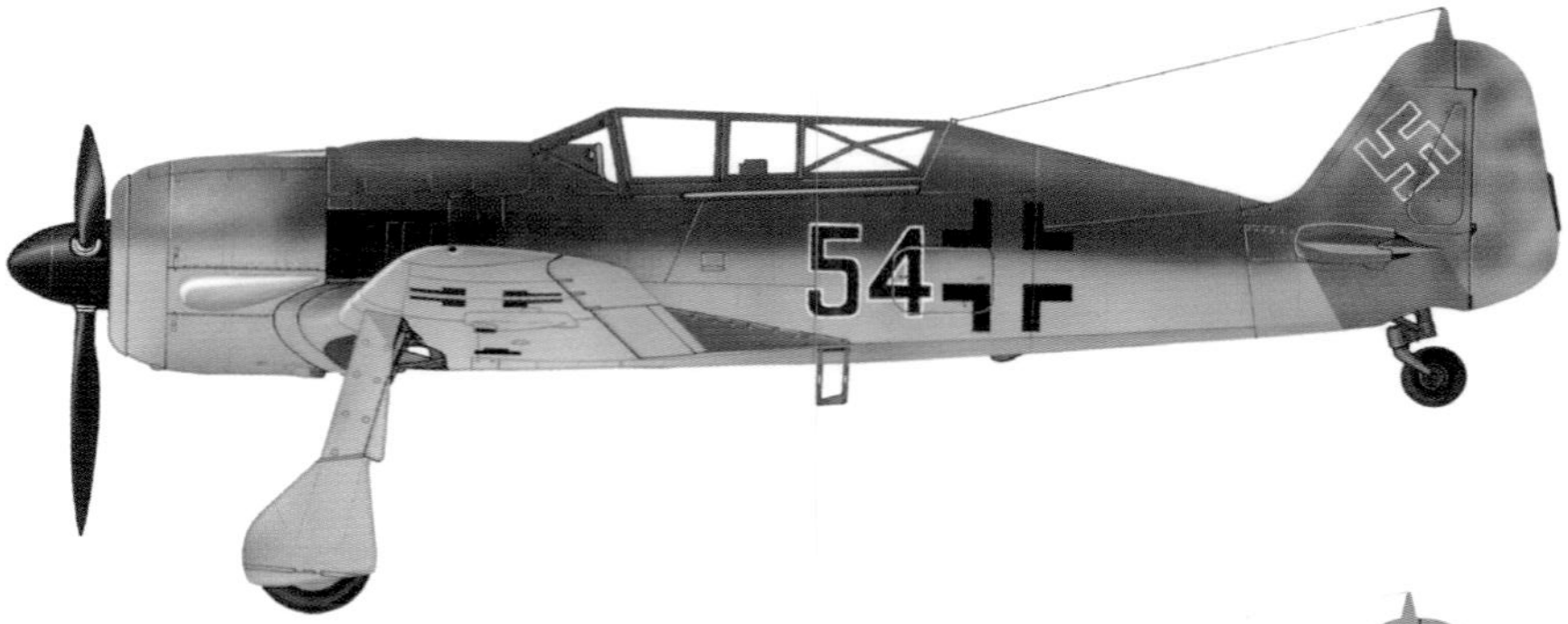

Fw190S-8　所属部隊不詳
1944年末　ドイツ／ミュンヘン・リーム基地

Fw190A/F/Gの主要迷彩色チップ

RLM74　RLM75　RLM76
RLM78　RLM79　RLM80

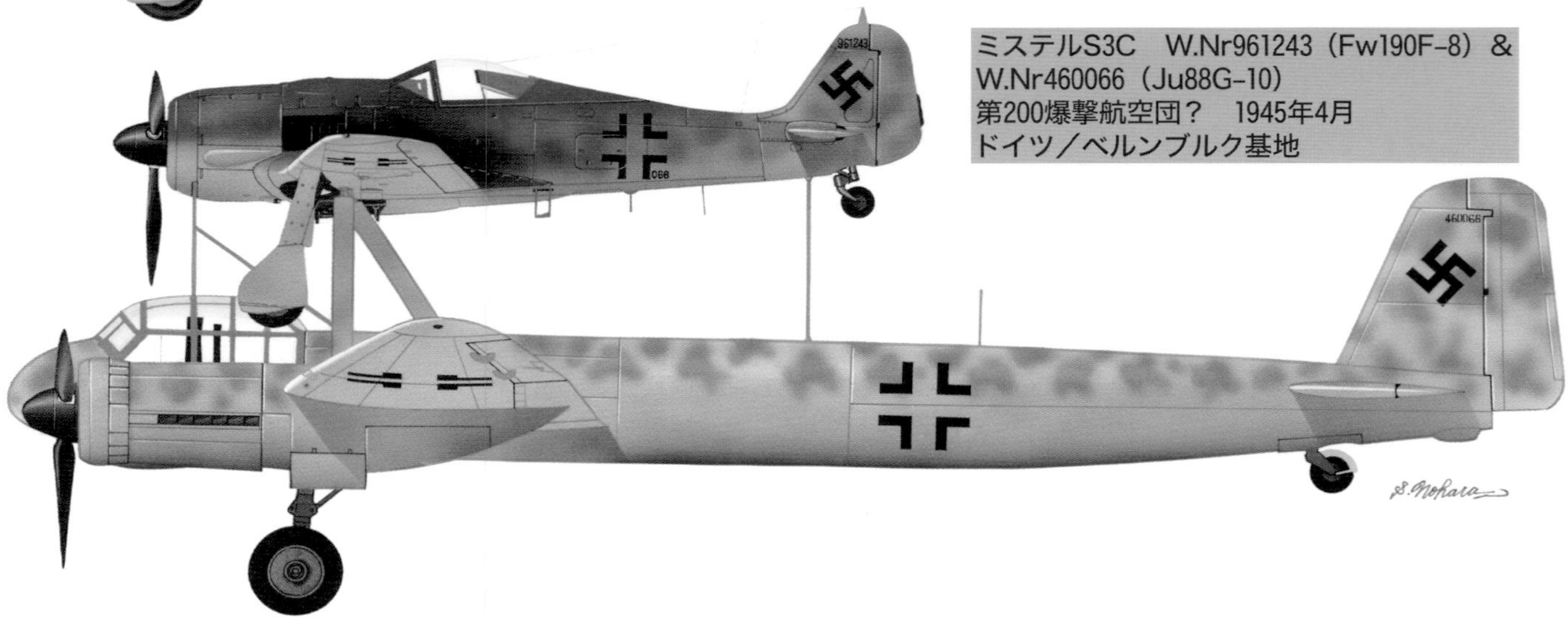

ミステルS3C　W.Nr961243（Fw190F-8）&
W.Nr460066（Ju88G-10）
第200爆撃航空団？　1945年4月
ドイツ／ベルンブルク基地

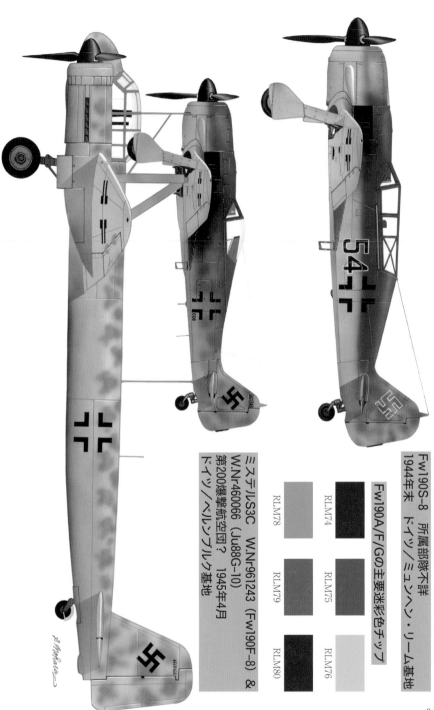

序文

第二次世界大戦期のドイツ空軍主力戦闘機といえば、まず誰もが頭に思い浮かべるのがメッサーシュミットＢｆ１０９であろう。確かに、１９３５年5月末の原型機初飛行から約10年を経た１９４５年5月8日、ドイツが戦争に敗れて連合国／ソビエトに対して無条件降伏したその日もなお、量産が続いていて、累計約3万３０００機余という空前絶後の生産数を記録した事実は、圧倒的な説得力を持つ。

ただ、Ｂｆ１０９に約4年ほど遅れて原型機が初飛行し、飛行性能は無論のこと、実用面でも同機を凌ぐ存在で空軍の期待に応え、敗戦までに約2万機というＢｆ１０９に次ぐ生産数を記録した、フォッケウルフＦｗ１９０もまた、紛れもない一方の主力戦闘機であった。

Ｆｗ１９０誕生のきっかけは、１９３８年春に帝国航空省（ＲＬＭ）技術局が将来の有事に備え、現用主力戦闘機Ｂｆ１０９の補完兵力とするための新型戦闘機を、Ｆｗ社に試作発注したことに端を発する。

当時、Ｆｗ社はハインケル、ドルニエ、メッサーシュミット各社ほどのメジャーな存在ではなかったが、１９３4年11月に技術部長として入社していた、有能なクルト・タンク工学博士の主導で開発した、Ｆｗ44、56、１８７、１８９、２００などの成功作を次々に生み出し、頭角を現わし始めていた。

Ｆｗ１９０の設計にあたり、タンク技師がまず心掛けたのは、高性能を追求するのは当然のことだが、それと同等に操縦性の良さ、整備のし易さ、機体が頑丈であることなど、実用性の高さも兼ね備えることだった。

これはＢｆ１０９の、高性能ではあるが、降着装置の変則設計からくる離着陸時の事故率の高さ、新人パイロットにとってはクセが強く、扱いにくい操縦性、著しく小柄であるが故の汎用性の低さなどの欠点を反面教師とし、自らを律したことに他ならない。

また、タンク技師自身が第一次世界大戦に地上軍兵士として従軍した経験から、およそ兵器たるものは性能が優れているだけでは駄目で、誰もが容易に扱えて、最前線での厳しい運用環境にも順応できることなど、つまりは〝競走馬〟ではなく〝軍馬〟であることが望ましいという、確固たる信念を抱いていたこととも関連する。

タンク技師を含めたＦｗ社技術陣は、速度性能面で有利な、Ｂｆ１０９が搭載しているのと同じ、液冷倒立Ｖ型12気筒エンジン、ダイムラーベンツＤＢ６０１系の搭載を望んでいたのだが、同機の補完機という名目故か、当局はＦｗ１９０のＤＢ６０１系搭載は不可というお達しを出していた。

そのため、止むを得ずタンク技師らはＦｗ１９０の搭載エンジンに、当時まだ実用化未知数の、ＢＭＷ１３９空冷星型複列18気筒（１,５００hp）を選択する。だが、このことが結果的にＦｗ１９０に成功をもたらすことになるとは、当のタンク技師自身も思ってはいなかっただろう。

液冷エンジンに比べて正面の面積が大きい空冷星型エンジンは、確かに空気抵抗も大きくて、速度性能の優劣がその採否に直結する戦闘機にとっては不利だった。しかし、ＢＭＷ１３９は、ＤＢ６０１系に比べて出力が約４００hpも大きく、空気抵抗の大きさを十分にカバーできる可能性もあった。

実際、トラブルの多いＢＭＷ１３９に代えて、新型複列14気筒のＢＭＷ８０１Ｃ（１，５６０hp）に換装した原型５号機Ｆｗ１９０Ｖ５が、１９４０年当時のＢｆ１０９Ｅを性能面で凌駕したことが決め手となり、Ｆｗ１９０は生産型Ａシリーズの量産を受注することに成功。Ｂｆ１０９の補完機ではなく、一方の主力戦闘機としての地位も獲得することにつながるのである。

性能のみならず、タンク技師の信念を具現したＦｗ１９０は、大きなＢＭＷ８０１エンジンの余剰馬力と頑丈な機体構造を生かし、Ｂｆ１０９には無い優れた汎用能力を発揮。とりわけ、対大型爆撃機用の射撃兵装、防弾装甲の強化、並びにロケット弾装備などを施した「突撃戦闘機」、各種爆弾を携行しての戦闘爆撃機としての存在感が白眉だった。その結果、Ｂｆ１０９には及ばなかったものの、祖国敗戦までに約２万機にも達する生産数を記録、戦闘機兵力の双璧を成すに至った。

ただ、万能機の感があったＦｗ１９０にも唯一の弱点があり、ＢＭＷ８０１エンジンの特性により、高度６，０００ｍ以上に上昇すると急激にパワー低下をきたし、とくにアメリカ陸軍Ｂ－17、－24両四発重爆の高々度来襲に対し、ときに遅れをとることもあった。

この弱点をカバーするため、ダイムラーベンツＤＢ６０３、およびユンカースＪｕｍｏ２１３液冷倒立Ｖ型12気筒エンジン（出力は双方とも１，７５０hp）に換装するＦｗ１９０Ｃシリーズ、同Ｄシリーズが開発され、結果的に後者を採用。大戦終盤に至り空冷型Ａ、Ｆ、Ｇシリーズにとって代わることになる。

このＤシリーズをさらに改良・発展させたのが、タンク技師が関わる最後のレシプロ戦闘機となったＴａ１５２で、自身の頭文字を冠するに相応しい〝究極のレシプロ高性能戦闘機〟に昇華した。

Ｆｗ１９０Ｄ、およびＴａ１５２に関しては、旧単行本を文庫化して２０２１年に刊行した、「ドイツの最強レシプロ戦闘機」で詳しく紹介した。本書は、いわばその前篇にあたる空冷型Ｆｗ１９０Ａ、Ｆ、Ｇに焦点を絞ったモノグラフである。

願わくば、前記文庫本と本書を併読していただきますれば、Ｆｗ１９０系の全貌が把握できると思う次第。本書が読者諸兄の好評を博せたならば、幸甚である。

フォッケウルフＦｗ１９０戦闘機のメカニズム――目次

第一章　Fw190各型開発史

第二章 Fw190A／F／Gメカニズム解析

第四章　Ｆｗ１９０の塗装・マーキング

フォッケウルフＦｗ１９０戦闘機のメカニズム

――ドイツ主力戦闘機の徹底研究

第一章　Ｆｗ１９０各型開発史

原型機Fw190V

　原型1号機Fw190V1は、設計作業着手から1年余後の1939年6月1日、主任テスト・パイロット、ハンス・ザンダーの操縦で初飛行に成功した。バイエリッシュ発動機製作会社（Bayerische-Motoren Werke——略称BMW）がようやく完成にこぎつけた高出力エンジンBMW139（空冷複列18気筒1,500hp）を搭載し、前面空気抵抗を少しでも減少させるために巨大な〝ダクテッド・スピナー〟を採用した。

　V1は全幅9.515m、全長8.85m、総重量2,768kgで、基本構造こそ変わらないが全体形は後の量産型Aシリーズに比較するとかなり異なっていた。意外に感じるかもしれぬが、機体サイズ的には小柄なBf109とほとんど同じで、三面図から受ける印象は、のちの重厚さとは対照的な〝軽戦闘機〟というイメージである。

ダクテッド・スピナーに合わせて、カウリングは前方へ向けて強く絞ってあり、後下方にはカウルフラップを装備している。

　前下方視界を確保するため、操縦室は著しく前方に配置されているが、エンジン熱の影響をまともに受けて熱く、初飛行後の要改修箇所に指定された。

　主翼は、テーパーの強い形状で、付根にMG17 7.92mm機銃×2、MG131 13mm機銃×2を装備する予定だったが、V1は未装備のままとされた。水平、垂直尾翼形状も後のAシリーズと異なっている。

　大きく前方にふんばった形の主脚は、車輪が前方からみて地面に垂直ではなく〝ハ〟の字状に傾斜しており、主脚カバーの形状も複雑かつ主車輪カバーを併設（外側に折れた状態）していることなどが量産機と相違する点。

　1939年12月31日に初飛行した原型2号機Fw190V2、コード・レターFO+LZ、W.Nr0002も、ほぼV1と同型だったが、エンジン前

→フォッケウルフ社の技術部長として、Fw190の設計を主導したクルト・タンク技師。彼自身パイロット資格を有していたことが、本機の成功に大きく寄与したことは想像に難くない。Fw190の操縦席に収まったこの写真からも、自信に満ちた感が伝わってくる。

Fw190V1

※以下、P.75までの各型図面は全て1/100スケールに統一。

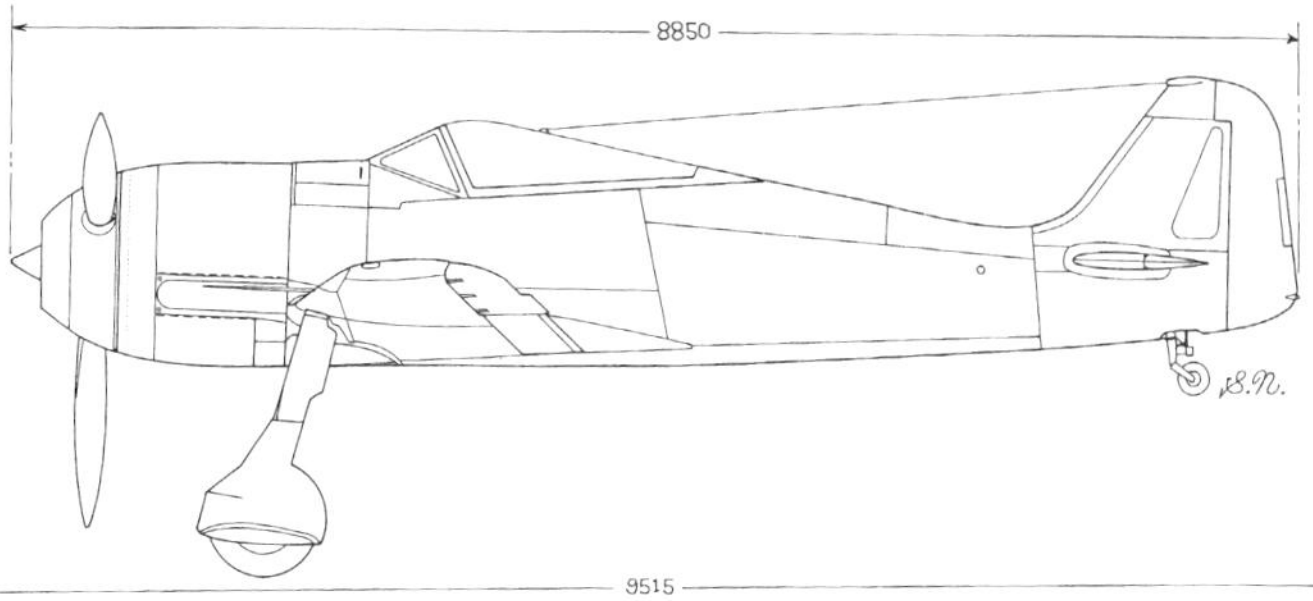

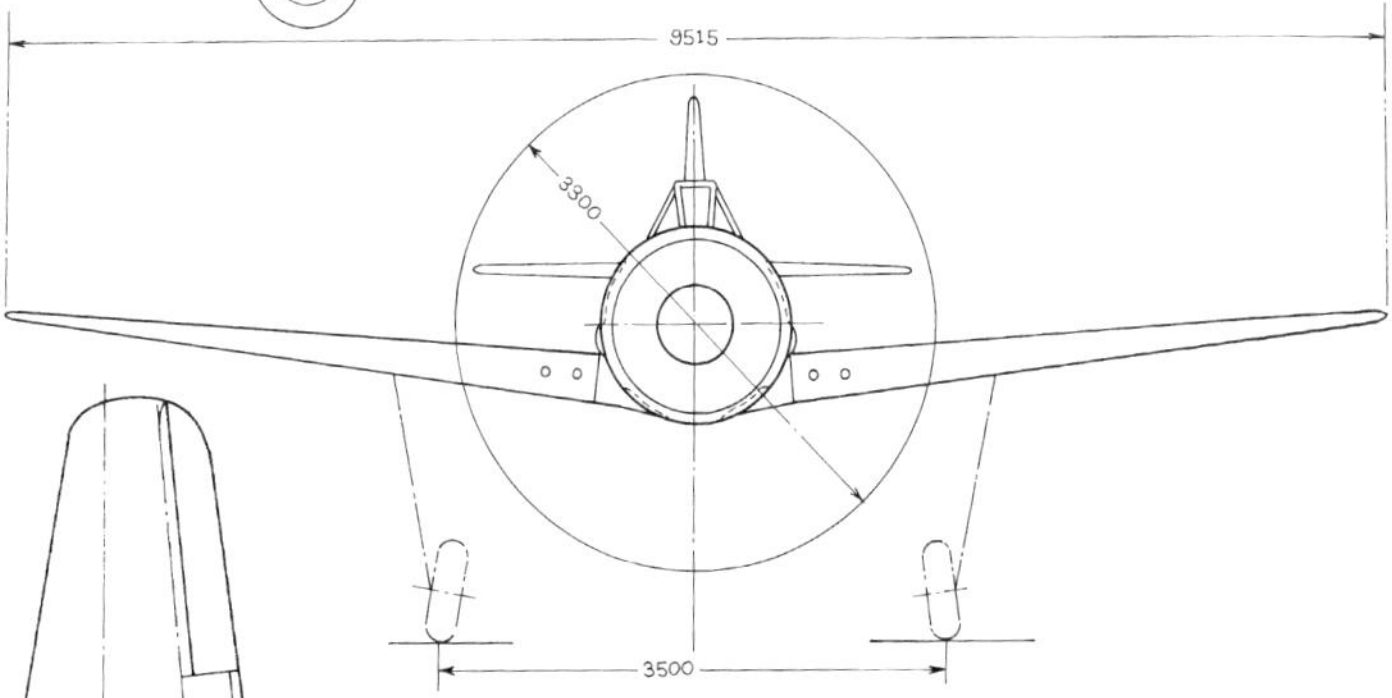

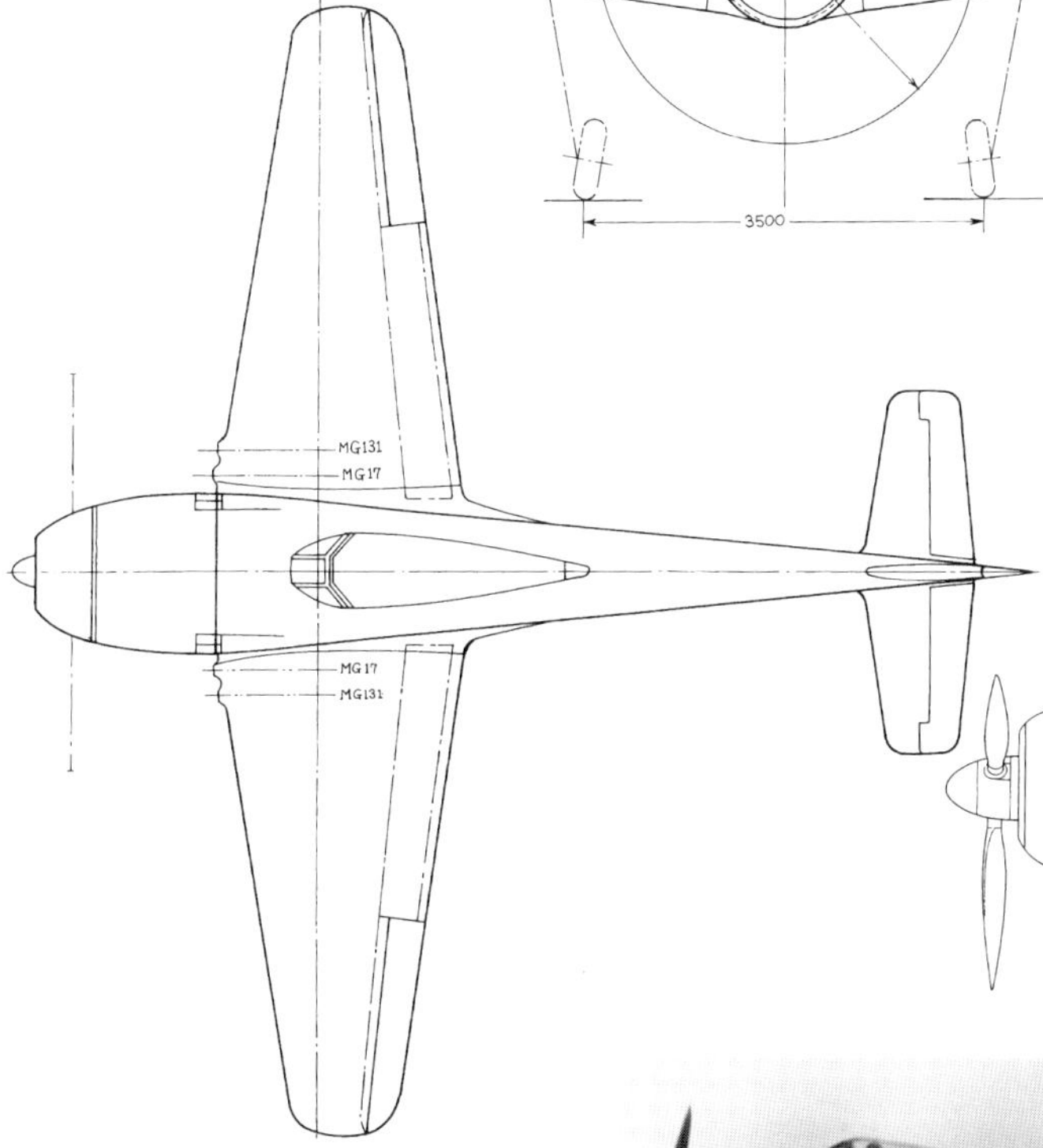

Fw190V1

(カウリング改造後)

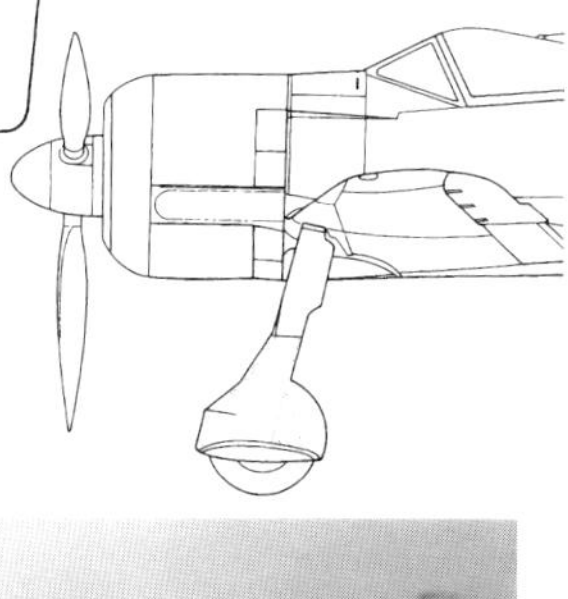

→1939年6月1日、フォッケウルフ社のチーフ・テストパイロット、ハンス・ザンダーの操縦で初飛行した原型1号機Fw190V1、民間機登録コード“D-OPZE”。原型5号機V5以降とはまったく異なる外観である。大きなダクテッド・スピナーに注目。

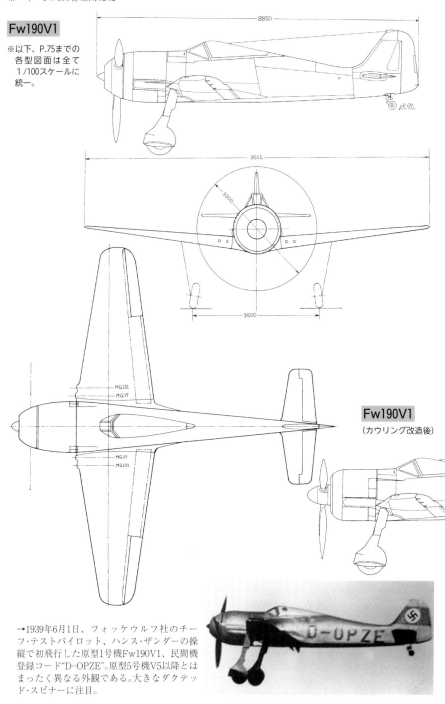

面に強制冷却ファンを追加したことと、武装を装備した点が異なっていた。

　空冷エンジンのハンディを少しでも減少させる目的で採用した〝ダクテッド・スピナー〟は、テスト飛行を進める段階で冷却効率（とくに後列シリンダー）の悪さが指摘され、１９４０年１月オーソドックスなスピナーとＮＡＣＡカウリングに変換された。

　エンジンの冷却、操縦室位置、主脚などいくつかの要改修箇所を除けば、最大速度５９５㎞／ｈを出したＶ１、Ｖ２は、まずまずの飛行性能を示した。Ｖ１の初飛行直後に、ＢＭＷ社ではＢＭＷ１３９のシリンダーを複列14気筒に改めて冷却効率を高め、出力も60hpほど向上させた新エンジンＢＭＷ８０１の実用化に成功したため、当局はＦｗ社に対し、Ｆｗ１９０のエンジンをこのＢＭＷ８０１に換装することを命じた。

　当初、ＢＭＷ８０１ＡおよびＢを搭載する原型機Ｆｗ１９０Ｖ３、およびＶ４が製作される予定だったが、Ｖ３はＶ１、Ｖ２の予備機材、Ｖ４は地上テスト機材に回されたため、細部改修を施したＢＭＷ８０１Ｃ－０の完成を待って、これを搭載したＦｗ１９０Ｖ５、Ｗ．Ｎｒ０００５が、新エンジン装備の最初の原型機として１９４０年４月に初飛行した。

　Ｖ５は改修後のＶ１、Ｖ２よりさら

Fw190V5k

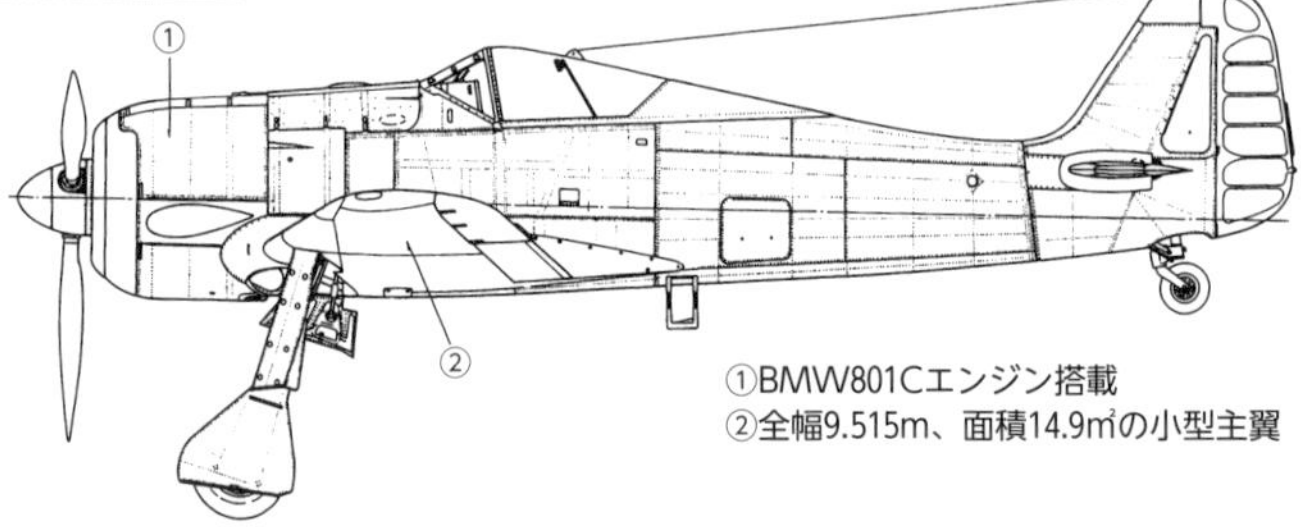

①BMW801Cエンジン搭載
②全幅9.515m、面積14.9㎡の小型主翼

↑テスト飛行中の原型5号機Fw190V5k。原型1号機V1に比べ一変した外観がよくわかる。とはいえ、V1と変わらぬ14.9㎡の小さな主翼のせいもあり、のちの生産型Aシリーズと違い、“軽戦”のようなイメージをうける。ちなみにV5kのkは，V5gのg＝Grösser（大きい）に対比するkleiner＝小さいの略で，主翼の違いを示している。

に冷却効率を向上させた新設計カウリングを付け、操縦室を少し後方へ移動し、主脚は構造、形状共全面的に刷新。垂直尾翼を面積の大きい形に改め、武装配置を機首上面にMG17×2、主翼付根にMG17×2、外翼にMGFF20mm×2と強化、分散（実際には未装備）させるなど、内部構造を含めてかなり大がかりな改修が加えられていた。

むろん、大幅な武装強化は当局の要請に応じたものだが、エンジンの重量増加や他装備品の追加も重なり、V5の重量はV1、V2に比較して25%も重くなり、必然的に翼面荷重が高くなって、旋回性能などが低下した。

最大速度は、わずかに向上して602km／hを記録したが、旋回性能低下を嫌った当局の意向をうけて、タンク技師はスパンを1m延長し、テーパーを少し弱めて面積を14.90㎡から18.30㎡に増加した新型主翼に換装した。両仕様を区別するため、従来型主翼付をV5k、新型主翼付をV5g（kはKleiner——小型、gはGrösser——大型の意）と命名して比較テストが行なわれた。

その結果、V5g仕様のほうは、重量が100kgほど重くなり、最大速度も590km／hに低下するが、旋回性能、離着陸性能はかなり向上することが判明した。当局は量産型の原型としてこのV5gを選び、ドイツでは異色の空冷戦闘機Fw190の基本形態が固まった。

↑フォッケウルフ社のブレーメン工場に隣接する飛行場で、テスト飛行後エプロンに戻るためトラクターに牽引されるFw190V5g。V5kに比べ、スパンが1m、面積が18.3㎡に増した大きな主翼がよくわかる。比較テストの結果、旋回、および離着陸性能の向上が決め手となり、このV5gをもって生産型Aシリーズの原型とすることになった。

Fw190A-0

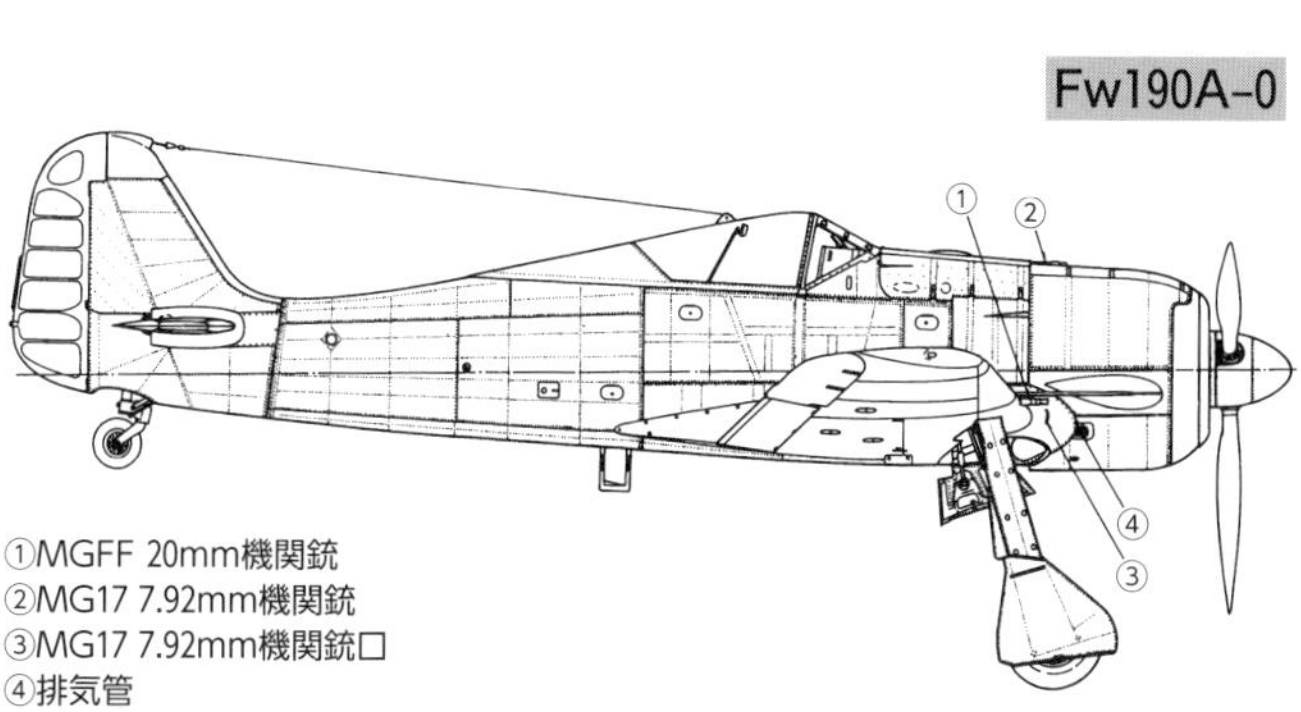

①MGFF 20mm機関銃
②MG17 7.92mm機関銃
③MG17 7.92mm機関銃口
④排気管

Ｆｗ１９０Ａシリーズ

Ｆｗ１９０Ａ－０

Ｖ５ｇを原型とする先行生産型Ａ－０は計28機（Ｗ．Ｎｒ０００８～００３５）発注され、１９４０年末から翌１９４１年初めにかけて空軍に納入され、各機とも実用化に向けての各種装備を施してテストされた。なお、Ａ－０の製作と併行して、原型Ｖ５に準じたＦｗ１９０Ｖ６（Ｗ．Ｎｒ０００６）、Ｆｗ１９０Ｖ７（Ｗ．Ｎｒ０００７）の２機が造られたが、いずれもＶ５ｋ仕様の小型主翼付で完成しており、Ｖ７は地上テスト機材に廻され飛行テストは行なわれなかった。

いくつかの文献には、Ａ－０の最初の８機は在来の小型主翼付で完成したと記されており、実際に１９４１年春頃に撮影された、Ｆｗ社ブレーメン工場に並んだＦｗ１９０の列線写真には、原型１号機の両側に小型主翼付のＡ－０が３機確認できる。しかし、同年７月撮影写真に写っているＷ．Ｎｒ０００８、００１２、００１４、００１５、００２３は、すべて新型主翼を付けており、完成後しばらくして全機この大型主翼に換装されたものと思われる。

Ａ－０を使って行なわれた各種装備テストのうち主なものは、射出座席

↑テスト飛行前に燃料車からガソリンを補給される、Aシリーズの先行生産型190A-0の1機、コードレター“KB+PV”。計28機つくられたA-0は、のちの生産型の各種装備実用テストに供された。写真の機体も含め、RLM74/75/76カラーを用いた、標準のグレイ系新迷彩塗装を施している。

↑A-0に続き1941年4月から完成しはじめた、最初の生産型Fw190A-1の1機。フォッケウルフ社ブレーメン工場にて完成し、社内テストのため発進前のエンジン暖機運転中のシーン。機体の周囲で整備員が見守っている。

（0022、0023号）、FuG25 IFF無線機（0021）、MG151／20 20㎜機銃（0018）、MGFF 20㎜機銃（0030）、GM1パワーブースト（0031）などであり、それぞれがA－0／U4、A－0／U3、A－0／U5、A－0／U10、A－0／U12と呼称され、後の量産各型サブタイプの原型となった。U仕様が付けられなかったが、他に300ℓ入落下増槽（タンク）、爆弾装備テストも行なわれており、「軍馬」としての片鱗をみせ始めていた。

A－0の後期製作分から、カウリング先端の潤滑油タンク／冷却器部を仕切る分割ラインが上部で屈折していたのを直線に改め、同側面の過給器空気取入ダクト・カバーの膨らみ形状を変更した他、同右側下面に開口していた排気管を廃止するなどのマイナー・チェンジが実施されている。

Fw190A-1

A－0の実用化テストを進める一方、Bf109を凌ぐ高性能を示したFw190に大きな期待をかけた航空省は、1941年春にA－0をベースとした最初の量産型A－1を発注し、同年7月末までには22機が空軍に納入された。

A－1は、スピナーを少し大型化し、水平尾翼の形状を改めた以外A－0の後期製作分とほとんど変わらず、BM

Fw190A-1

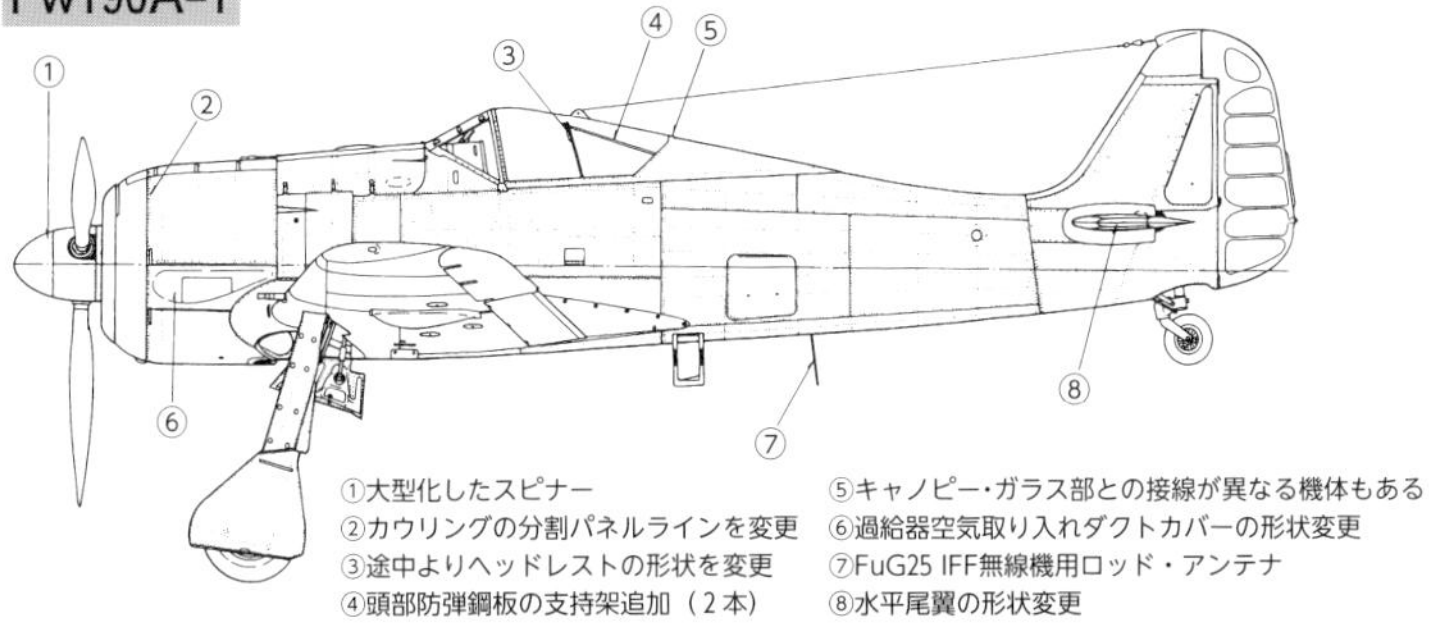

↑Fw190A-1を装備する最初の飛行隊となった、Ⅱ./JG26の3個中隊のうち、第5中隊（5./JG26）のホルスト・シュテルンベルク少尉の乗機、機番号"黒の13"。1941年秋、ベルギー領内モールゼーレ基地にて撮影。

W801C－1を搭載、武装は機首上面にMG17 2挺、両主翼付根にMG17 2挺、両外翼にMGFF2挺を標準装備とした。

A－1を最初に受領した部隊は、占領下のベルギー・モールゼーレに駐留していた第26戦闘航空団第Ⅱ飛行隊第6中隊で、7月にBf109Fから改変した。そして9月までには他の第4、5中隊もFw190A－1への改変を完了し、第Ⅱ飛行隊は定数30機をもって実戦態勢に入った。

この後、間もなくの9月初め、6./JG26の4機のFw190A－1が、ダンケルク上空で侵攻してきた英空軍の4機のスピットファイアMk.Vbと空戦を交え、瞬時に3機を撃墜して華々しいデビューを飾ったことは承知のとおり。A－1はW.Nr 190.0110.001～102までの計102機で生産を打ち切られ、ラインはA－2へチェンジした。バリエーションとして新型BMW801Dエンジンに換装したテスト機がA－1/U1と称して1機だけ造られた。

Fw190A－2

当面の敵、スピットファイアMk.Vbを圧倒して、ドイツ戦闘機隊の士気を大いに高めたFw190A－1だが、実戦に使用してみていくつかの要改修箇所も出てきた。とりわけ、BMW801C－1エンジンのトラブルには相当手を焼いたようだが、まず手を打ったのは武装の強化であった。すでに対戦闘機戦にさえ効果の薄くなった7.92mm機銃を4挺も搭載していること自体、実戦にそぐわなかったが、このうち両主翼付根部をMG151/20 20mm機銃に換装した型がA－2として量産に入った。

その他A－2がA－1に比較して変わった箇所は、エンジン冷却空気をスムーズに排出するためのスリットを排気口直後に追加したこと。A－2は1941年8月からフォッケウルフ社のほか、AGO、アラド、フィーゼラー各社でも下請生産された。各工場には計909機分のW.Nrが割り振られたが、途中で、次の型式A－3に振り分けた分もあり、A－2として完成した機体が何機なのかは不明。おそらく半数程度と推測される。

Fw190A-2

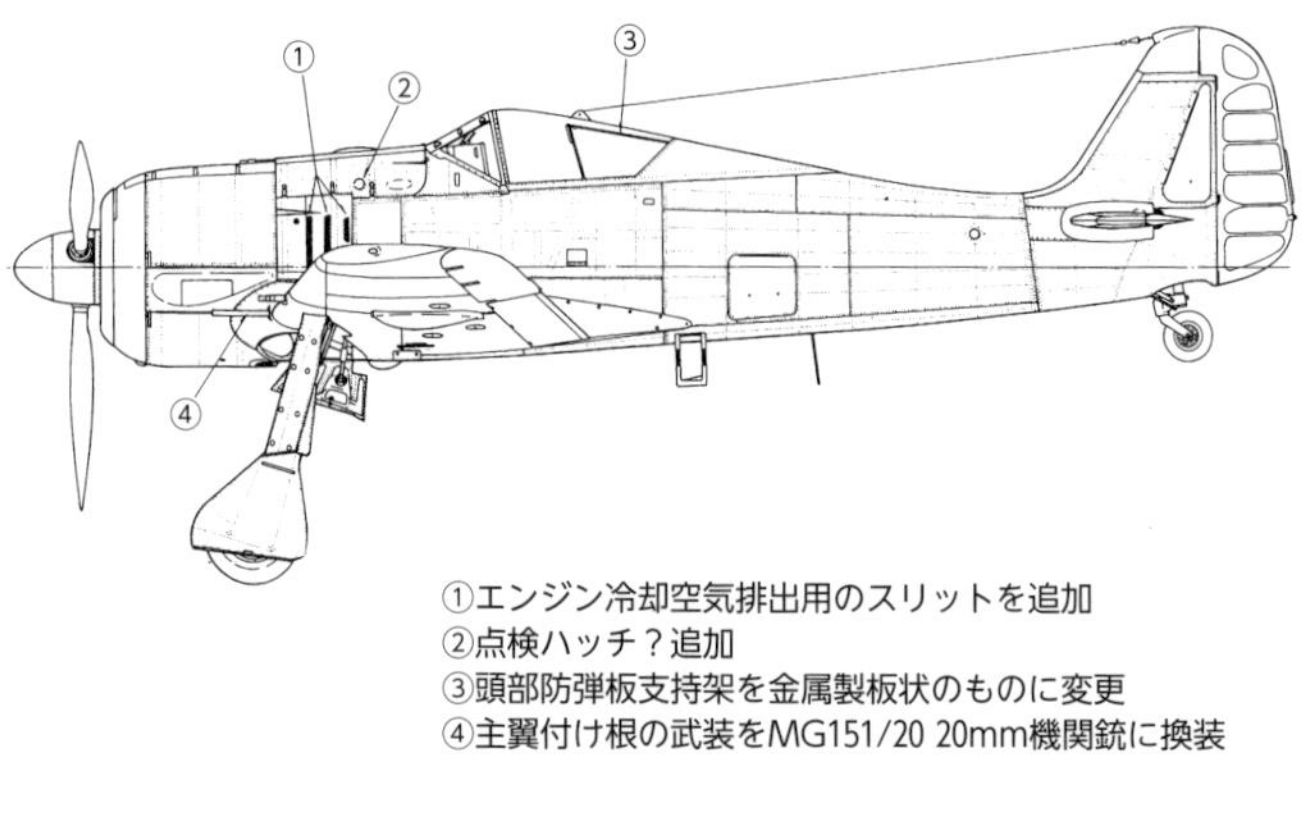

①エンジン冷却空気排出用のスリットを追加
②点検ハッチ？追加
③頭部防弾板支持架を金属製板状のものに変更
④主翼付け根の武装をMG151/20 20mm機関銃に換装

Ａ－２の段階でも、まだ派生型の進展はみられず、胴体下面に３００ℓ増槽を懸吊可能とした1機（Ｗ.Ｎｒ３１５、コード・レターＣＭ＋ＣＮ）がＡ－２／Ｕ１、胴体下面にＥＴＣ５０１ラックと爆弾を装備可能にした地上攻撃機型がＡ－２／Ｕ３として12機造られただけであった。

Ｆｗ１９０Ａ－３

パワーはともかくとして、トラブルが多くて信頼性に欠けるきらいのあったＢＭＷ８０１Ｃ－２エンジンに代わり、１９４１年秋には一定の改善を図り、なおかつパワーを１４０hp向上させた新型ＢＭＷ８０１Ｄ－２エンジン（１，７００hp）が実用域に達し、早速、本エンジンを搭載するＦｗ１９０Ａ－３の量産が決定された。

エンジンの換装に伴なう外形上の変化はなく、武装も同じであり、Ａ－２と区別するのは困難である。

エンジンのパワー・アップもあって、Ａ－３の最大速度は６５０～６６０km

←JG26に次ぐFw190装備部隊となった、フランス領内駐留のJG2所属A-2。受領して間もない1942年春頃の撮影と思われるが、手前機はカウリング先端、主翼前縁にまで、特徴的なパターンを吹き付けた濃密な迷彩を施している。

←オランダからデンマークに至る沿岸部に駐留していたJG1も、第Ⅱ飛行隊を皮切りに1942年3月からFw190Aに機種改変した。写真は第5中隊のA-3のエンジン暖機運転中の迫力あるショット。カウリングに描かれた「ターツェルヴルム」(伝説上の怪物)は、Ⅱ./JG1の飛行隊章である。

Fw190A-3　精密五面図（寸法単位：mm）

左側面

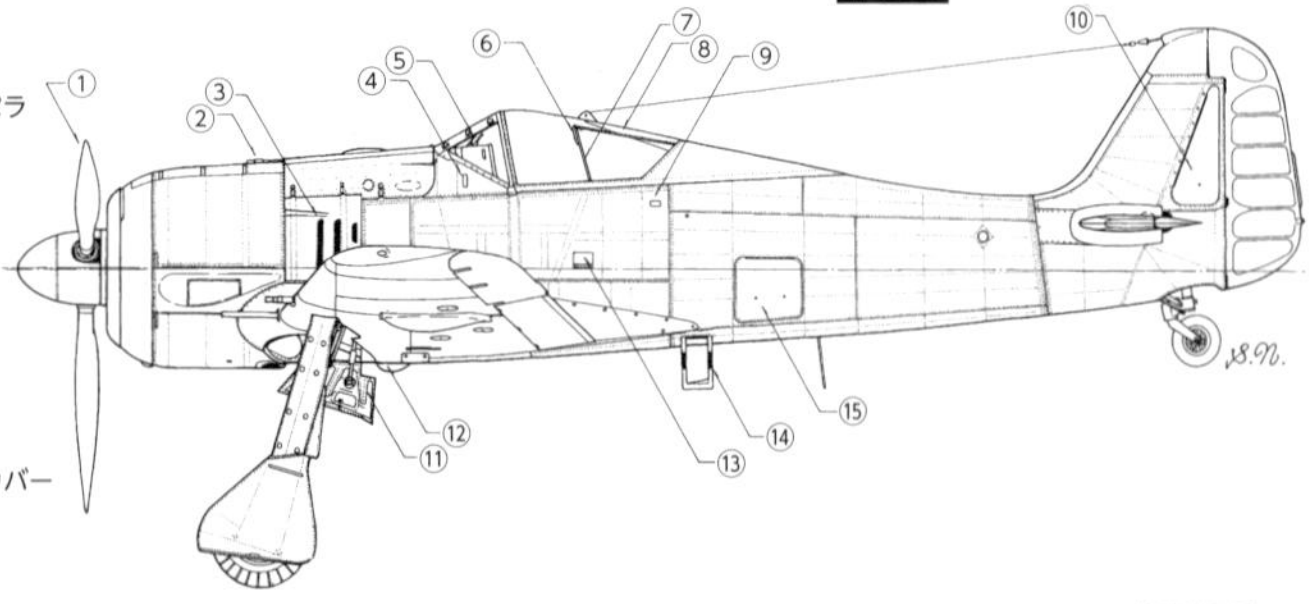

〔左側面〕
①VDM 9 -120 67A金属製３翅プロペラ
②MG17 7.92mm機関銃
③エンジン冷却空気排出スリット
④操縦室内空気取り入れ扉
⑤ReviC/12D光像式射撃照準器
⑥ヘッドレスト
⑦パイロット頭部防弾鋼板
⑧防弾鋼板支持架
⑨手掛け
⑩尾翼/尾脚点検扉
⑪主車輪カバー
⑫ETC501ラック前方取り付け金具カバー
⑬足掛け
⑭引き込み式搭乗用ステップ
⑮胴体内点検扉

右側面

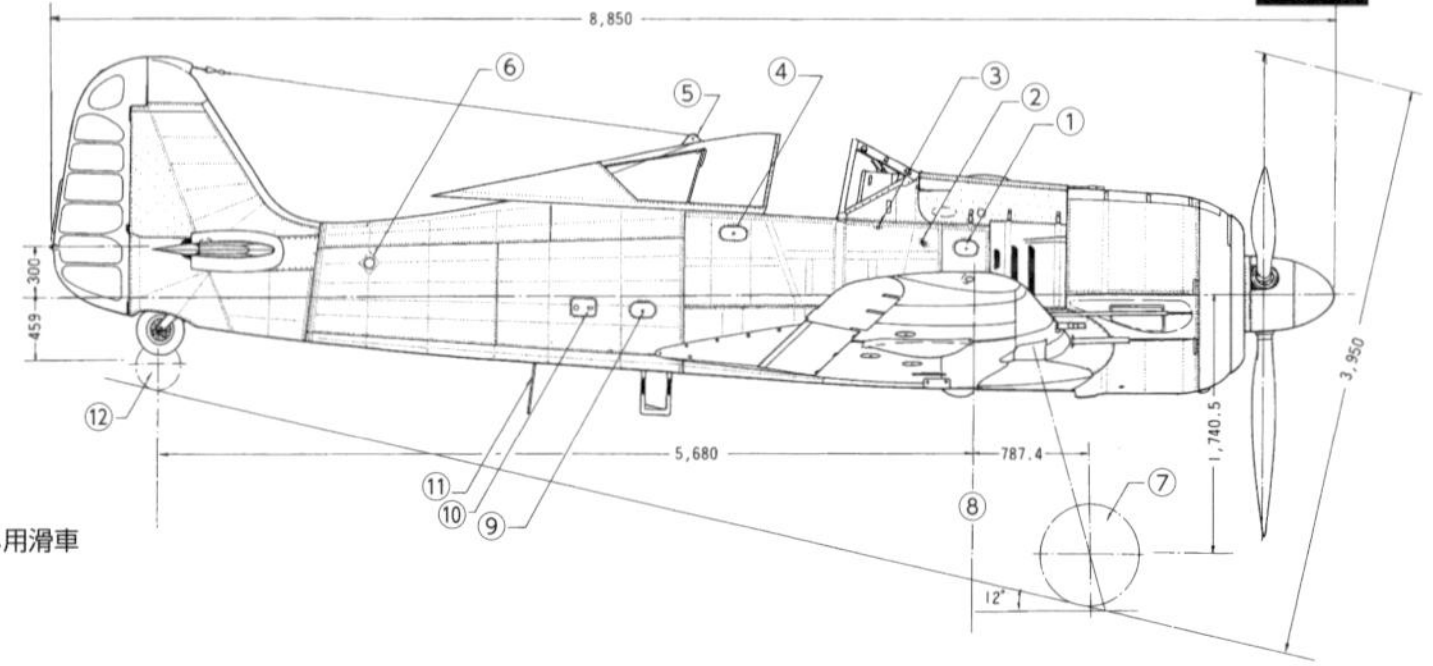

〔右側面〕
①胴体内前部燃料タンク
注入口ハッチ
②信号弾発射口
③スライド・キャノピー
機外開閉ボタン
④胴体内後部燃料タンク
注入口ハッチ
⑤アンテナ空中線引き込み用滑車
⑥リフトバー差し込み口
⑦主車輪（700×175mm）
⑧主翼基準線
⑨圧搾酸素補給口ハッチ
⑩緊急装備品収納ハッチ
⑪FuG25 IFF無線機用ロッド・アンテナ
⑫尾輪（350×135mm）

上面

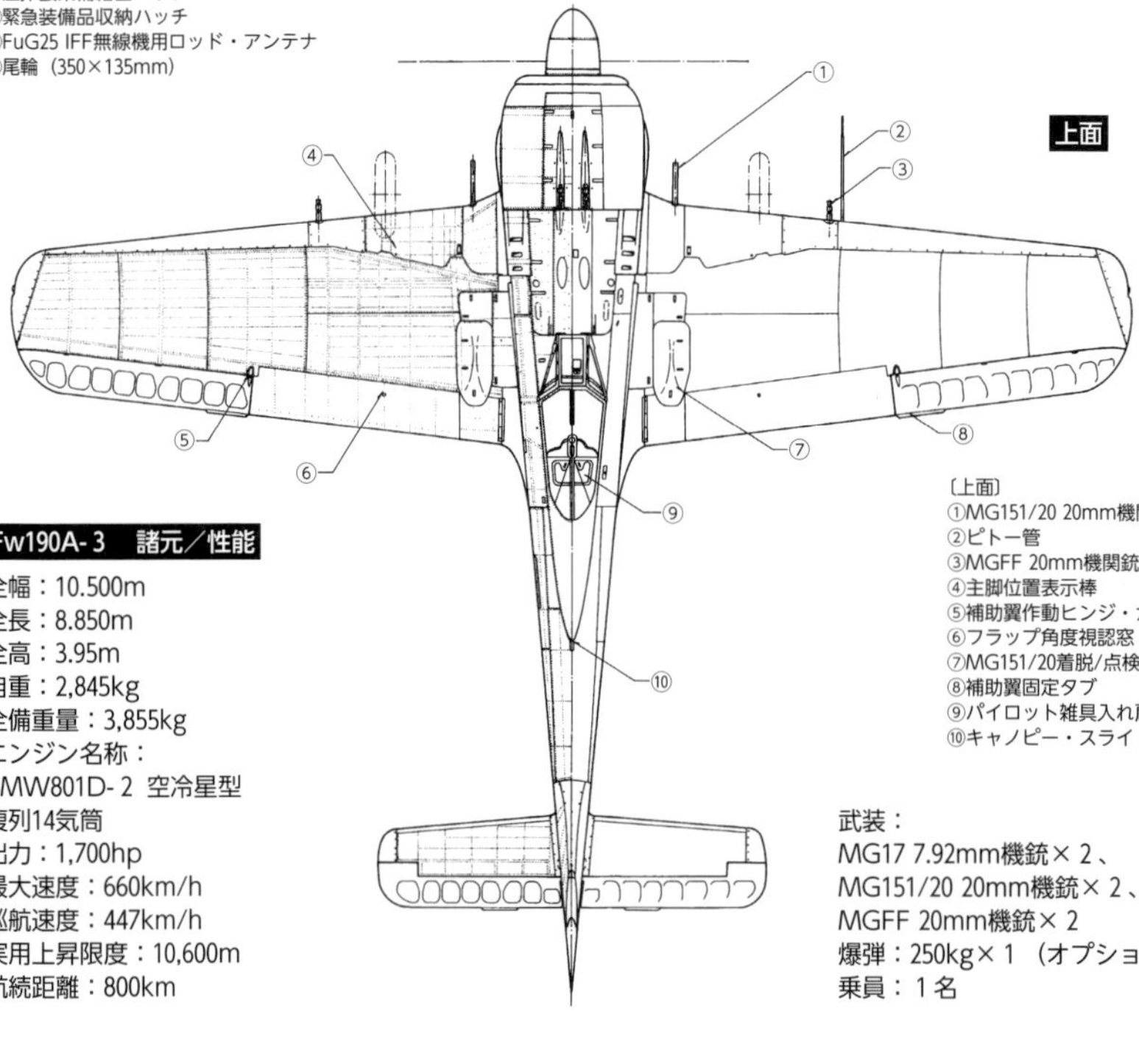

〔上面〕
①MG151/20 20mm機関銃
②ピトー管
③MGFF 20mm機関銃
④主脚位置表示棒
⑤補助翼作動ヒンジ・カバー
⑥フラップ角度視認窓
⑦MG151/20着脱/点検パネル
⑧補助翼固定タブ
⑨パイロット雑具入れ扉
⑩キャノピー・スライド・レール溝

Fw190A-3　諸元／性能

全幅：10.500m
全長：8.850m
全高：3.95m
自重：2,845kg
全備重量：3,855kg
エンジン名称：
BMW801D-2　空冷星型
複列14気筒
出力：1,700hp
最大速度：660km/h
巡航速度：447km/h
実用上昇限度：10,600m
航続距離：800km

武装：
MG17 7.92mm機銃×２、
MG151/20 20mm機銃×２、
MGFF 20mm機銃×２
爆弾：250kg×１（オプション装備）
乗員：１名

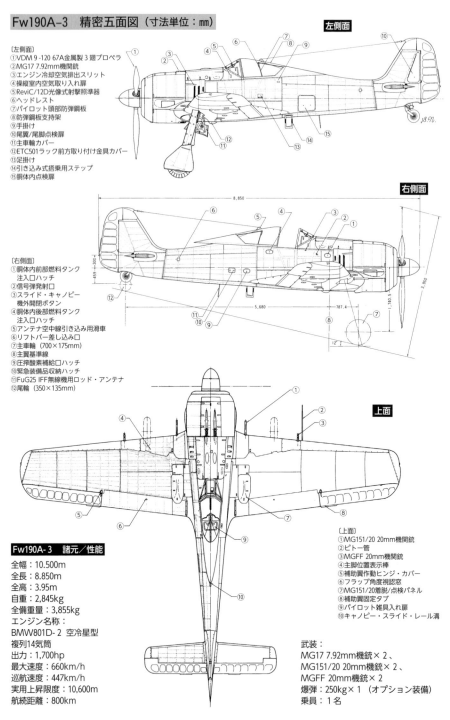

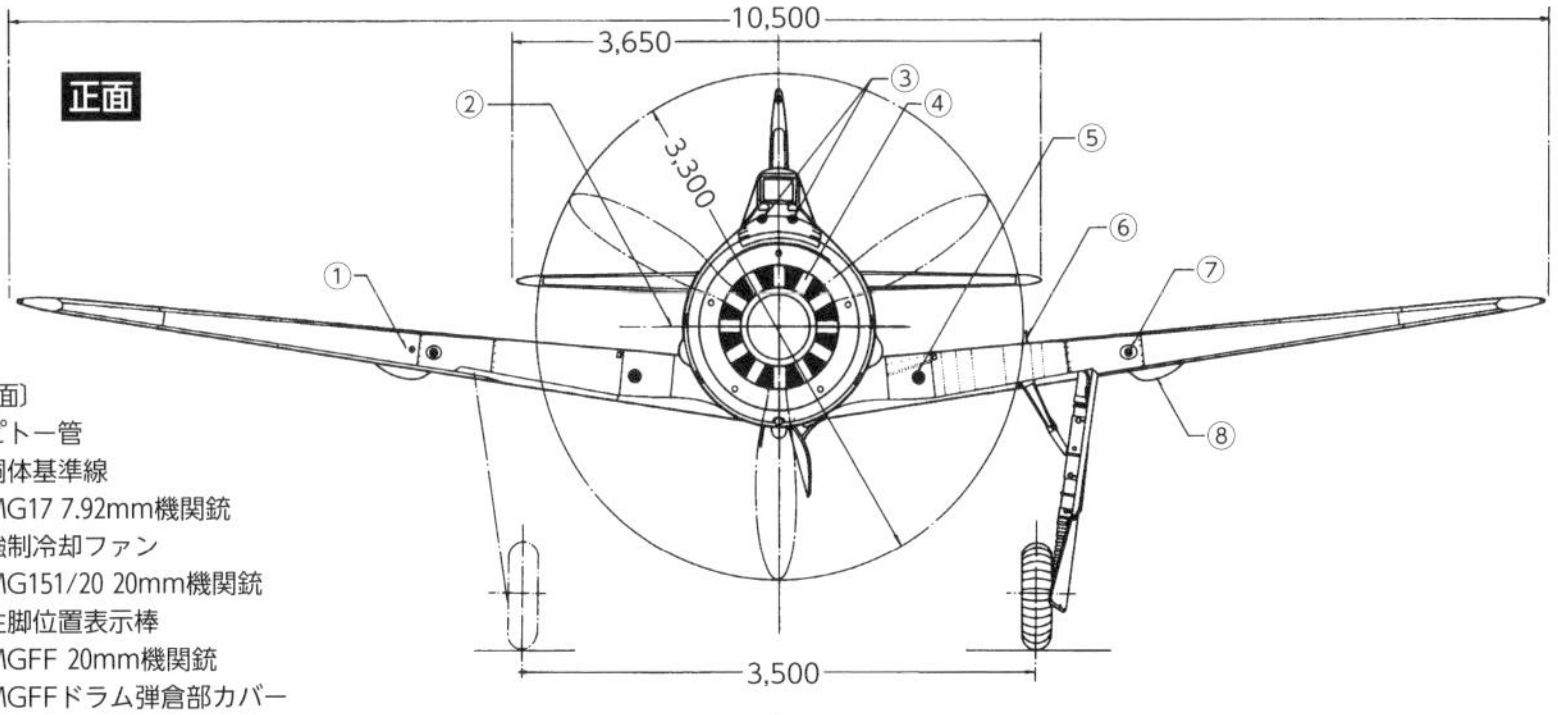

〔正面〕
①ピトー管
②胴体基準線
③MG17 7.92mm機関銃
④強制冷却ファン
⑤MG151/20 20mm機関銃
⑥主脚位置表示棒
⑦MGFF 20mm機関銃
⑧MGFFドラム弾倉部カバー

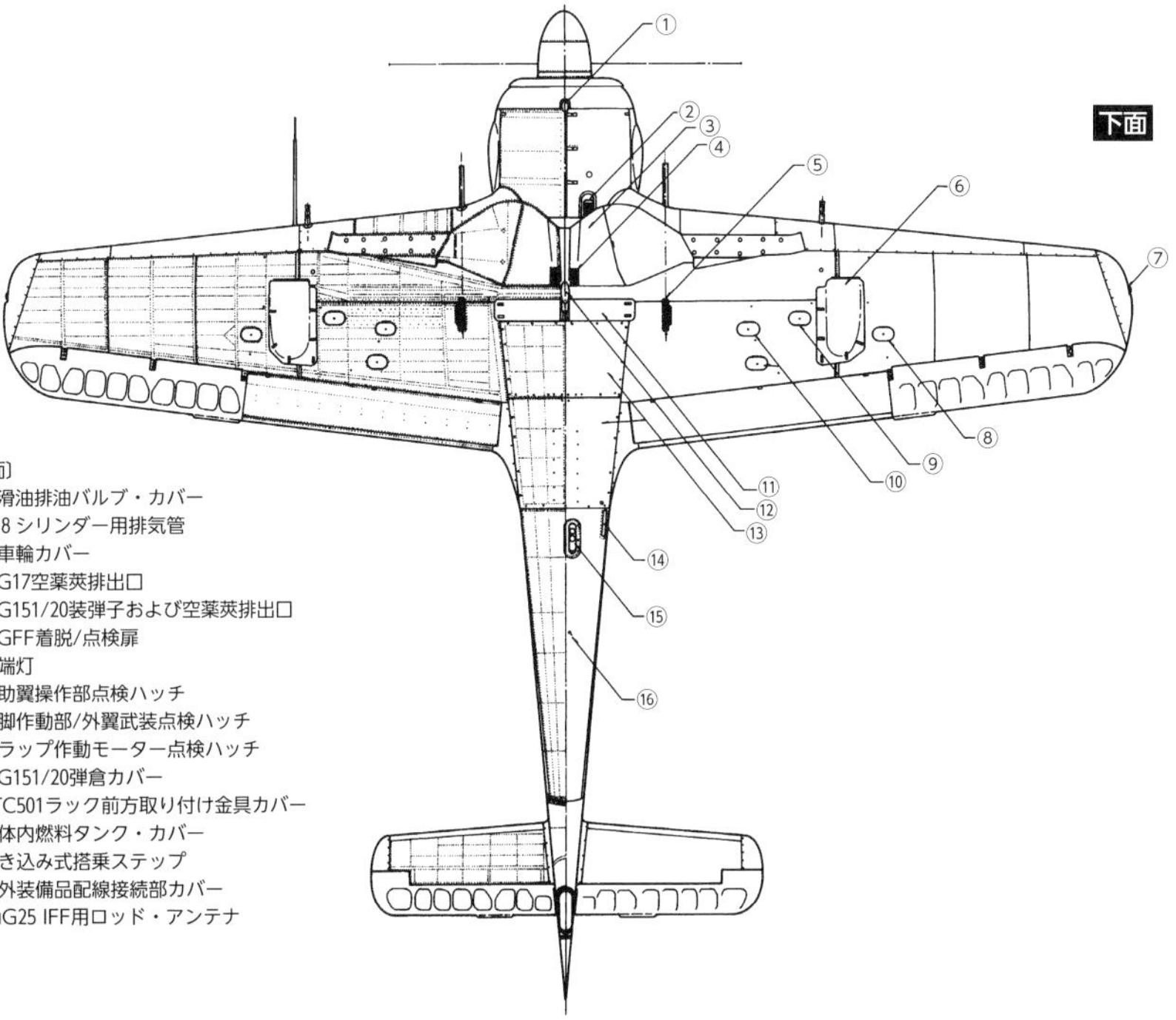

〔下面〕
①潤滑油排油バルブ・カバー
②第８シリンダー用排気管
③主車輪カバー
④MG17空薬莢排出口
⑤MG151/20装弾子および空薬莢排出口
⑥MGFF着脱/点検扉
⑦翼端灯
⑧補助翼操作部点検ハッチ
⑨主脚作動部/外翼武装点検ハッチ
⑩フラップ作動モーター点検ハッチ
⑪MG151/20弾倉カバー
⑫ETC501ラック前方取り付け金具カバー
⑬胴体内燃料タンク・カバー
⑭引き込み式搭乗ステップ
⑮機外装備品配線接続部カバー
⑯FuG25 IFF用ロッド・アンテナ

→1942年夏、フランス領内プワ飛行場における、Ⅲ./JG2飛行隊長ハンス・ハーン大尉の乗機Fw190A-3“白の2重楔”。同大尉は、5月頃の段階ですでに通算60機を超える撃墜数を誇る、西部戦線きってのエクスペルテであった。

／hに向上し、イギリス空軍が鹵獲した機体を使って行なったテストでも、スピットファイアMk.Ⅴbを旋回性能を除くすべての面で凌駕し、その機敏な操舵感覚と鋭い加速性（ダッシュ力）とが相まって、低～中高度域では〝恐るべき戦闘機〟との評価を下した。

1942年夏に、イギリス側が最大の努力を払って送り出した、2段2速過給器付のマーリン61エンジン（1，565hp）を搭載した新型スピットファイアMk.Ⅸに対しても、中高度以下では、なお互角以上の性能を維持し得た。

Fw190も、A－3に至って主力戦闘機にふさわしく派生型の開発が活発化し、生産ライン上における改造機を示す〝U〟仕様が以下のごとく出現した。

●A－3／U1

BMW801D－2エンジンの取付架延長テストに用いられた機体で、1機だけ造られた（W.Nr270（0130）、コード・レターPG＋GY）。のちのA－5の原型となり、さらに長距離戦闘爆撃機型の原型A－5／U13となった。

●A－3／U2

主翼に装備する対爆撃機攻撃用の73㎜ロケット砲「RZ65」の搭載テストに使われた機体で1機のみ製作。W.Nr386。

●A－3／U3

Fw190の優れた汎用性を示す派生型のひとつ、戦闘偵察機型として製作された最初の機体。操縦室後方の胴体内にRb50／30、またはRb75／30カメラ1台を搭載、下面に撮影窓を保護するためのフェンスを張り出していた。重量軽減のため外翼MGFFは撤去された。1機だけ製作。W.Nr300。

●A－3／U4

U3のカメラを小型のRb12.5／7×9 2台に換装し、左主翼前縁にもロボット・カメラ1台を装備した戦闘偵察機型。やはり外翼MGFFは撤去されている。1942年10月～11月にかけて12機造られ、第2訓練航空団第Ⅲ飛行隊第9（近距離偵察）中隊に配属された。

●A－3／U7

武装を主翼付根のMG151／20 2挺のみとし、無線機など諸装置の一部も撤去して、特別に軽量化した高々度戦闘機型。高度6，000m以上に上がると急速にパワーが低下するBMW801Dの弱点を補おうとしたテスト機である。外形上、最も目につく改修箇所は、カウリング内に開口していた過給器空気取入口を外部に移し、従来のダクト部を円筒状に張り出して空気の希薄な高空において、充分な量を取り入れられるようにしている点。W.Nr528、530、531の3機が改修を受けてテストされた。

正規の型式名称は付与されなかったが、のちのA－4、A－5の一部が改造により同じ仕様とし、実戦部隊に配備された。

●Aa－3

中立国の立場にあったトルコを連合

国側寄りにさせないため、ドイツは1941年に協定を結んだが、その見返りとして、就役が開始されたばかりの最新鋭機、Fw190A－3の輸出を許可した。特別な改修は施されなかったが、武装が軽減されて主翼付根のMG151／20をMG17に換装し、機密性の高いFuGⅦa、FuG25の両無線機は撤去されていたようだ。

　Aa－3の型式名を与えられたこれらのFw190は、〝ハンブルク〟のコードネームのもと1942年10月～43年3月にかけて計72機引渡され、トルコ空軍第3、5中隊に配属され1948年まで第一線に留まった。同空軍には連合国側からも同じような理由で各種機体が輸出され、スピットファイアMk.Vbと編隊飛行するシーンもみられた。

　以上紹介した各U仕様の他に、A－3には熱帯地向けの防塵フィルター装備テストに使われたW.Nr511、514、515、小型爆弾ラックER－4装備テストに使われたW.Nr447などがあり、両仕様とも以後のA－4から実用化された。

　A－3の生産は1941年秋から開始され、新たな下請生産工場としてフィーゼラー社も加わったことで、量産に一層の拍車がかかった。A－3は1943年はじめまでに計509機つくられた。

Fw190A-3/U4

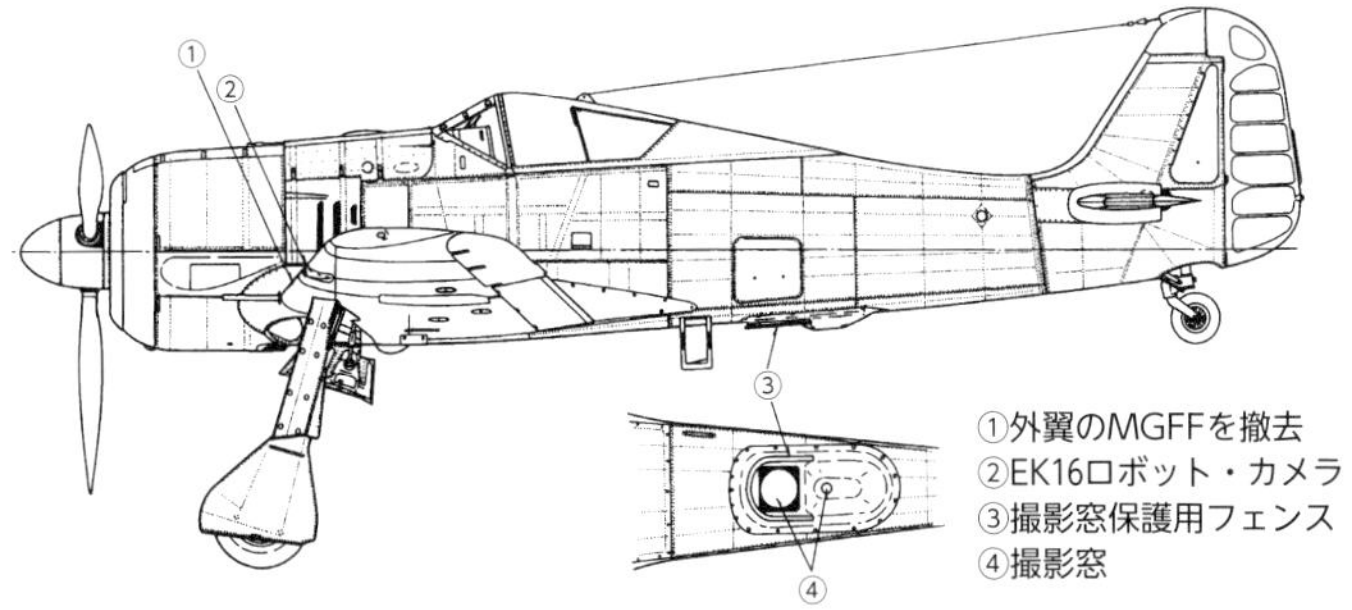

↑政治的な思惑から、当時の新鋭機にもかかわらず、Fw190A-3を計72機も中立国のトルコに供与したドイツの試みは一応成功した。写真はその72機中の1機、機番号“赤の41”のローアングル・ショット。トルコ空軍の国籍標識は白フチ付き赤の四角形である。

Ｆｗ190Ａ-4

絶え間のない性能向上と改修を続けるＦｗ社技術陣は、Ａ-３の１機（Ｗ.Ｎｒ５８１）に水メタノール噴射装置“ＭＷ50”を取付けてＢＭＷ８０１Ｄ-２エンジンの瞬間出力を２，１００hpにアップさせ、最大速度６７０km／hを記録。さらに、空中交信用無線機を新型のＦｕＧ16Ｚに換装し、アンテナ空中線の絶縁碍子を変更すると同時に、垂直尾翼直前の胴体上部に引込線を追加し、垂直安定板側取付部をマスト状に変更した。

これに伴ない垂直安定板の内部構造も若干変わった。ＦｕＧ25無線機用アンテナは胴体下面第10～11隔壁間から同12～13隔壁間へ移動した。本機は原型機Ｆｗ１９０Ｖ24と命名されたが、テストの結果が上々だったこともあって、ただちに前記改修を採り入れた新型が、１９４２年６月からＡ-４として量産に入った。

初期生産分のＡ-４は、側面排気管直後のエア・スリットがＡ-３のまま

Fw190A-4初期生産機

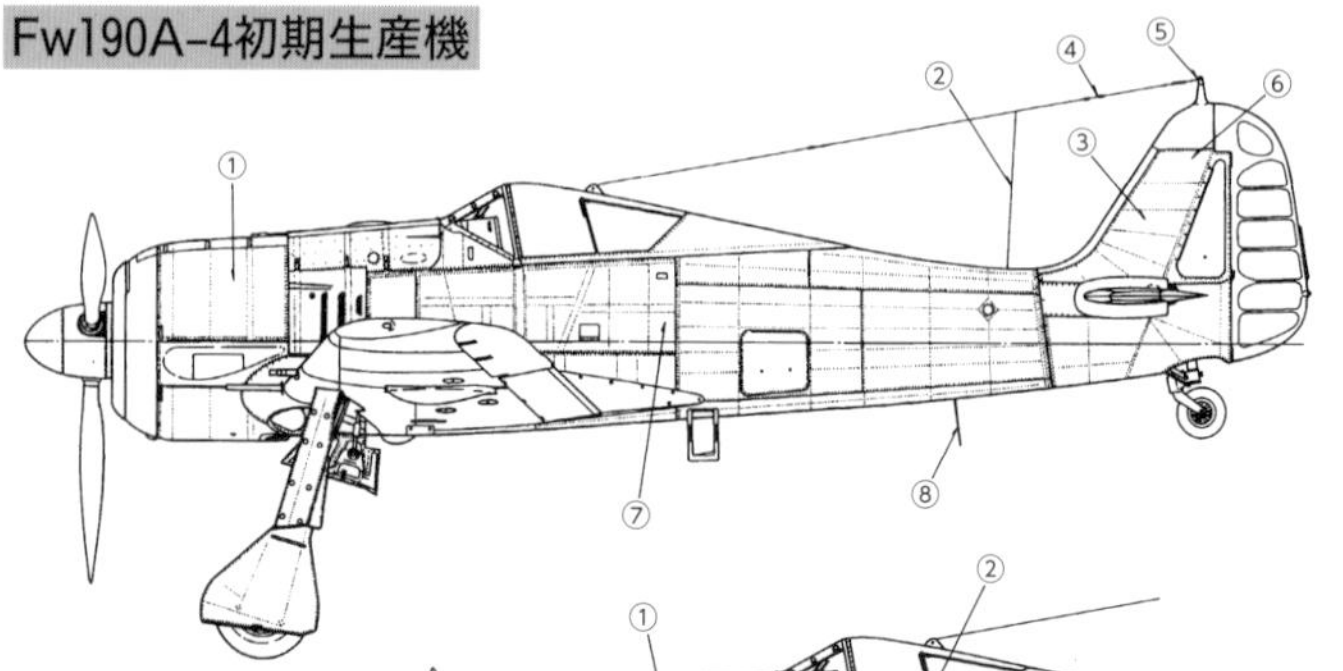

①BMW801D-2エンジンに水メタノール噴射装置追加
②アンテナ空中線の引き込み線を新設
③垂直安定板の内部構造を変更
④絶縁碍子を変更
⑤アンテナ空中線の取り付け部をマスト状に変更
⑥パネルラインを修整
⑦胴体内部の交信用無線機をFuGⅦaからFuG16ZYに更新
⑧FuG25 IFF無線機用ロッド・アンテナの取り付け位置移動

Fw190A-4 後期生産機

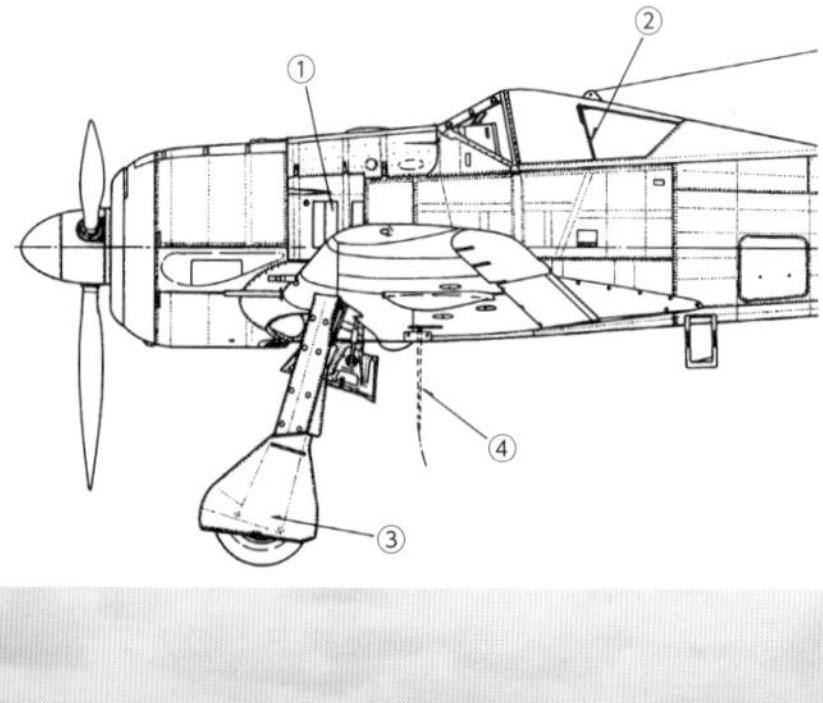

①エンジン冷却空気流量調節用シャッターを新設
②後期型から頭部防弾鋼板の形状を変更
③主車輪内側のホイール・ハブを穴あきタイプから一体パネル型に変更
④A-4/R1のFuG16Z-E無線機用モラーネ・アンテナ取り付け位置

←機首から操縦室横にかけての胴体側面に、鷲をモチーフにした大胆な航空団章(白フチどりの黒)を描いた、2./JG2所属Fw190A-4初期生産機の傍でブリーフィングを行なう同中隊のパイロット。中央手前で背を向けているのが、中隊長のホルスト・ハニヒ中尉。1943年2月、フランスのトリクヴィル基地にて。

であったが、途中から空気流出量を調整できるシャッター付に変更され、以後最後まで変化なかった。同様にパイロット直後の頭部防弾板も、途中から上部ヘッドレストまで幅広のタイプに変更されている。また、西部戦線のJG2、26など対戦闘機戦の機会が多い部隊などに配属されたA－4の多くは、外翼MGFFを撤去して軽量化しており、この仕様は以後のA－5～A－8の各型にもみられた。

本土防衛部隊などに配属されたA－4は、胴体下面にETC501ラックと300ℓ入増槽を標準装備したが、この仕様には個別の型式名は付与されず、付属キットとして定着したようだ。

A－4は1943年8月までに各社工場あわせて計974機生産され、うち50機（W.Nr711～760）が、A－3でテスト済みの防塵フィルター付熱帯地仕様A－4／Tropとして完成した。A－4には以下に示すようなサブ・タイプが存在した。

●A－4／U1

BMW801D－2の代わりに、余剰となった旧BMW801C－2エンジンを搭載した型。高性能を必要としない戦闘爆撃任務用に少数造られ、第10高速爆撃航空団（SKG10）で使われた。胴体下面にETC501ラックを装備し、外翼MGFFは撤去していた。外形上からは後述するA－4／U3と全く変わらず識別は困難。

●A－4／U3

A－4／U1のエンジンを標準のBMW801D－2とした戦闘爆撃機型。胴体下面のETC501ラックには、小型爆弾懸吊用のER－4ラックを装備することも可能で、P.56に掲載した側面図はその状態を示す。

A－4／U3は〝Schlacht《シュラハト》flugzeug《フルークツォイク》 1〟（地上攻撃機1）の別名で分類され、1号機は1942年9月に完成。合計30機発注されたが、実際には18機しか造られず、同年11月の名称変更によりFw190F－1となった。

←これも前掲の2./JG2所属と同様に、鷲をモチーフにした航空団章を描いた、9./JG2中隊長ジークフリート・シュネル中尉の乗機、Fw190A-4後期生産機、W.Nr746、機番号“黄の4”。黄地の方向舵に描かれた、72機撃墜を示すデコレーションとスコア・バーが圧巻。1942年秋、フランスのボーモン・ル・ロジェ基地にて。

●A－4／U4

A－4の機体にA－3／U4と同様のカメラ装備（Rb12.5／7×9 2台）を施し、空中交信用無線機を長距離向きのFuG17に換装した戦闘偵察機型。胴体左側の点検パネル部分の内部がカメラ装備スペースに充てられ、下面には撮影窓を保護するためのシャッター収容バルジが張り出しているので識別は容易。

併載図には描き込んでいないが、胴体下面にはETC501ラックと300ℓ入増槽を装備し、これが容易に行なえるよう、収納孔部の主車輪カバーは廃止され、主脚カバー下部、および収納部縁に排気熱からタイヤを保護するための代用の小片を追加した。これはすでにA－3の戦闘爆撃機仕様テスト時に導入されており、以後標準化された。

A－4／U4の生産数は不詳だが、そう多くなく、第123長距離偵察飛行隊第5中隊、第13近距離偵察飛行隊での使用が確認される程度である。

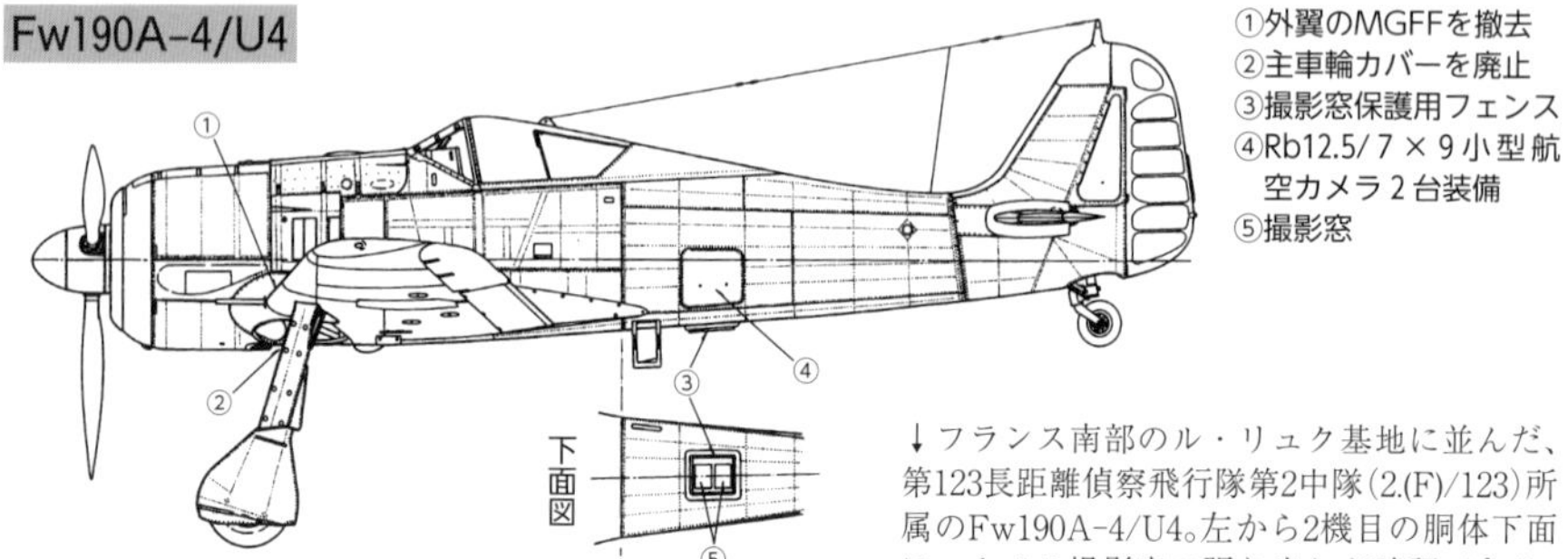

↓フランス南部のル・リュク基地に並んだ、第123長距離偵察飛行隊第2中隊（2.(F)/123）所属のFw190A-4/U4。左から2機目の胴体下面に、カメラ撮影窓の張り出しが確認できる。カウリング下面にまで施した独特の迷彩パターンが、2.(F)/123所属機の特徴。

●A－4／U8

敵戦闘機の性能向上により、相対的に旧式化が目立ち、損害が増した双発爆撃機の任務を一部肩がわりするために開発された長距離戦闘爆撃機型、いわゆる〝Jabo《ヤーボ》－Rei《ライ》〟の一番手。

武装は両主翼付根のMG151／20 2挺を残して撤去され、胴体下面にETC501ラック、両外翼下面に300ℓ入増槽懸吊用のユンカース式ラック（Ju87の部品を流用し、それにカバーを追加したもの）を装備した。A－4のW.Nr669、670の2機を改造して原型機に充て、1942年中に少数生産して、主に第10高速爆撃航空団（SKG10）に配備した。1943年8月の名称変更で、A－4／U8はG－1と改称された。

なお、戦闘爆撃機としてのA－4には、他に左主翼前縁に着陸灯を追加した夜間専用型もあり、長距離戦闘爆撃訓練を担当した、第10高速爆撃航空団第Ⅳ飛行隊での使用例が確認できる。

Fw190A-4/U8

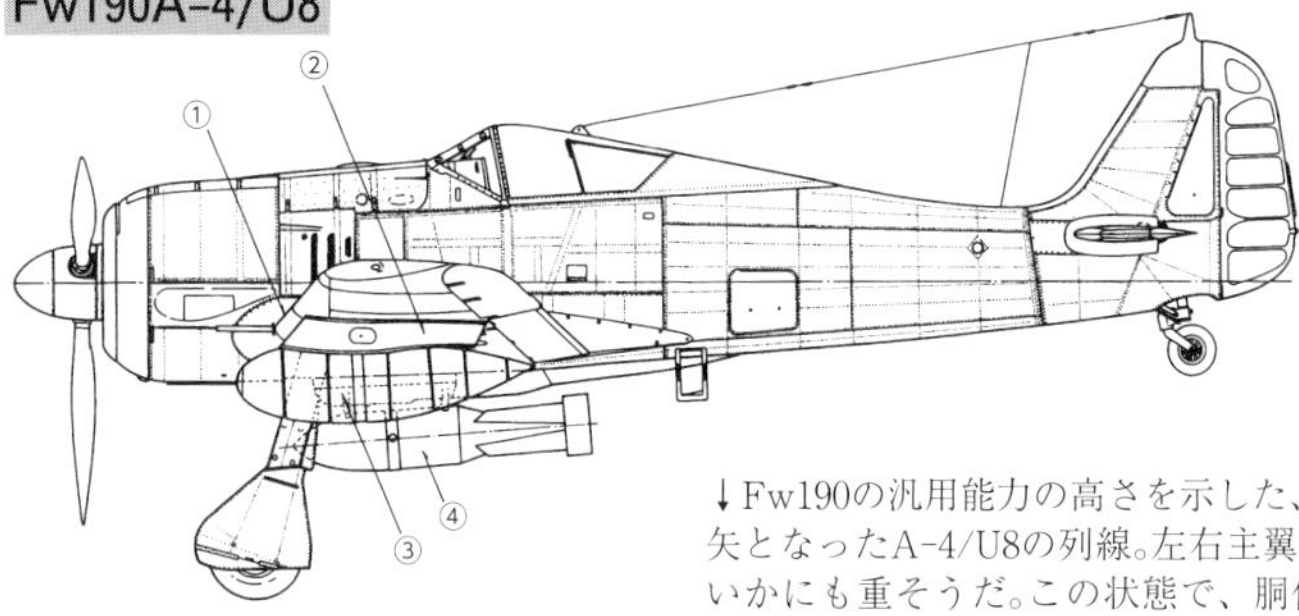

↓Fw190の汎用能力の高さを示した、長距離戦闘爆撃機型の嚆矢となったA-4/U8の列線。左右主翼下面の300ℓ入落下増槽がいかにも重そうだ。この状態で、胴体下面に500kg爆弾を懸吊すると、重量、空気抵抗の増加により最大速度は大きく低下し、500km/h程度になった。

●A-4／R1

無線機を新型のFuG16ZEに換装し、地上管制局からの指示を受信するためのモラーネ・アンテナを左主翼付根下面に追加し、300ℓ入増槽を標準装備とした型。本土防衛を担当した第1戦闘航空団第Ⅱ飛行隊（Ⅱ．／JG1）などでの使用例が確認できる。

●A-4／R6

A-4の両外翼下面に、対爆撃機攻撃用の21cmロケット弾「BR21」各1発を装備した型で、本土防衛部隊に配備。

Fw190A-5

機体の基本構造はA-0以来ずっとそのまま変わらず、A-1、-2、-3、-4と発展してきたFw190も、たび重なる改修と装備品の変更、追加などによって重量が増加し続け、重心位置の後退が許容限界に達してきた。

これを矯正するため、A-3／U1 W.Nr271を改造し、エンジン取付架を前方へ152.5mm延長して重心を前方へ移動した試作機が造られ、テストの結果、有効と判断され生産ラインに導入された。これが1942年11月から量産に入ったA-5である。

胴体全体からみれば、152.5mmの延長はごくわずかでA-4との区別もつけにくいが、機首上面の機銃点検パネル両側の3個の開閉クリップのうち、最前方とカウリングパネル・ラインとの間が広くなり、主翼前縁付根とカウリング側、下面パネルとの間に、スペーサーが継ぎ足されているので比較的容易に識別できる。

左側面図でみると、ちょうど排気管直後のエンジン始動クランク棒差し込み口に、継ぎ足したパネル・ラインができ、そこからカウリングの後縁ラインまでが延長された分にあたる。

細かい部分の改修もいくつか実施され、胴体左側第9～10隔壁間にあった点検パネルは、横長に少し大型化して位置もやや上方へ移動、この第9～10隔壁間に新たに9aと称する補助隔壁が追加された。

各動翼は、全体形状こそ変化ないが、内部骨組が変更されリブの数が増加した。

A-5は1943年8月までに各社

Fw190A-5

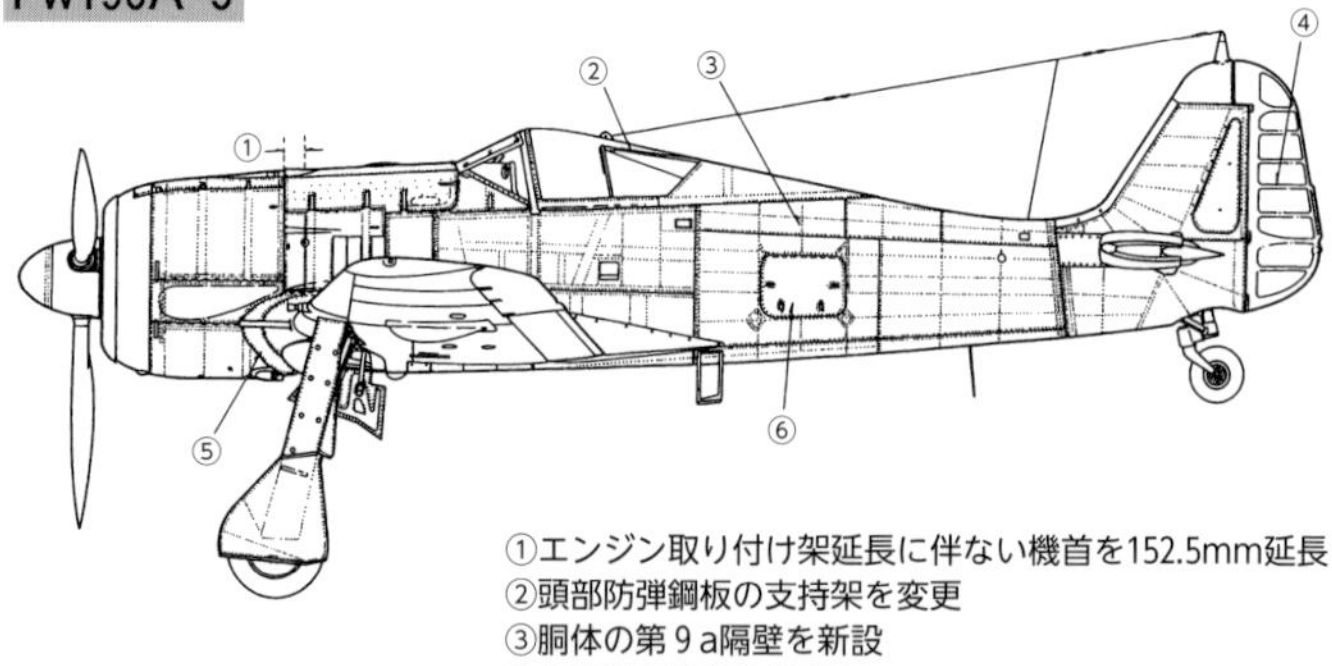

①エンジン取り付け架延長に伴ない機首を152.5mm延長
②頭部防弾鋼板の支持架を変更
③胴体の第９a隔壁を新設
④方向舵の骨組みを変更
⑤延長部分をカバーするパネル新設
⑥胴体点検パネルの形状と位置を変更

工場合わせて計1，644機生産されたが、東部戦線の苦況、米陸軍四発重爆による本土空襲の激化という背景もあって、A－4に倍するサブ・タイプ、試作機が造られ、ノーマル仕様の機体は意外に少ない。以下にそれらを記す。

●A－5／U1

A－4／U1と同様に、余剰の旧BMW801C－2エンジンを搭載した戦闘爆撃機型で、胴体下面にETC501ラックを備え、外翼MGFFを撤去していた。少数造られたのみ。

●A－5K

速度性能を向上させるため、試験的にV5Kと同じ小型主翼を取り付けた型。計10機造られてテストされたが結局は不採用となった。

●A－5／U2

胴体下面にETC501ラック、両主翼下面に300ℓ入増槽懸吊用の〝Messerschmitt Träger〟（メッサーシュミット運搬器）と称するラックを装備し、排気管上部に防焔フィンを追加した〝Nacht《ナハト》

←フランス西部ブルターニュ半島のブレスト市近郊基地に展開し、同軍港周辺の防空任務に就いていた、8./JG2所属のFw190A-5。手前機の機番号は“黒の4”。1943年2月頃の撮影で、A-4を使用していた頃に描いていた大きな鷲のモチーフもなく、いたって地味な姿である。

↙ドイツの航空技術に深く傾注していた日本陸軍が、将来の新型戦闘機開発の参考にするため、昭和18（1943）年1月の船便着で1機のみ輸入したFw190A-5。本型がドイツで生産に入ったのは前年の11月であり、最も初期の生産機だった。写真は、航空審査部の神保進少佐の操縦で、埼玉県の所沢飛行場を訪れた際のショット。胴体、主翼の日の丸標識が新鮮。

Jabo-Rei《ヤーボーライ》——夜間長距離戦闘爆撃機型。武装は機首上面のMG17 2挺、両主翼付根のMG151/20 2挺、または後者のみとされ、左主翼前縁中央部に小型EK16ロボットII・カメラ、着陸灯2個を装備した。

W.Nr711および783の2機が改造されて、その原型機となり、一定数が生産されたようだが、一部はA-6野戦と同様に、機上レーダーFuG217〝ネプツーンJ〟を装備して夜間戦闘機として使われた。

●A-5/U3

〝地上攻撃機3〟のカテゴリーに含まれる機体として造られ、胴体にETC501ラックを備え、両外翼MGFFは撤去していた。生産は、1942年11月に1号機が完成してから、翌1943年3月に通算63機目が完成するというスローペースで行なわれ、A-5の生産ライン上から任意に抽出して改造を施すという方法で進められた。

なお、A-5/U3の多くは防塵フイルターを付けたTropタイプとし

Fw190A-5/U2 Nacht Jabo-Rei

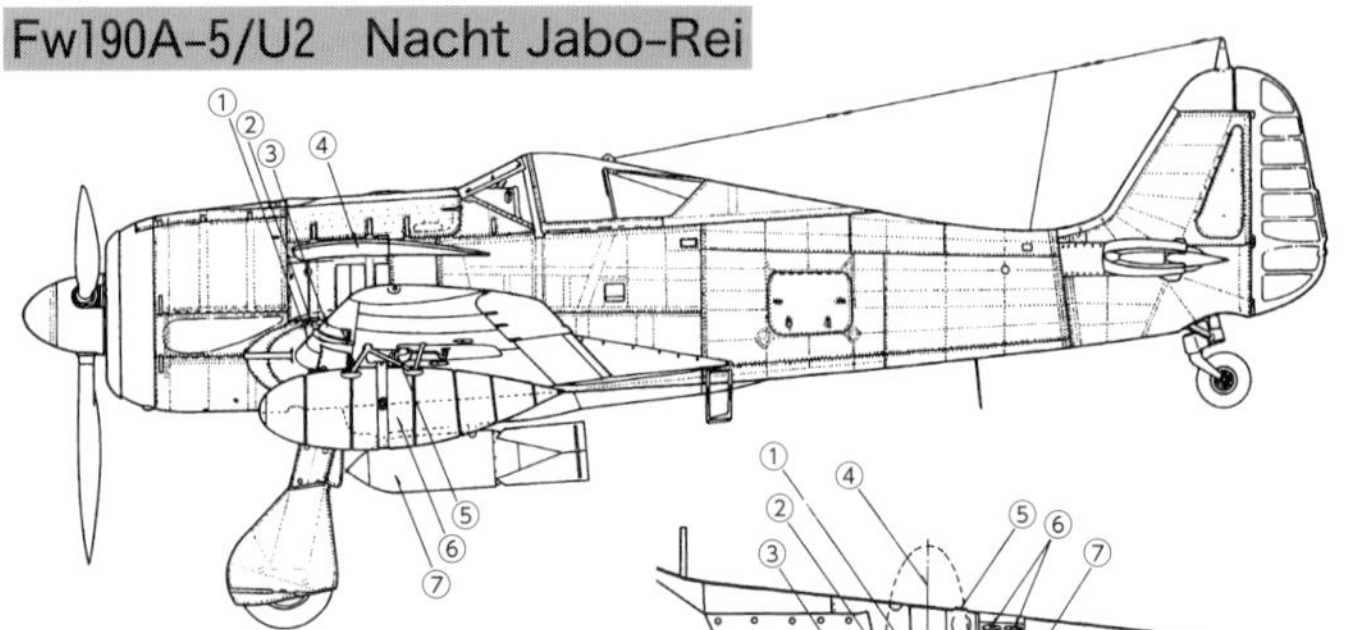

①外翼のMGFFを撤去
②EK16ロボット・カメラ
③夜間着陸灯（2個）
④防焔フィン
⑤メッサーシュミット社製増槽ラック"Messerschmittträger"
⑥300ℓ入増槽
⑦各種爆弾（図はSC250 250kg通常爆弾）

Fw190A-5/U2 Nacht Jabo-ReiのロボットII・カメラ、着陸灯装備位置

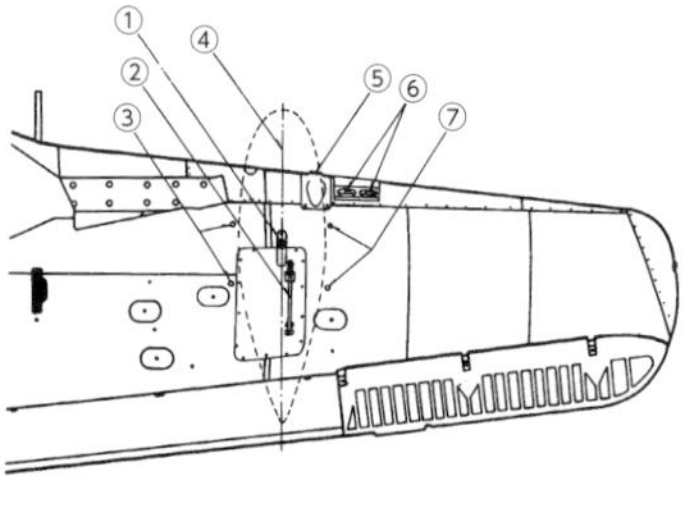

①増槽懸吊バンド取り付け具
②送油管
③増槽支持架取り付け部
④増槽取り付け中心線
⑤EK16ロボット・カメラ
⑥着陸灯
⑦増槽支持架取り付け部

←胴体下面のETC501ラックにSD250 250kg破片爆弾を懸吊し、イギリス本土の目標に向けて出撃する10(Jabo)./JG26のFw190A-5/U3、機番号"黒の4"。"海峡航空団"と呼ばれたJG2、26は正規の9個中隊に加え、戦闘爆撃を専任とする1個中隊を擁し、第10中隊と呼称していた。

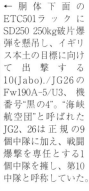

て完成し、一部はA－6から標準装備となる、FuG16Z無線機の方向探知用D／Fループ・アンテナを追加した。後に名称変更が行なわれ、A－5／U3はF－2となった。

●A－5／U4

A－5の機体にA－4／U4と同様なカメラ装備を施した戦闘偵察機型。

●A－5／U8

A－4／U8と同様の改修を加えた長距離戦闘爆撃機型。原型機の1機、W.Nr825や初期生産機は、両外翼下面のラックがA－4／U8と同じくユンカース式であったが、多くはA－5／U2と同じ〝MesserschmittTräger〟を標準とした。A－5／U8は、後に名称変更されG－2となった。

●A－5／U9

敵側戦闘機、爆撃機の防弾装備が向上するにつれ、Fw190の火力も相応に強化する必要が生じてきたため、A－5の2機（W.Nr812、816）を使い、機首上面のMG17をMG131に、外翼のMGFFをMG151／20にそれぞれ換装してテストが行なわれた。

その結果、大幅な重量増加により最大速度が約20㎞／h低下する他、飛行性能もかなり悪化するものの、将来を見越せばきわめて有効と判断され、1943年末以降生産ラインに導入された。ただし、量産はA－5／U9ではなくA－7、－8として行なわれ、A－5／U9の型式名は原型機のみにとどまった。

●A－5／U10

本型も火力強化策の一環として開発されたが、A－5／U3と同様に〝地上攻撃機3〟のカテゴリーに加えられたため、A－5／U9と異なり外翼のMGFFをMG151／20に換装するだけにとどめられた。A－5のW.Nr861、862の2機を使ってテストが行なわれ、有効と判断されて1943年春から生産ラインに導入された。量産型はA－6の型式名で行なわれたため、A－5／U10の型式名も原型機のみにとどまった。

●A－5／U11

本型も〝地上攻撃機3〟のカテゴリーに基づいた実験機で、両外翼のMGFFを撤去し、代わりに同下面にMK103 30㎜機関砲を装備した。W.Nr1302を使ってテストが行なわれたが、MK103の破壊力はともかくとして、射撃時の衝撃が大きい上に、飛行性能もかなり悪化するのが難点とされ、後に野戦改修キット〝R3〟仕様としてA－8、F－3、F－8に導入されたが、ほとんど使用されないままに終わった。

●A－5／U12

〝地上攻撃機3〟のカテゴリーに基づく実験機の最後の機体。外翼MGFFを撤去し、同下面にMG151／20 2挺を収めたガン・パックを取り付けた。W.Nr813、814の2機を使ってテストが行なわれ、7.92㎜機銃2挺、20㎜機銃6挺の破壊力は凄まじかったが、A－5／U11と同様に重量超過による飛行性能の悪化が著しいのが難点だった。

しかし、地上攻撃機としてより、対爆撃機攻撃に有効と判断され、野戦改修キット「R1」仕様として、以後のA－6、A－7、A－8に導入された。

●A－5／U13

A－5／U2の主翼下面増槽ラックを、爆弾懸吊架を兼ねる〝Focke Wulf Träger〟に換装した長距離戦闘爆撃機仕様。昼間用なので防焔フィンは取り付けていない。W.Nr817（Fw190V43）、1083（Fw190V42）、855（Fw190V44）の3機を使ってテストが行なわれ、後にG－3として実用化された。

●A－5／U14

海上航空兵力の貧弱なドイツ空軍の弱点をカバーするため、機動性に富む戦闘機を改造し雷撃機として運用しようという構想のもとに開発されたのが本型。余剰馬力とタフネスを誇るFw190ならではのバリエーションである。

原型機にはW.Nr871、コード・レター〝TD+SI〟およびW.Nr872、同〝TD+SJ〟の2機が充てられ、武装は両主翼付根のMG151／20を残して撤去。胴体下面にETC502ラックを装着、長大なLTF5b航空魚雷（750kg）と地上とのクリアランスを確保するため、尾脚支柱が延長され、方向安定を維持するために垂直安定板面積を増積する、などの改造が加えられた。

しかし、さすがのFw190もこれだけの搭載物を抱えると全備重量は5トンに達してしまい、速度、飛行性能の低下も甚だしく、実戦での使用が不安視された。

結局、A－5／U14の実用化は見送られることになったが、Fw190の雷撃機化構想そのものが消滅したわけではなく、BT兵器（魚雷型爆弾）も交えてFシリーズで復活することになる。

●A－5／U15

戦闘爆撃機仕様の1種で、胴体下面のETC501ラックにブローム・ウント・フォス社が開発したグライダー爆弾BV246（LT950）〝Hagelkorn《ハーゲルコルン》〟（あられ、ひょ

Fw190A-5/U14 W.Nr871 code TD+SI

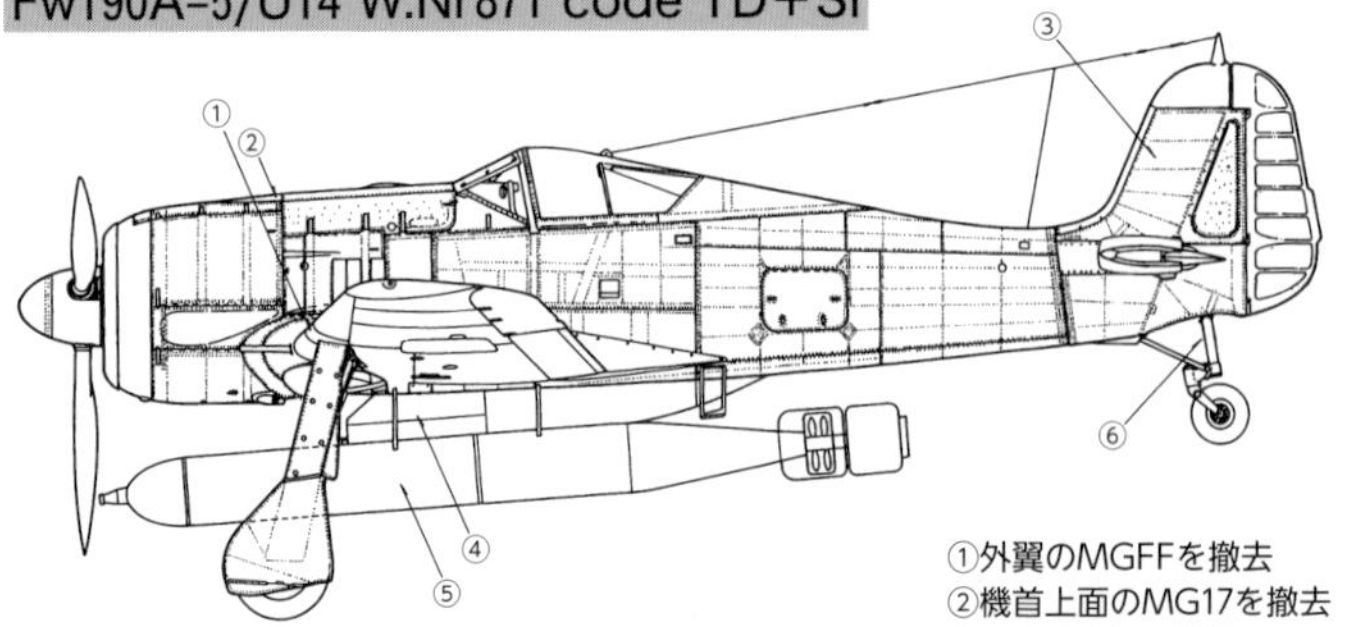

①外翼のMGFFを撤去
②機首上面のMG17を撤去
③垂直安定板を増積
④ETC502ラック
⑤LT F 5 b 750kg航空魚雷
⑥尾脚の支柱を延長

う粒）1発を懸吊可能とした実験機。W.Nr1282、コード・レターVL+FGを改造して1機だけ造られた。武装は、両主翼付根のMG151／20を除いて撤去され、内部艤装関係ではアスカニア社のALSK121無線誘導装置を追加した以外、とくに機体関係に改造は加えられていない。BV246の細長い主翼を支えるための支柱が、主脚柱の直後に取り付けられている。

BV246は、本機による実験段階では実用化にはなお多くの問題を残しており、後にA-8 W.Nr130975などを使った実験が敗戦まで続けられたが、結局一度も実戦に使われなかった。

●A-5／U16

1943年8月に、タルネヴィッツの兵器テスト・センターにおいてテストされた駆逐機仕様。W.Nr1340の1機のみが充てられ、両外翼のMGFFを撤去し、同下面にゴンドラ式にMK108 30mm機関砲を1門ずつ

←胴体下面の専用ラックETC502を介し、LT F5b航空魚雷を懸吊した雷撃戦闘機型の原型機の1機、Fw190A-5/U14、W.Nr871、コードレター“TD+SI”。魚雷尾部と地上とのクリアランス確保のため、著しく延長された尾脚支柱が目立つ。

Fw190A-5/U15 code VL+FG

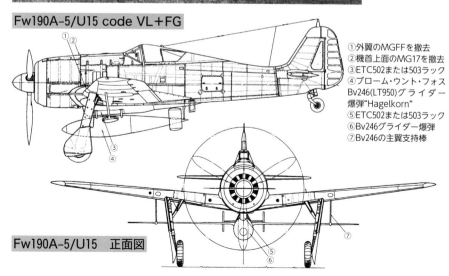

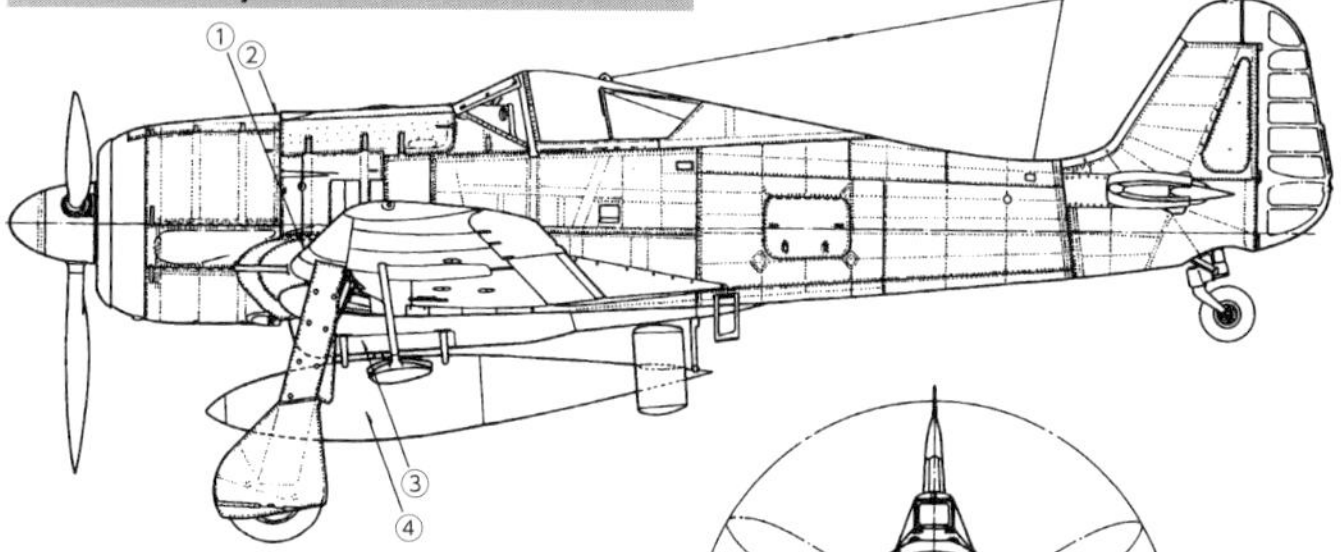

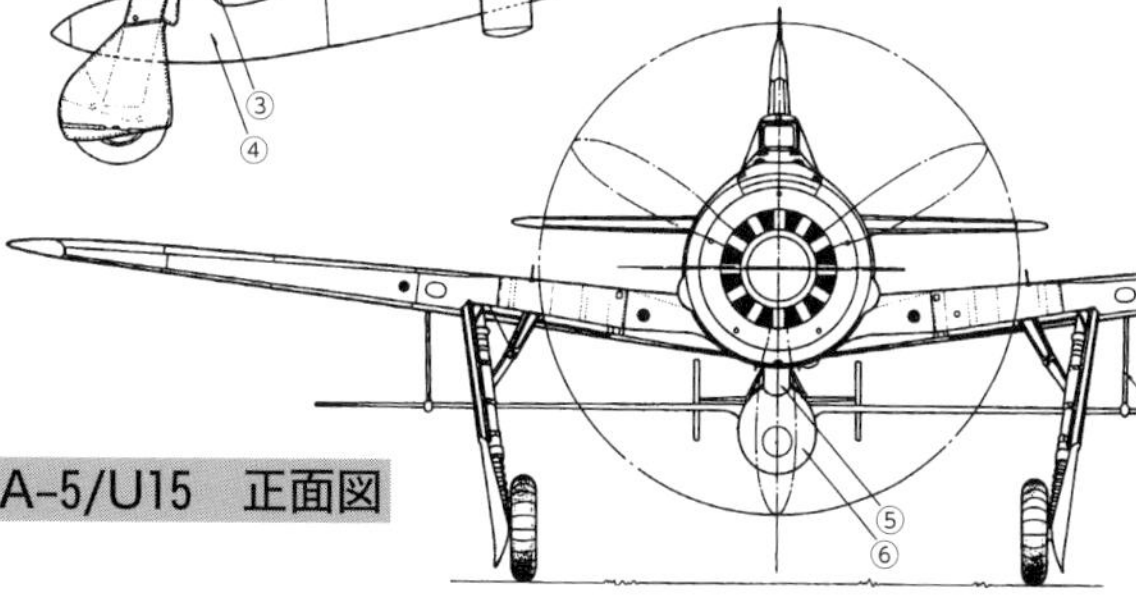

Fw190A-5/U15　正面図

装備した。短砲身のMK108は破壊力という面では申し分ないものの、初速、弾道性に難があったが、対大型機迎撃用には有効と認められ、後に翼内装備に変更されてA－7／R2、A－8／R2、R8の〝突撃戦闘機〟型に導入された。

●A－5／U17

A－5／U3をベースに開発された地上攻撃機型で、胴体下面のETC501ラックに加え、両外翼下面に小型爆弾懸吊用のETC50ラック各2個を装備した。通常、全てのラックに爆弾を懸吊することは少なく、両翼に50kg爆弾4発を懸吊した場合には、ETC501ラックは空か、代わりに300ℓ入増槽を懸吊した。

小型爆弾架は対地支援機には非常に有効であることが確認され、A－5／U17は、1943年5月からF－3／R1の型式名で、894機も大量生産された。その多くは防塵フィルター付のTropタイプとして完成し、左主翼前縁に戦果確認用のEK16「ロボットII」カメラ、またはBSK16ガン・カメラを装備した。

●A－5／R6

A－4／R6と同様に、両主翼下面に「BR21」ロケット弾各1発を装備した型だが、数は少ない。

以上紹介したバリエーション以外にも、A－5には外翼MGFFを撤去して左翼前縁にBSK16ガン・カメラを追加した軽武装型、A－3／U7と同様の過給器空気取入口を装備した高々度戦闘機型、外翼MGFFを撤去し、同下面にカバーのないETC50小型爆弾ラックを装備した簡易戦闘爆撃機型などが、非公式に存在したことが写真により確認できる。

Fw190A－6

A－5／U10で実施された外翼武装のMG151／20への強化策は、対地攻撃、対爆撃機迎撃に有効であることが確認され、1943年5月から生産ラインに導入され、A－6として量産された。内部艤装関係では、空中交信

Fw190A-6

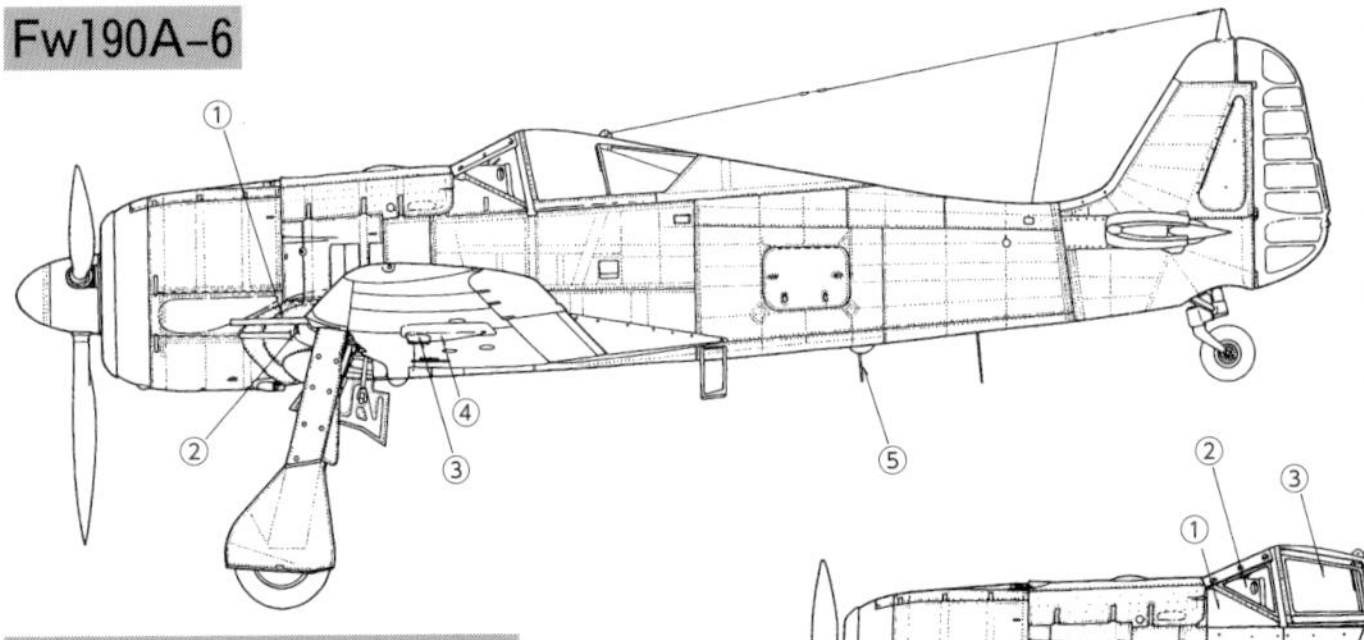

①外翼武装をMG151/20 20㎜機関銃に換装
②BSK16ガン・カメラ標準装備
③MG151/20用空薬莢排出口
④外翼内機関銃点検パネルのバルジ形状変更
⑤FuG16ZY無線機の方向探知用D/Fループ・アンテナ標準装備

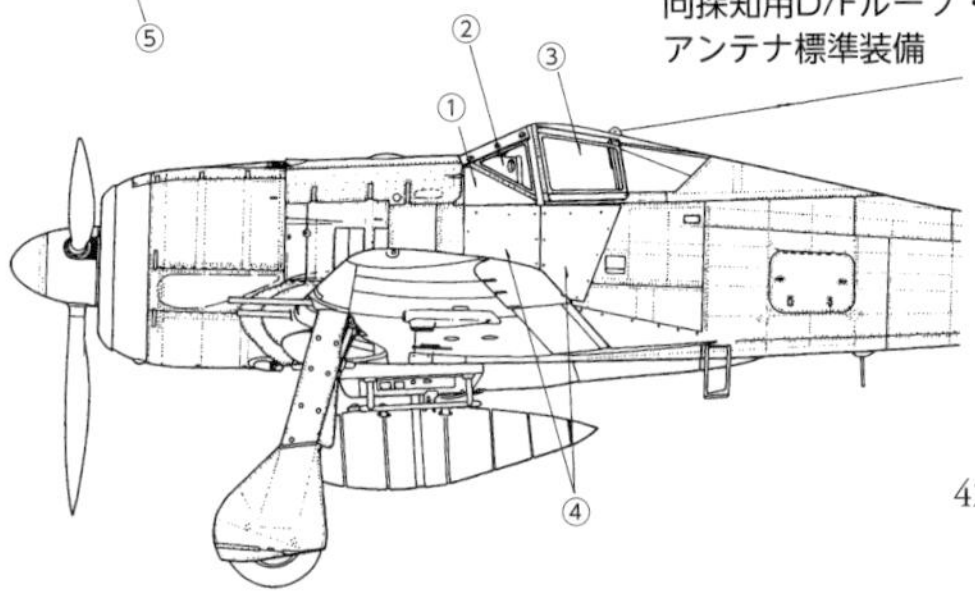

Fw190A-6“Ramjäger”
突撃戦闘機型

①前部キャノピー下装甲板（5㎜厚）
②前部キャノピー側面防弾ガラス（30㎜厚）
③開閉キャノピー側面防弾ガラス（30㎜厚）
④操縦室側面装甲板（5㎜厚）

用無線機がFuG16ZEとなり、胴体下面第10隔壁部に方向探知用D／Fループ・アンテナ、BSK16ガン・カメラを追加したことが目立ち、双方とも以後の各型の標準装備となった。

A－6は1944年3月まで量産が続けられ、アラド365機、AGO445機、フィーゼラー347機、ハーステラー35機の各社計1，192機つくられたが、Fw社ではA－6の量産は行なわれなかった。

なおA－6から〝U〟記号を附した実験機、派生型の表記法は廃止され、各種実験機は、Fw190全体の原型機を示す「V」表記の各機体に統一された。

したがって、サブ・タイプは各型共通の野戦改修キットを使った「R」仕様だけとなるため、重複を避ける意味でもR仕様をひと通り説明し、以降は特記すべき型式を除き、各型ごとに使用されたR仕様を記述するにとどめたい。Fw190A－6～－9に用いられたR仕様は以下のとおり。

●R1

A－5／U12を原型とする重戦闘機仕様。MG151／20　2挺を1組とするWB151／20ガン・パックを装備した状態。本キット装備状態のA－6の全備重量は4，450kgで、ノーマルなA－6に対して約300kgの増加。それによる速度低下は50km／hで、最大速度は610km／hだった。

●R2

両外翼のMG151／20の代わりに、MK108　30㎜砲各1門を装備した状態。MK108砲身は、MG151／20の場合と同じ位置に突出する。Fw190V51 W.Nr765を原型とする改修キット。

●R3

A－5／U11で試験された長砲身MK103　30㎜機関砲を両外翼下面に各1門ゴンドラ装備するキット。A－6、A－7、A－8、F－3、F－8に適用されるはずだったが、実用性に問題があって、ほとんど使われなかった。

←1943年7月、フランス北東部のヴィトリ・アナルトワ基地における、6./JG26中隊長ヨハネス・ナウマン大尉の乗機、Fw190A-6、機番号“茶色の1”。イギリス本土からのB-17、B-24両四発重爆によるドイツ本土空襲が、にわかに激しくなってきた時期である。

●**R4**
Fw190V45 W.Nr7347、V47 W.Nr530115の2機を使ってテストされた高々度用パワーブースト・システム「GM－1」を装備した状態。A－8、F－8、－9の一部が使用しただけで他はほとんど使わなかった。

●**R5**
胴体内に115ℓ入の増設タンクを追加し、低高度用パワーブースト・システム「MW50」を装備した状態。R4と同様にA－8、F－8、－9の一部に適用されたのみで、A－6、－7はほとんど使わなかった。

●**R6**
両翼下面に、対爆撃機攻撃用の「BR21」ロケット弾を各1発装備した状態。A－6、－7、－8とA－9の一部に適用されたが、A－8の一部は胴体下面に1発だけ、後方向けに装備する場合（JG3など）もあった。

●**R7**
操縦室の周囲、キャノピーに防弾鋼板、防弾ガラスを追加した重装甲状態。A－8にのみ適用。

●**R8**
R2、R7の両仕様を施した状態で、エンジンを新型のBMW801TU、もしくはTS（2,000hp）に換装した仕様。A－8、－9に適用。

プロペラは、ブレード幅が広い、直径3.5mの木製VDM9－12157H3に換装されていることが、目立つ外観上の相違。

●**R11**
新型FuG125〝Hermine《ヘルミネ》〟無線機とPKS12自動操縦装置、キャノピーの電熱曇り止め装置を兼備した悪（全）天候戦闘機仕様。A－8、－9と液冷Dシリーズ、Ta152に適用された。

●**R12**
R2とR11仕様を併用した状態を示すが、A／F／G各型にはほとんど使用されなかった。

◆　◆

なお、A－6には前述のR仕様とは

Fw190A-6以降の「R」仕様

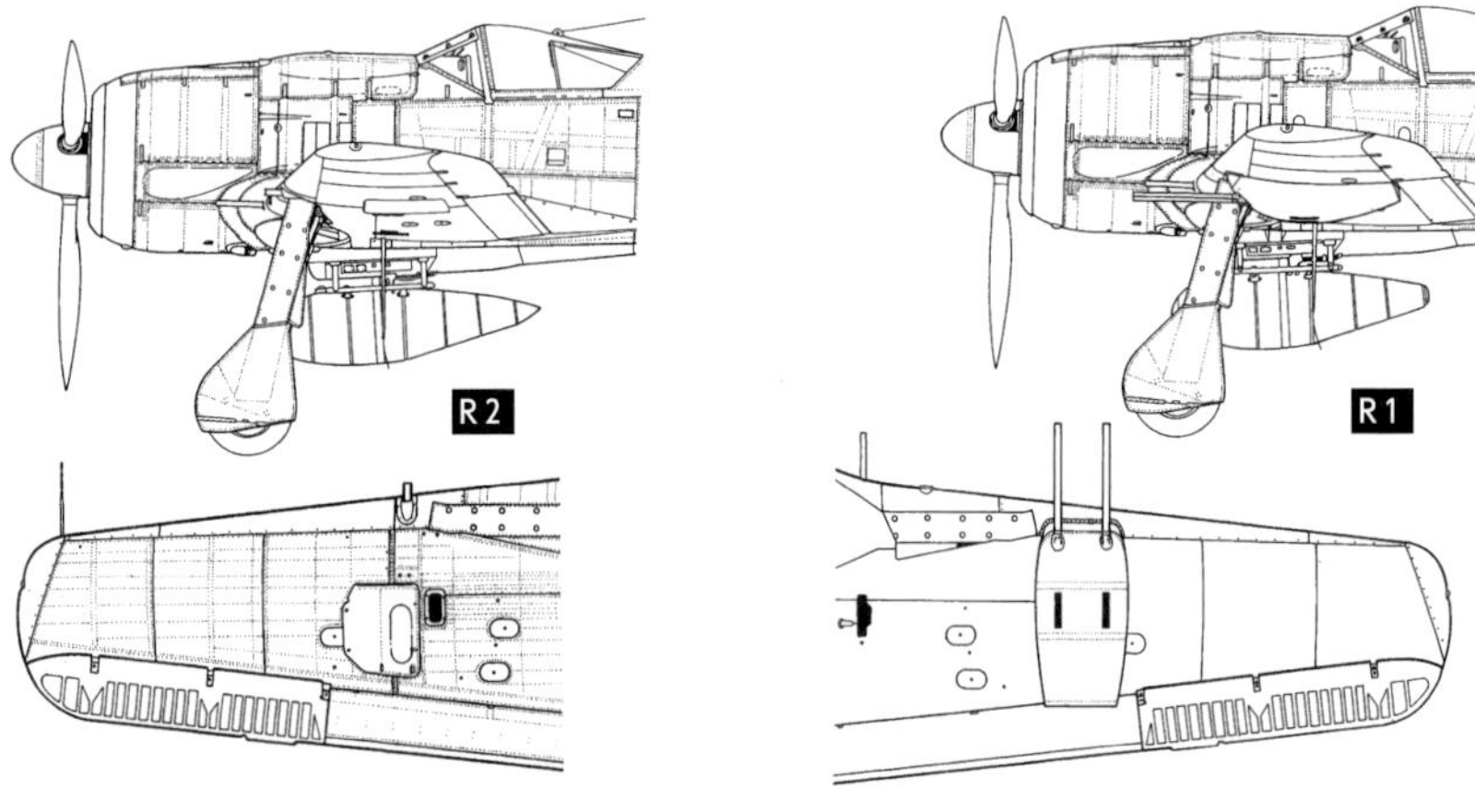

別に、A－5／U2の例と同じく機上レーダーFuG217〝ネプツーンJ〞を搭載し、排気管上方に防焔フィンを追加した夜間戦闘機型があり、第300戦闘航空団、第10夜間戦闘飛行隊などで使用された。この夜戦型をA－6／R11とする説もあるが、R11は前記したような別仕様の悪（全）天候戦闘機型であり、単にA－6／Neptunと記述するのが正しい。

機首上面、胴体後部上面、両主翼付根上、下面にレーダー・アンテナが林立し、ハリネズミのような物々しい外観を有する。レーダー・スコープは、操縦室内主計器板の左上方、ノーマル仕様機の機銃弾残量ゲージのあった箇所に装備された。

A－6の量産がピークに達した1943年9月30日現在、各社合わせたFw190の合計生産数は4，561機に達し、戦闘機隊の半分近くが本機で占められるまでになった。もっとも、前記生産数のうち、戦闘機型A各型は3，223機で、548機はF各型、

突撃戦闘機仕様

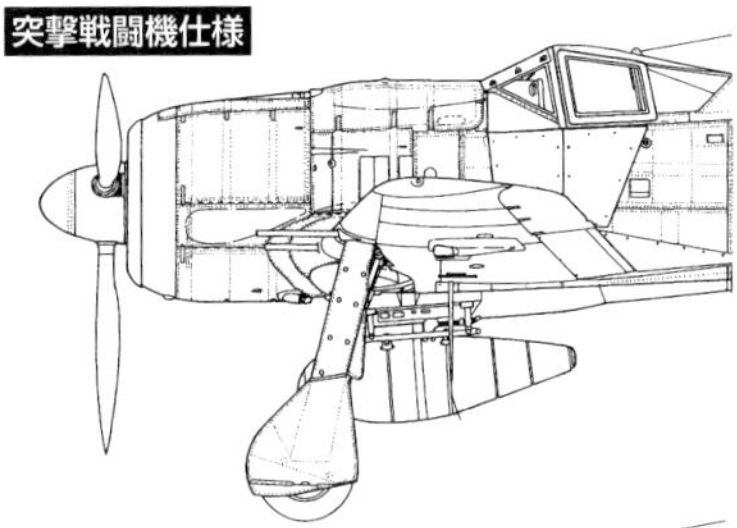

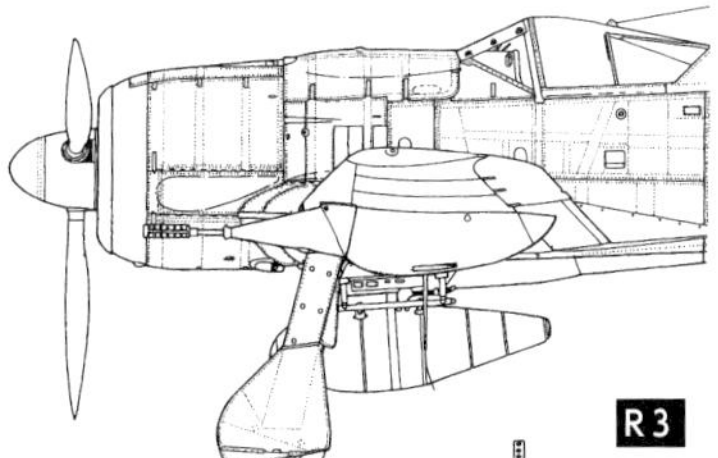

R3

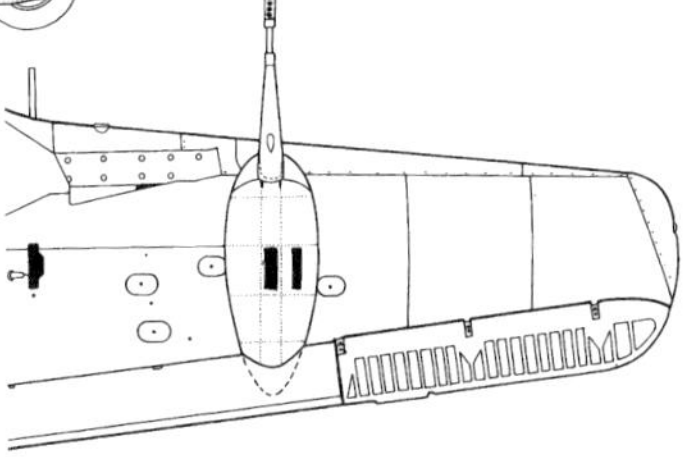

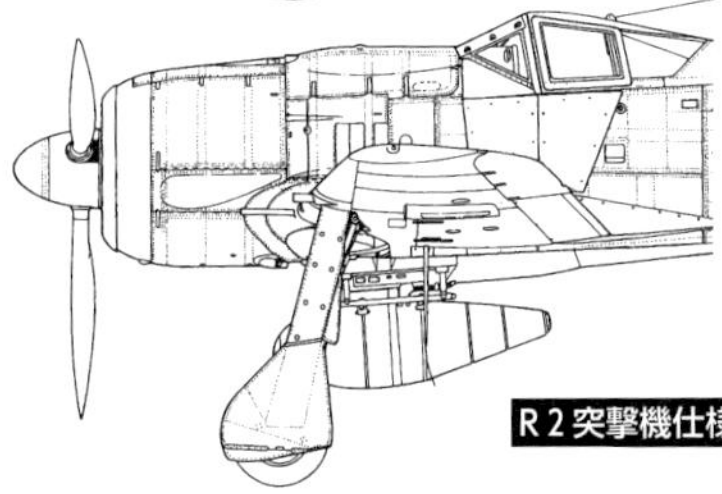

R2突撃機仕様

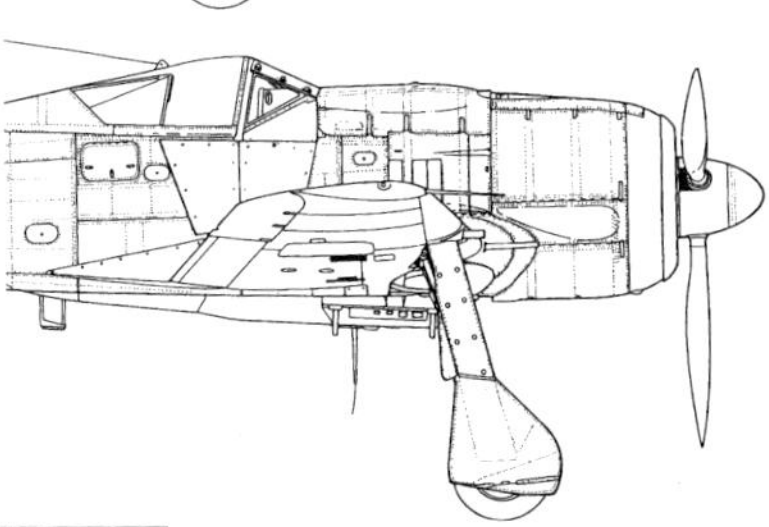

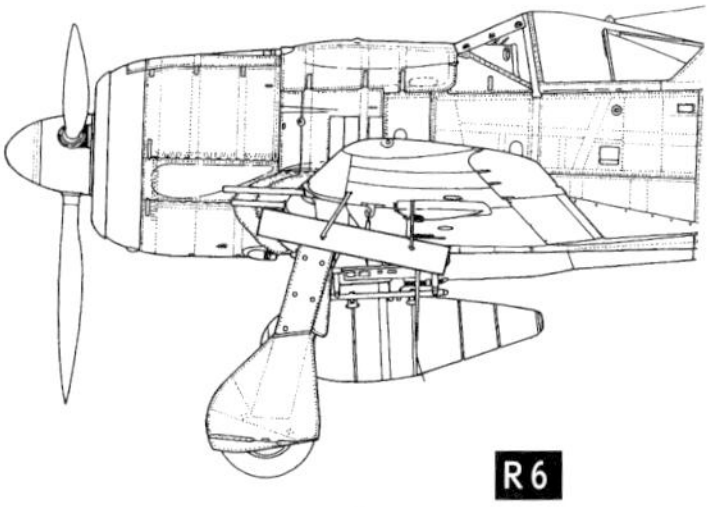

R6

R6“カニ”装備

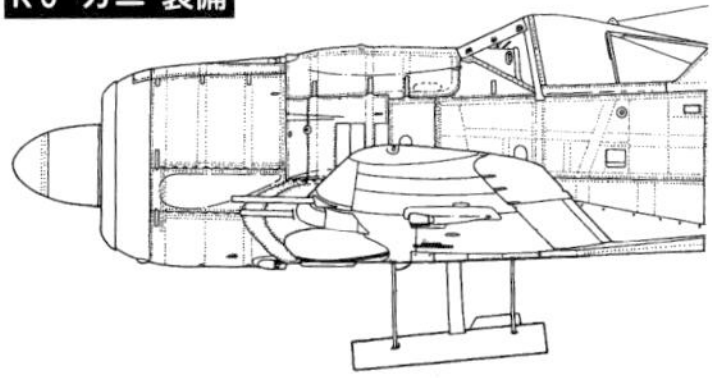

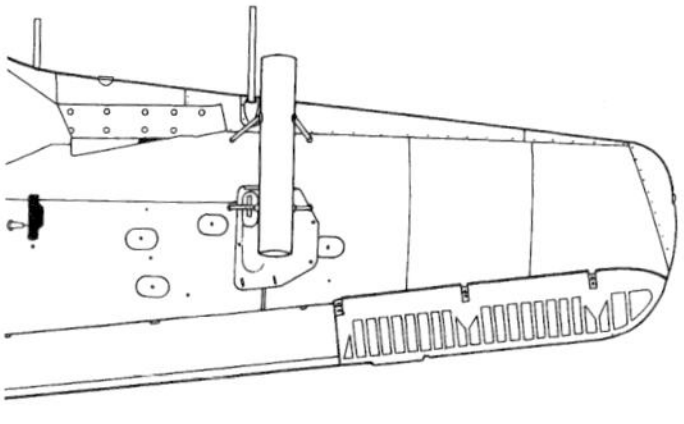

Fw190A-6/Neptun　夜間戦闘機型

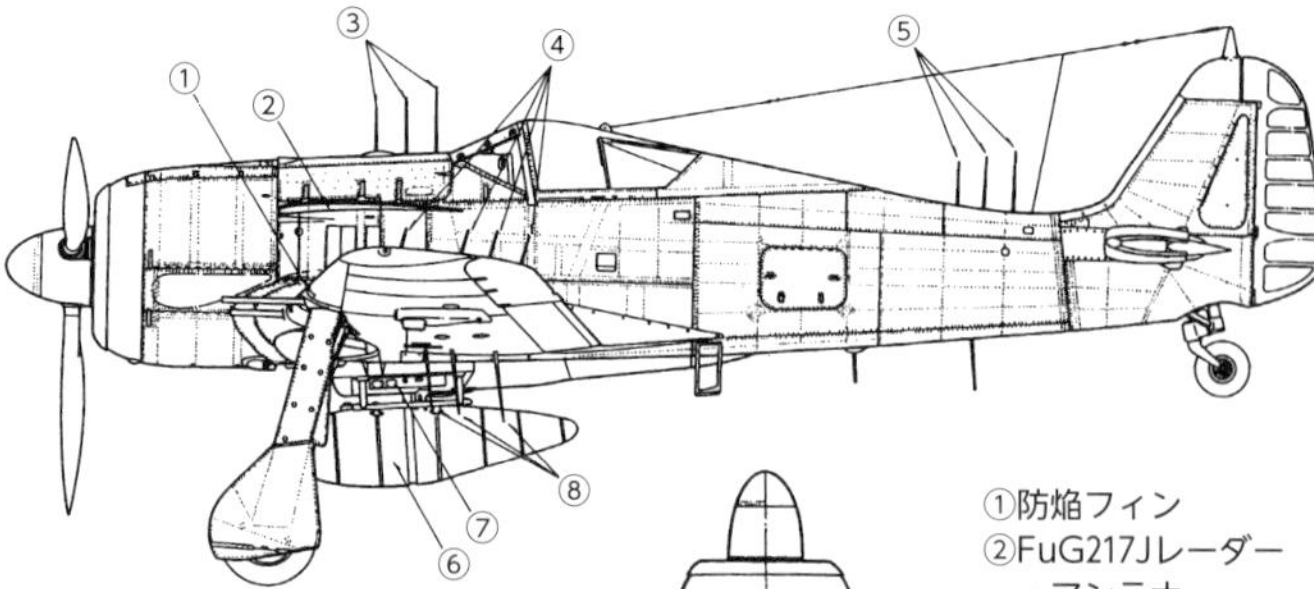

①夜間着陸灯
②防焔フィン
③FuG217Jレーダー・アンテナ
④FuG217Jレーダー・アンテナ
⑤FuG217Jレーダー・アンテナ
⑥300ℓ入増槽
⑦ETC501ラック
⑧FuG217Jレーダー・アンテナ

機首上面図

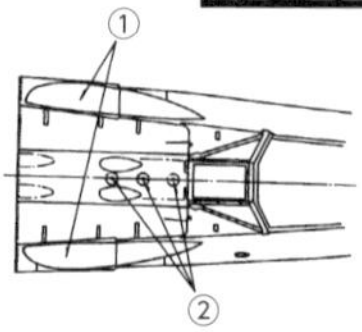

①防焔フィン
②FuG217Jレーダー
・アンテナ

主翼下面

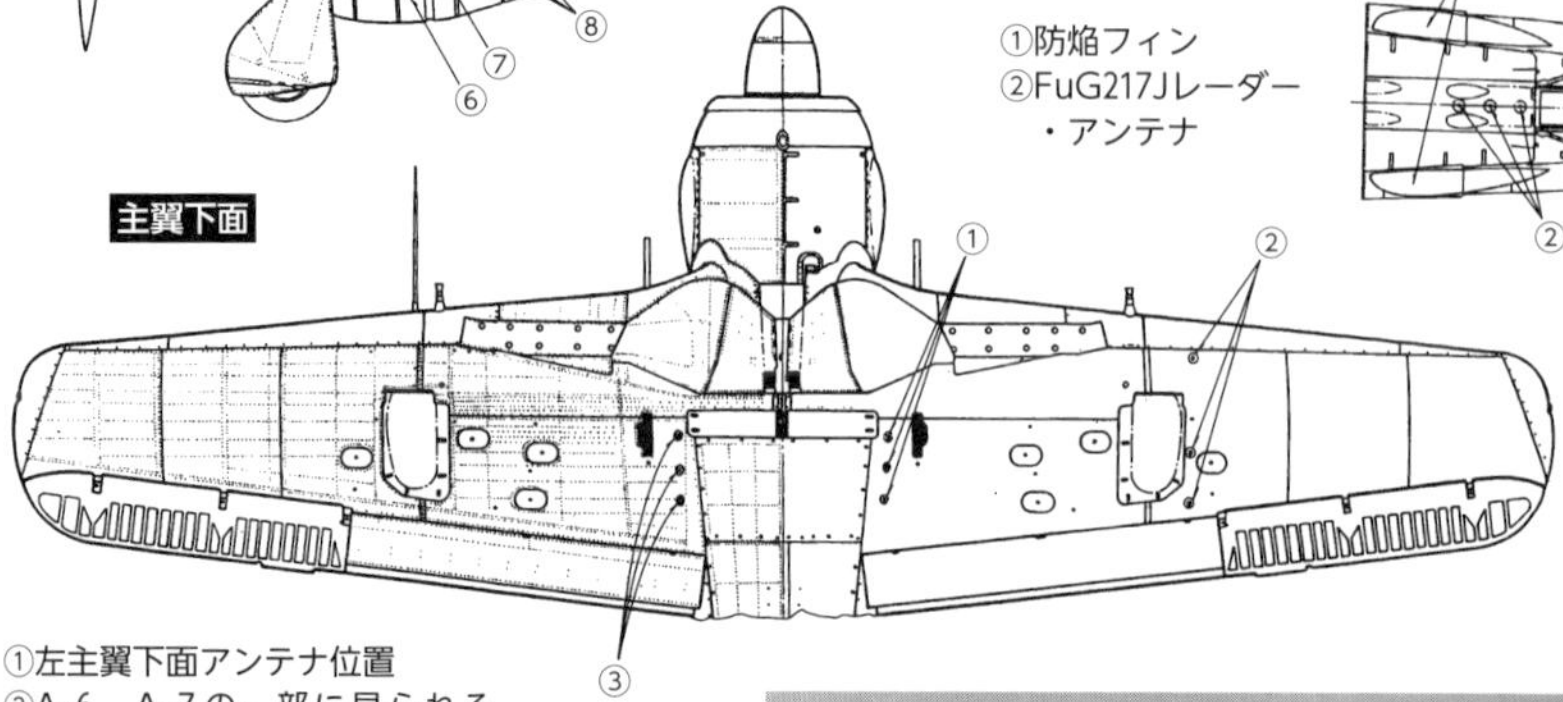

①左主翼下面アンテナ位置
②A-6、A-7の一部に見られる
左主翼下面追加アンテナの位置
③右主翼下面アンテナ位置

↑Fw190A-6/Neptun仕様機の、左主翼上面に取り付けられたレーダー・アンテナ。

↓愛機Fw190A-6/Neptun、W.Nr550143、機番号“白の11”の水平尾翼に置いた飛行装具を手入れする、第10夜間戦闘飛行隊第1中隊(1./NJGr.10)所属のフリッツ・クラウザ中尉。胴体後部、主翼上面に林立するFuG217Neptun J-2レーダーのアンテナがものものしい。

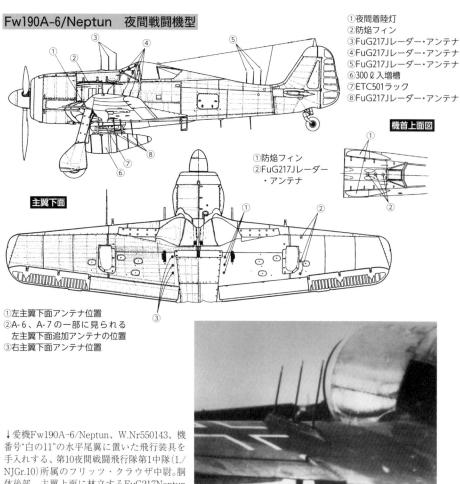

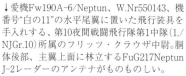

790機はG各型として完成していた。このうち、〝本家〟たるFw社は1，624機生産にとどまり、残りはアラド社（1，124機）、AGO（1，179機）、フィーゼラー社（634機）が生産した。

Fw190A-7

A-6の就役により、Fw190の火力向上はほぼ満たされたと思われたが、実戦現場からの要求はなおひきもきらず、結局、空戦において、ほとんど実効果のなくなっていた機首上面のMG17 7.92mm機銃を、MG131 13mm機銃に換装した新型が、Fw190A-7として量産されることになった。

MG17より大型のMG131を装備したことにより、当然のように従来の点検パネルではカバーできなくなり、全面的に再設計され、上方、左右に膨らんだ形となった。このカバーは以後A-8、-9、F-8、-9、G-8にも引継がれたので、それ以前の型との明瞭な識別点となった。艤装面では射撃照準器がReviC/12Dから、新型のRevi16Bに更新されたことが主な改修点。

原型となったのは前述のFw190A-5/U9 W.Nr812、816の2機で、量産は1943年11月から翌年3月にかけて行なわれ、Fw社で195機、AGO社で310機、フィーゼラー社で196機、合計701機つくられた。

A-7は、時局柄そのほとんどが本土防衛部隊に配属されたため、FuG16ZE無線機用のモラーネ・アンテナ、ETC501ラックと300ℓ入増槽を標準装備とした。

A-7に適用された〝R〟仕様はR1、R2、R6の3種だが、資料によっては、R2仕様を施した機体はA-7/R2と記さず、A-7/MKとしている。

また、JG26で使用されたA-7の一部は、外翼MG151/20を撤去し、300ℓ入増槽懸吊用のETC501

Fw190A-7

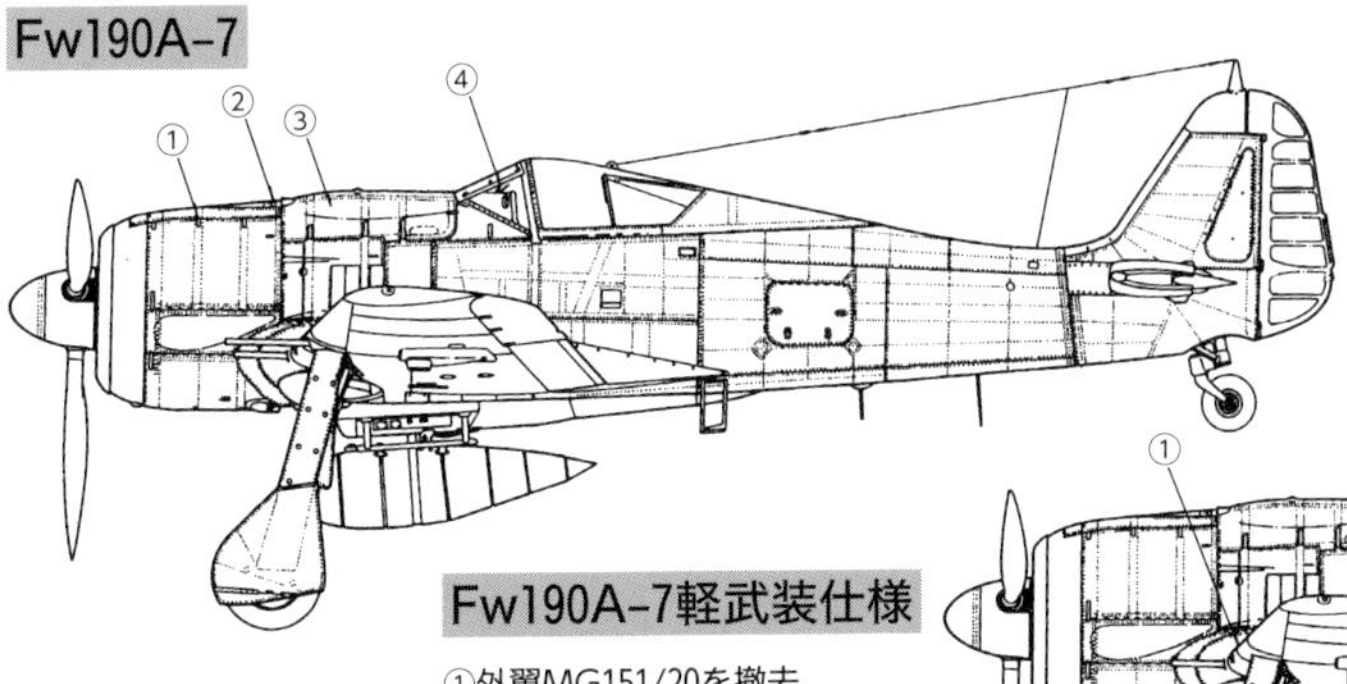
①カウリング側面パネルの開閉クリップの位置を移動
②機首武装をMG131 13mm機関銃×2に換装
③機首上部武装の点検パネルを再設計
④射撃照準器をReviC/12DからRevi16Bに更新

Fw190A-7軽武装仕様

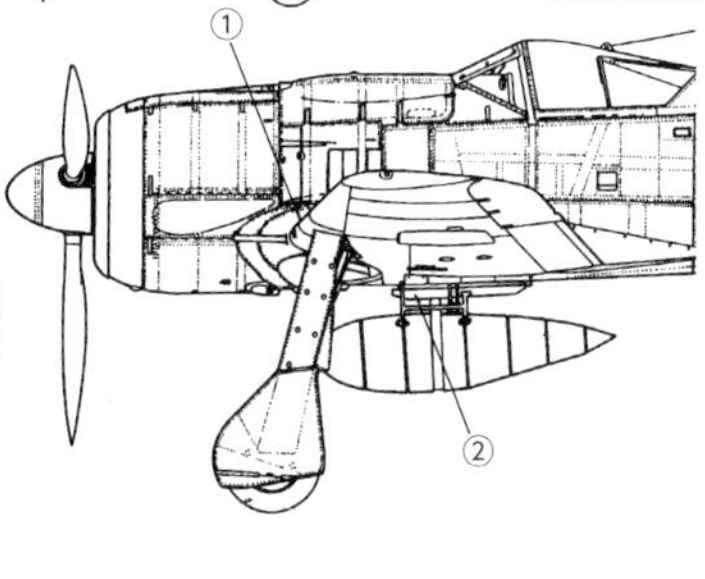
①外翼MG151/20を撤去
②300ℓ入増槽ラックを鋼管骨組の簡易型に換装し、取り付け位置も後方へ移動

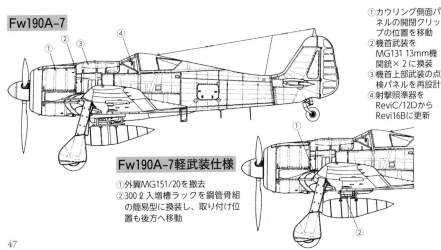

→"敵機来襲"の報を受け、積雪の掩体地区から滑走路に向けてタキシングし、迎撃出動せんとするⅡ./JG26所属のFw190A-7。1944年1月、ベルギー国境に近いフランス北部カンブレー市近郊基地での撮影で、この頃、イギリス本土からドイツ昼間空襲に飛来するアメリカ陸軍航空軍機は、爆撃機、護衛戦闘機あわせると1,000機を超える規模になっていた。

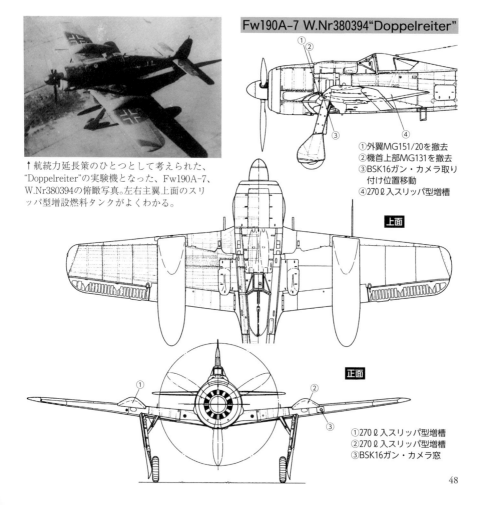

↑航続力延長策のひとつとして考えられた、"Doppelreiter"の実験機となった、Fw190A-7、W.Nr380394の俯瞰写真。左右主翼上面のスリッパ型増設燃料タンクがよくわかる。

Fw190A-7 W.Nr380394"Doppelreiter"

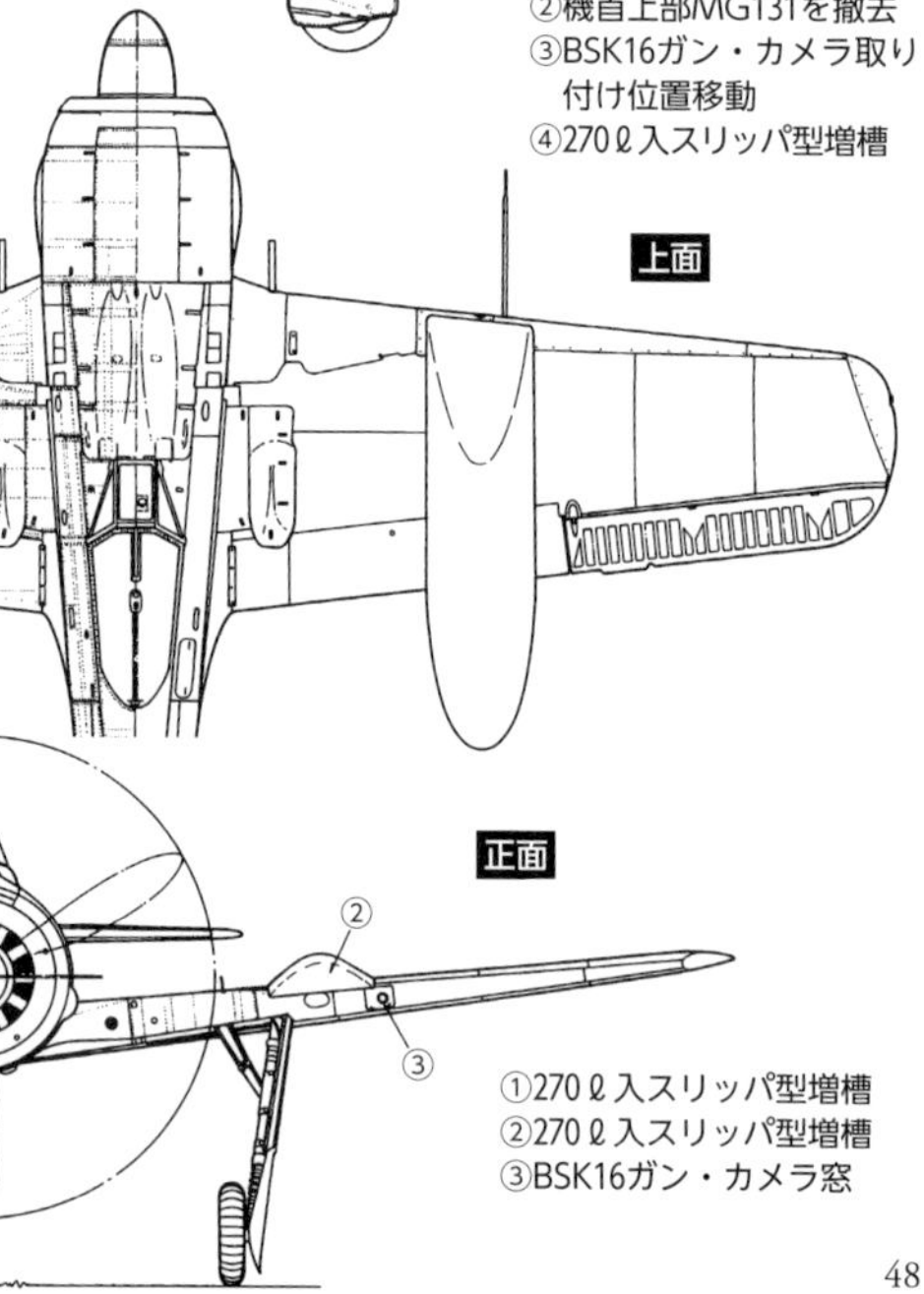

に変えて、鋼管骨組の簡易型に変更し軽量化を図った応急型があった。

　戦況自体が変化したこともあって、A－7を使った実験機は、W.Nr380394改造の航続距離延長テスト機〝Doppelreiter《ドッペルライター》〟（Double Rider）が唯一の例だろう。既に両翼下面に2個の300ℓ入増槽を懸吊する航続距離延長法は実用されていたが、欠点は空気抵抗が大きく、飛行性能をかなり損なうことであった。

　〝Doppelreiter〟は、かつての飛行船でその名を知られたグラーフ・ツェッペリン研究所が開発を担当し、飛行性能に最少限の影響を与えるだけで、前記方法に近い航続距離延長を実現しようとした。両主翼上面にスリッパ型の燃料タンク（各270ℓ）を密着して装備する。

　どの程度の飛行性能低下で、何㎞くらいの航続距離延長が可能になったのか、記録がないので不明だが、結局実用化には至らなかった。なお次の新型A－8を使用した別の形式の〝Doppelreiter〟テストも実施されたが、これも実用化には至っていない。

Fw190A－8

　わずか4ヵ月足らずの短期生産期間にとどまったA－7に代わり、1944年3月から量産に入ったのが、大戦末期の主力型ともいうべきA－8である。エンジンは、依然としてA－3以来のBMW801D－2。A－7で実施された機首武装のMG131への強化、Revi16B射撃照準器への更新に加え、操縦室後方の胴体内に容量115ℓの増設タンクを追加した。

　このタンクは、燃料タンクとしてはもちろん、GM－1またはMW50パワーブースト・システム用の亜酸化窒素、水メタノール液タンクとしても使用できた。注入口はスライド・キャノピー下の胴体左側に設けられ、タンク着脱用のパネルが同下面に新設された。

　無線機も更新され、交信用はFuG16ZY、味方識別用はFuG25aとなった。地上管制局からの指令を受信するためのFuG16ZY用モラーネ・アンテナは、左翼付根下面に標準装備した。A－0以来、右主翼前縁中央部に付いていたピトー管は、長さを短縮して同翼端へ移動されている。

　増設タンクの追加により、重心位置が後退したため、無線機類が胴体隔壁1区画分前へ移動し、それに伴なって、胴体右側に点検パネルが追加され、この部分にあった胴体内後方燃料タンクの注入口も前に移動した。また、ETC501ラックの取付位置が20㎝前方へ移ったことも、A－8以前の各型との識別点となっている。

　エンジンが同じまま装備品のみが追加されれば、当然の如く機体重量増加により飛行性能は低下する。実際、A－8の全備重量（4,460㎏）はA－3に比較して400㎏も重くなっており、最大速度は640㎞／hに低下し、他の飛行性能も全般的に悪化した。

Fw190A-8 精密五面図（寸法単位：mm）

左側面

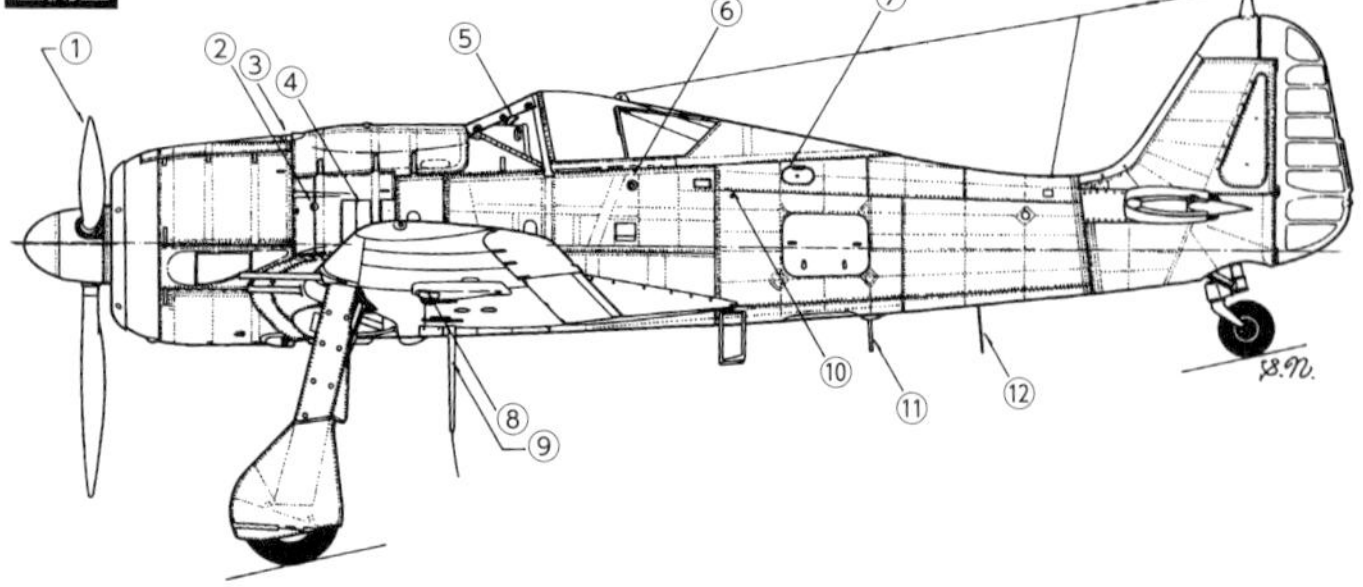

①VDM 9-16176A可変ピッチ式金属製3翅プロペラ
②エンジン始動用クランク棒差し込み口
③MG131 13mm機関銃
④エンジン冷却空気流量調節シャッター
⑤Revi16B光像式射撃照準器
⑥エンジン始動燃料タンク注入口ハッチ
⑦増設燃料タンク注入口ハッチ
⑧外翼MG151/20装弾子および空薬莢排出口
⑨FuG16ZY用モラーネ・アンテナ
⑩搭乗用ステップ引き出しボタン
⑪FuG16ZY用D/Fループ・アンテナ
⑫FuG25aIFF用ロッド・アンテナ

右側面

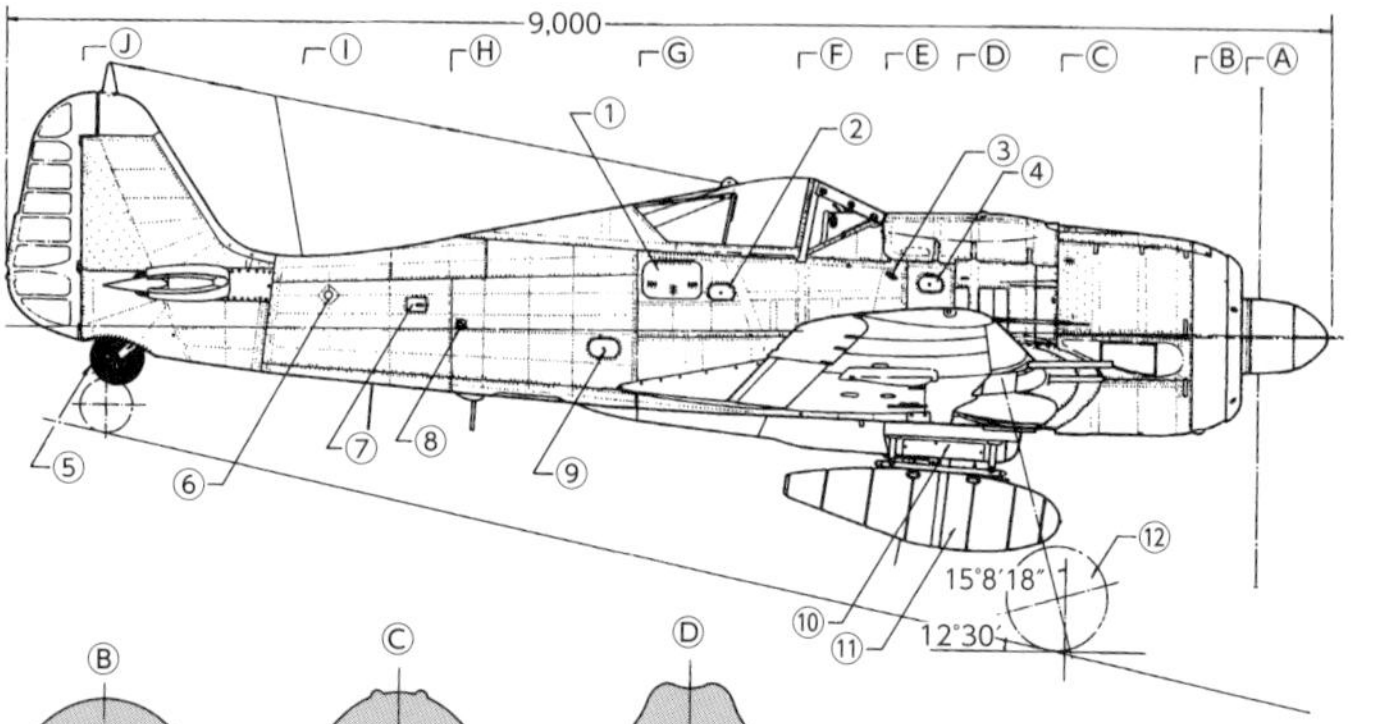

①無線機点検ハッチ
②胴体内後部燃料タンク注入口ハッチ
③信号弾発射口
④胴体内前部燃料タンク注入口ハッチ
⑤尾輪350×135mm
⑥リフト・バー差し込み口
⑦緊急装備品収納部ハッチ
⑧外部電源接続口
⑨圧搾酸素補給口ハッチ
⑩ETC501爆弾および増槽用ラック
⑪300ℓ入落下増槽
⑫主車輪700×175mm

胴体断面図

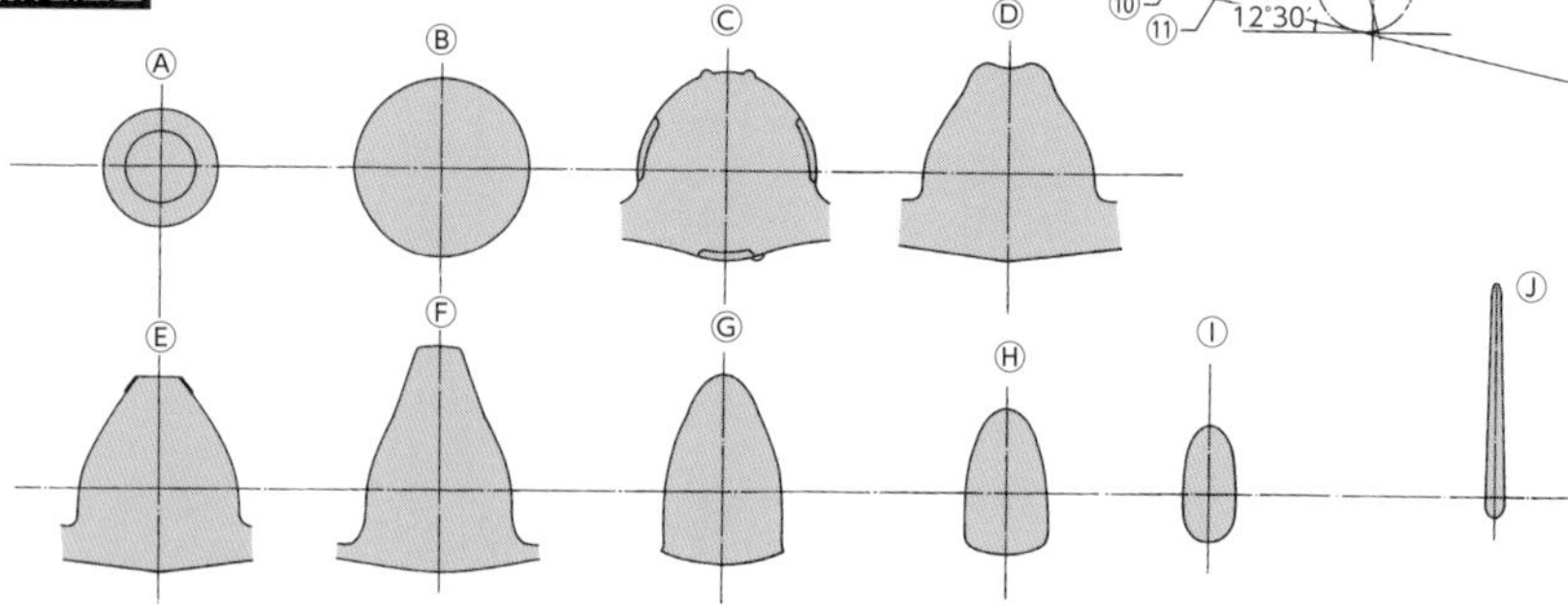

正面

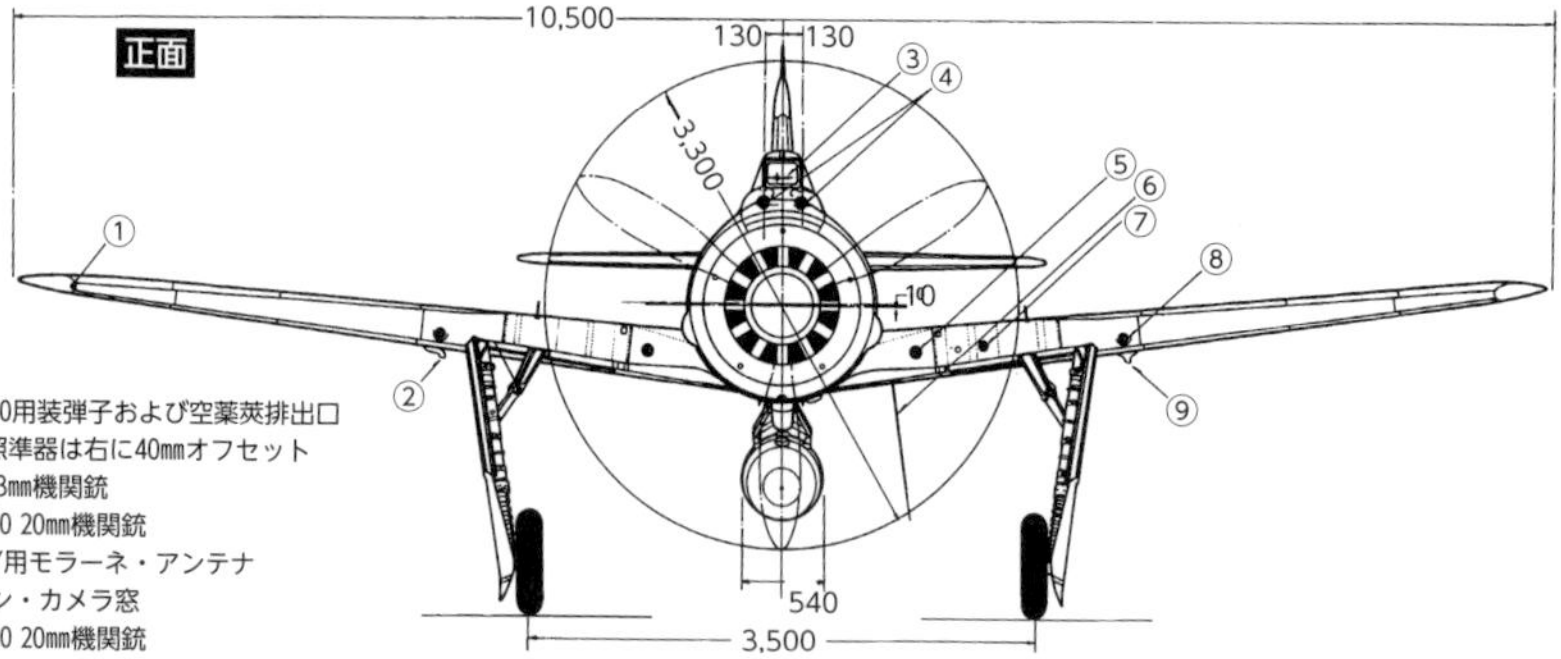

①ピトー管
②MG151/20用装弾子および空薬莢排出口
③Revi16B照準器は右に40mmオフセット
④MG131 13mm機関銃
⑤MG151/20 20mm機関銃
⑥FuG16ZY用モラーネ・アンテナ
⑦BSK16ガン・カメラ窓
⑧MG151/20 20mm機関銃
⑨MG151/20用装弾子および空薬莢排出口

①BSK16ガン・カメラ窓
②内翼MG151/20 20㎜機関銃
③外翼MG151/20 20㎜機関銃
④MG151/20用フェアリング・カバー
⑤ピトー管

上面

主翼断面図

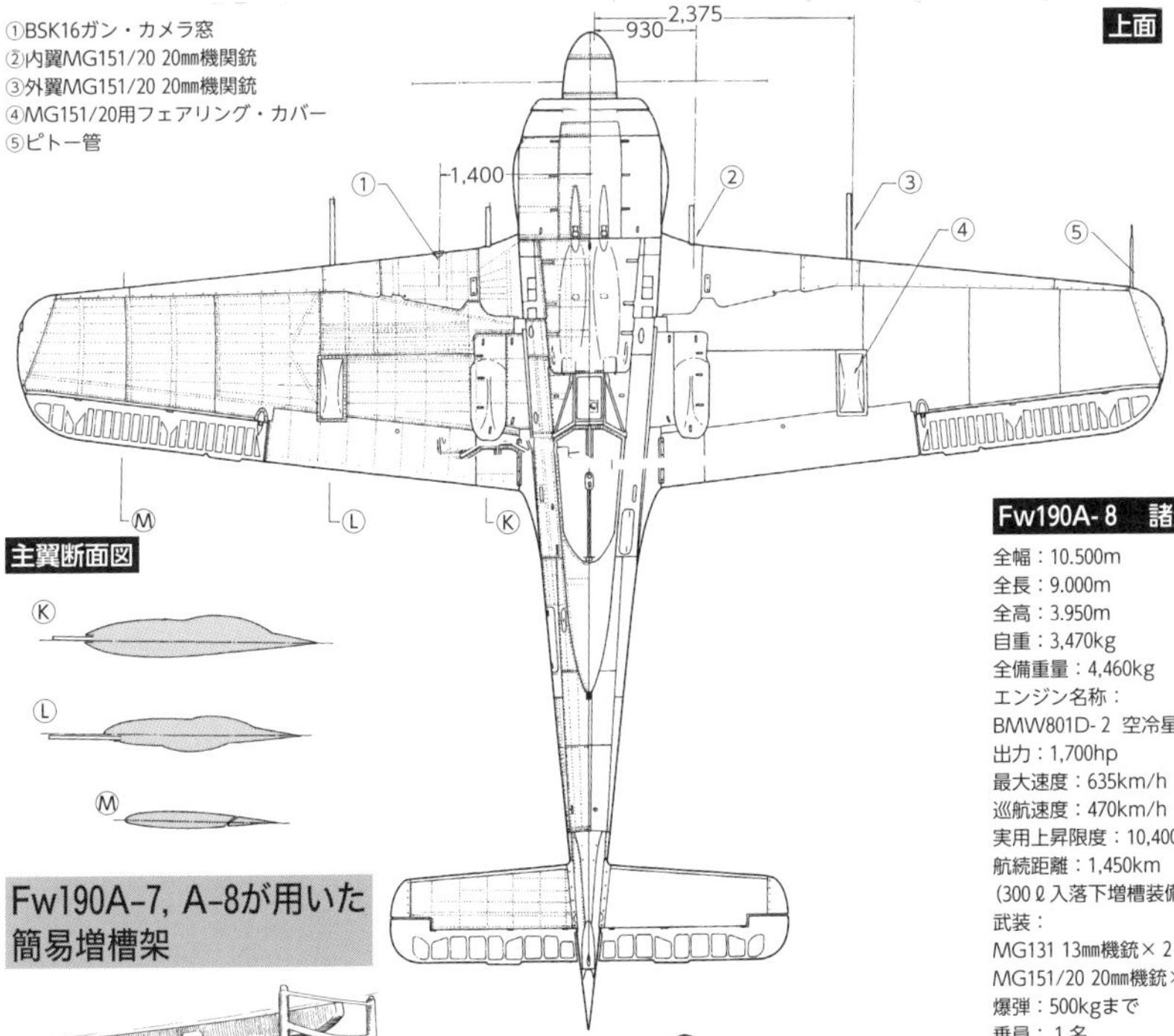

Fw190A-8　諸元／性能

全幅：10.500m
全長：9.000m
全高：3.950m
自重：3,470kg
全備重量：4,460kg
エンジン名称：
BMW801D-2 空冷星型複列14気筒
出力：1,700hp
最大速度：635km/h
巡航速度：470km/h
実用上昇限度：10,400m
航続距離：1,450km
（300ℓ入落下増槽装備状態）
武装：
MG131 13㎜機銃×2、
MG151/20 20㎜機銃×4
爆弾：500kgまで
乗員：１名

Fw190A-7, A-8が用いた簡易増槽架

下面

Fw190A-8　後期生産機

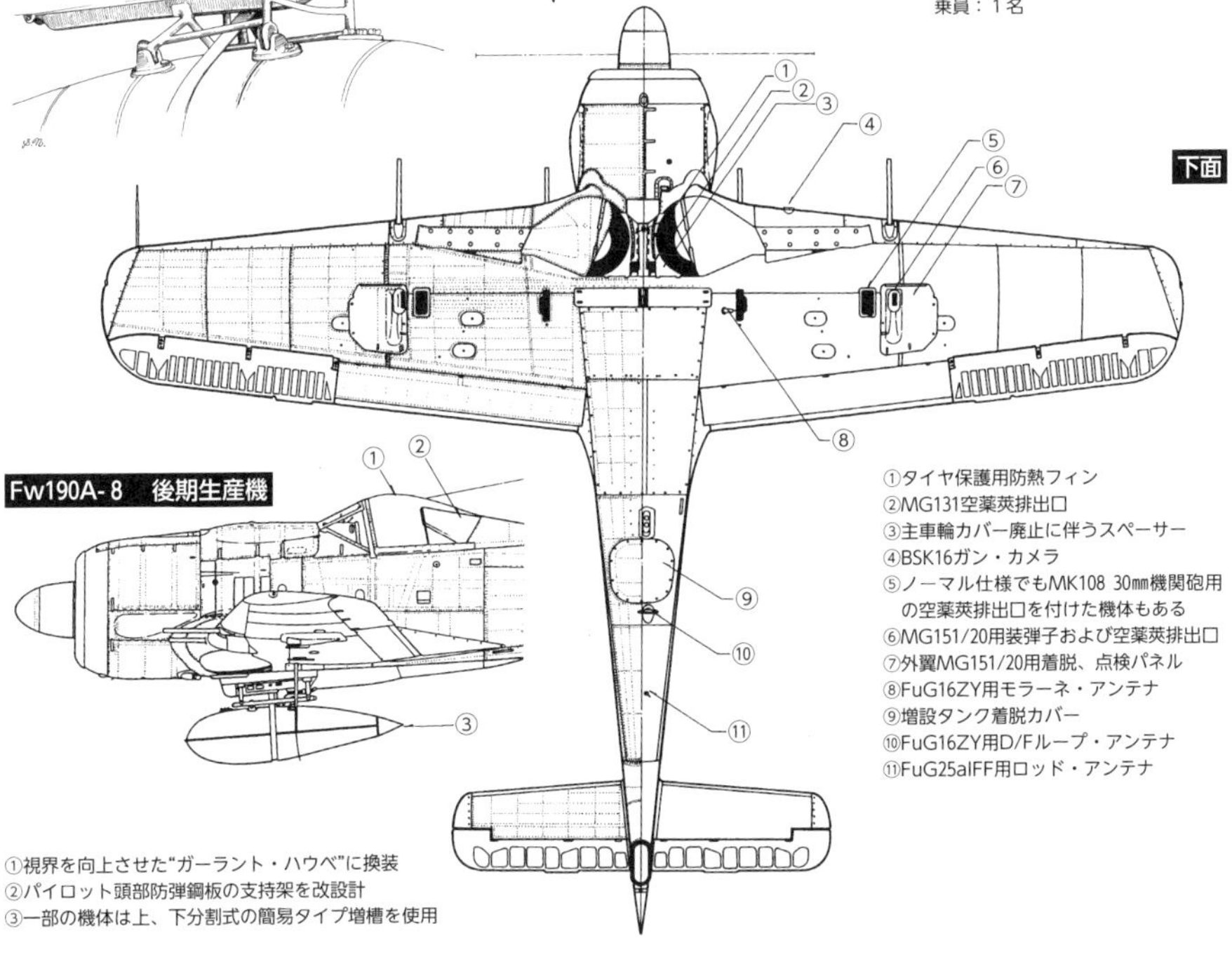

①タイヤ保護用防熱フィン
②MG131空薬莢排出口
③主車輪カバー廃止に伴うスペーサー
④BSK16ガン・カメラ
⑤ノーマル仕様でもMK108 30㎜機関砲用の空薬莢排出口を付けた機体もある
⑥MG151/20用装弾子および空薬莢排出口
⑦外翼MG151/20用着脱、点検パネル
⑧FuG16ZY用モラーネ・アンテナ
⑨増設タンク着脱カバー
⑩FuG16ZY用D/Fループ・アンテナ
⑪FuG25aIFF用ロッド・アンテナ

①視界を向上させた"ガーラント・ハウベ"に換装
②パイロット頭部防弾鋼板の支持架を改設計
③一部の機体は上、下分割式の簡易タイプ増槽を使用

↑所属部隊は不詳だが、本土防空部隊への配備機Fw190A-8、機番号"赤の10"が、胴体後部内に宣伝中隊(PK)のカメラマンを同乗させ、ムービー画像撮影のため滑走路に向けてタキシング中のシーン。A-8の標準装備であるETC501ラックを取り外しているのも、"変則同乗者"に対応した措置であろう。本機は、かろうじて判読できるW.Nr730414からして、1944年4月から5月にかけてAGO社で下請生産された、最初の量産ブロック240機中の1機と知れる。

←1944年9月、オランダのフォルケル基地にて、着陸に失敗し逆立ちした状態のまま遺棄され、進攻してきた連合軍地上部隊により接収されたFw190A-8、W.Nr175149、機番号"黒の6"。旧所属部隊は定かではないが、本土防空を担った部隊であることは確か。このアングルから捉えたA-8の写真は珍しく、破損はあるものの資料的に得難い一葉である。

しかし、Ｂｆ１０９Ｇの場合と同様に、こうした諸装備を施さなければ第一線戦闘機として生き残れなくなっていたのである。

ともあれ、戦況の悪化とは対照的にＦｗ１９０に限らず、１９４４年はドイツ航空機産業がピークを迎えた年で、激しい空襲下にもかかわらず過去最高の各機種約４万機を量産した。

Ａ－８もこのピーク時に量産が重なったことから、１９４５年１月までに計６,６５５機という、全型式を通して最多のＷ.Ｎｒが割り振られた（実際に完成した機数は不詳）。従来までの各社工場に加え、Ａ－８はＮＤＷ（北ドイツ・ドルニエ）社でも下請生産されている。

Ａ－８に適用されたＲ仕様はＲ１、Ｒ２、Ｒ３、Ｒ６、Ｒ７、Ｒ８、Ｒ11、Ｒ12だが、Ａ－６と同様に正規の改修キット名称を付与されなかった、胴体下面への「ＢＲ21」ロケット弾１発装備、簡易タイプの３００ℓ増槽懸吊架装備、ＦｕＧ２１８「ネプツーンＪ－

→胴体下面のETC501ラックにSC250 250kg通常爆弾を懸吊して出撃に備える、Fw190A-8/Jabo。胴体後部のマーキング形態からして、いずれかの戦闘航空団(JG)第Ⅲ飛行隊所属と思われるが、外翼のMG151/20は未装備で、周囲の各種爆弾と懸吊作業器材の状況からして、地上攻撃専任の中隊所属らしい。

→連合軍によるノルマンディー上陸作戦が敢行された1944年6月、本来の四発重爆邀撃ではなく、その連合軍地上部隊に対する爆撃任務をこなし、フランス中部のドリュー基地に戻ってきた、Ⅳ.(Sturm)/JG3の第11中隊所属ヴィリー・マキシモーヴィッツ軍曹搭乗の、Fw190A-8/R2(突撃機仕様)、機番号"黒の8"。

←1944年夏、フランス国内をドイツ本土目指して進撃してくる連合軍地上部隊に対し、薄暮を利用しての爆撃に赴くべく、トゥール近郊飛行場周囲の森の中で、出撃準備中のFw190A-8/Nacht Jabo-Rei。Fw190G-8に準じた、300ℓ落下増槽懸吊に加え、排気管部には夜間行動に対処した、スノコ型の消焔装置を付けている。

Fw190A-8/Nacht-Jäger

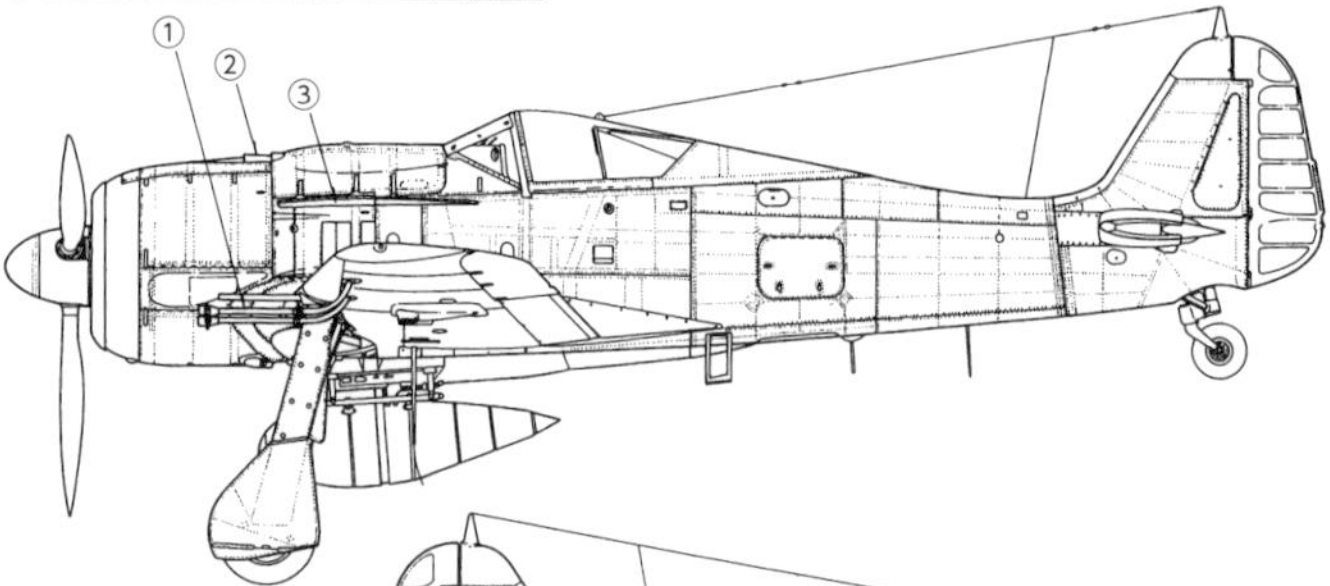

①FuG218“ネプツーンJ-3”レーダー用アンテナ
②MG131の銃身先端に消焔装置を追加
③防焔フィン

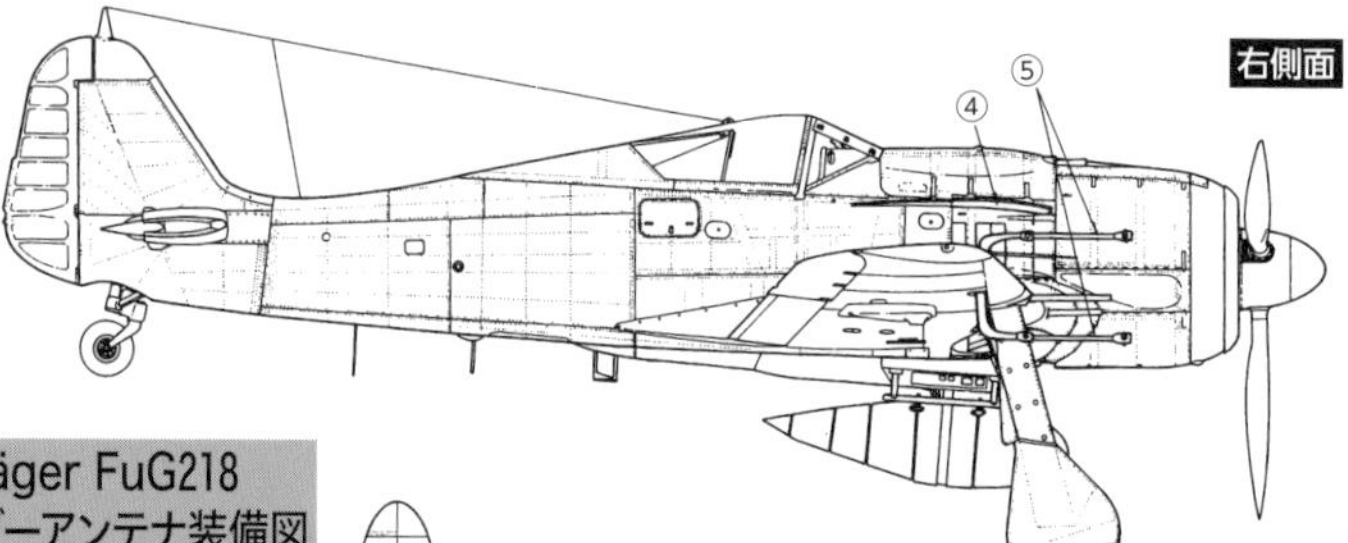

④防焔フィン
⑤FuG218“ネプツーンJ-3”レーダー用アンテナ（左主翼とは異なり上、下面に分けて装着）

Fw190A-8/Nacht-Jäger FuG218 “ネプツーンJ-3”レーダーアンテナ装備図

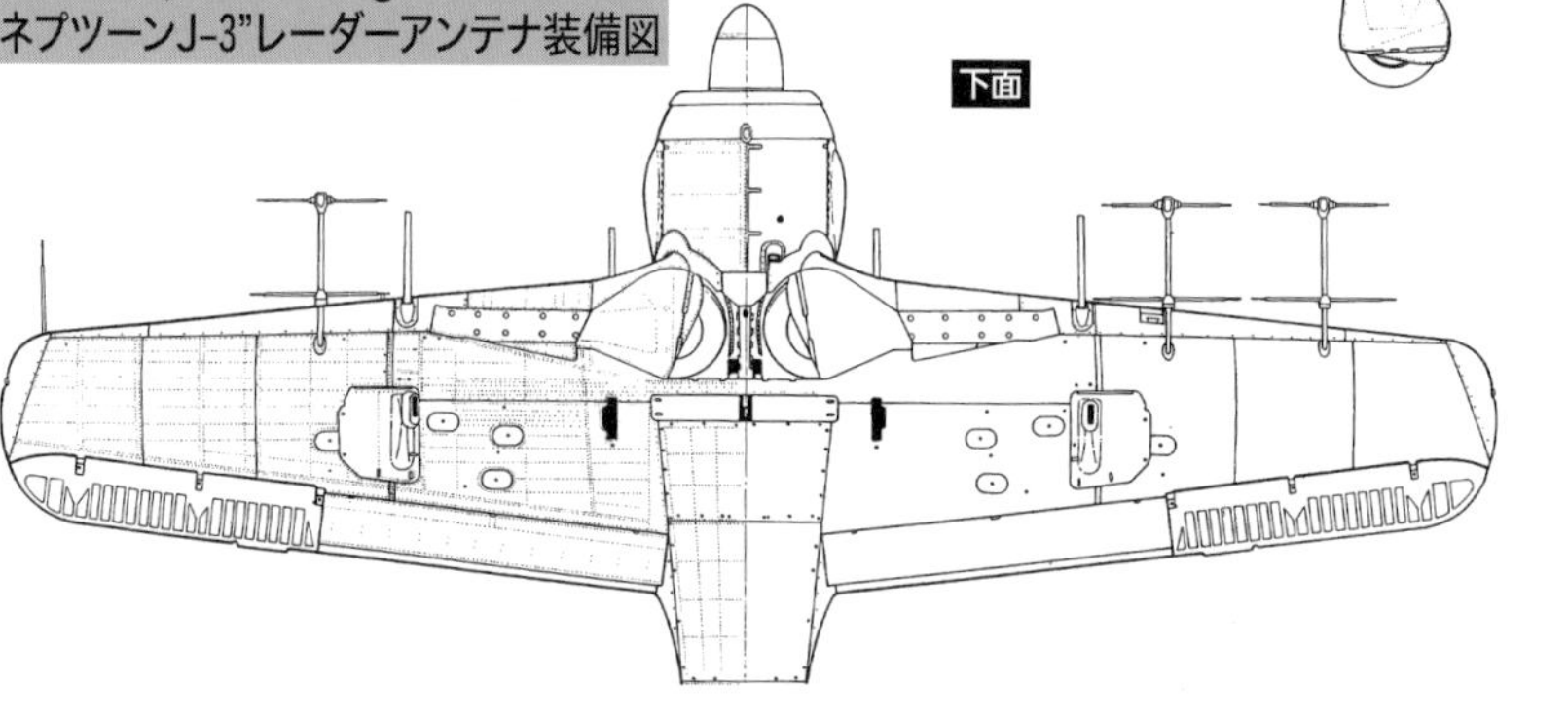

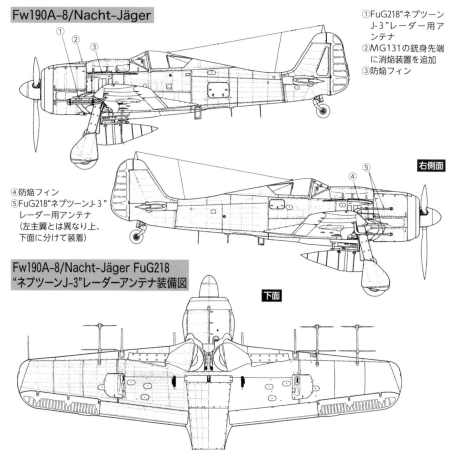

3」レーダー装備の夜戦仕様、外翼MG151/20を撤去したJabo仕様、A-5/U2に準じた夜間長距離戦闘爆撃機仕様などが存在した。

なお、1944年9月以降に生産された機体（R2、R7、R8仕様機を除く）の多くは、視界を向上した新型キャノピー〝ガーラント・ハウベ〟を装着した。

Fw190A-9

装備品の更新、追加による重量増で相対的に飛行性能が低下してきたAシリーズを蘇生させるため、A-8の機体に、BMW801D-2の強制冷却ファンの羽根数を14枚に増加し、種々の改良を加えて離昇出力を2,000hpに高めたBMW801TSエンジンを搭載した型が、1944年8月から生産に入った。これがAシリーズ最後の量産型となったA-9である。

A-9の飛行性能がA-8に比べてどの程度恢復したのか、具体的な測定データが残っておらず不詳。また、生産数に関しても、一応1945年2月までに計901機分のW.Nrが各社工場に割り振られたものの、末期の混乱のせいもあり、実際に何機完成したのかは不明。

A-9の主翼を全幅20.50mにまで延長する予定の高々度戦闘機型A-10は、計画のみで開発中止となった。

Fw190A-9

①BMW801TSエンジン（2,000hp）搭載
②VDM 9-12157H 3 木製 3 翅プロペラ（直径3.50m）
③膨らみの大きい"ガーラント・ハウベ"を装備
④パイロット頭部防弾鋼板支持架を再設計
⑤上下 2 分割式300ℓ入落下増槽を装備した機体も見られる

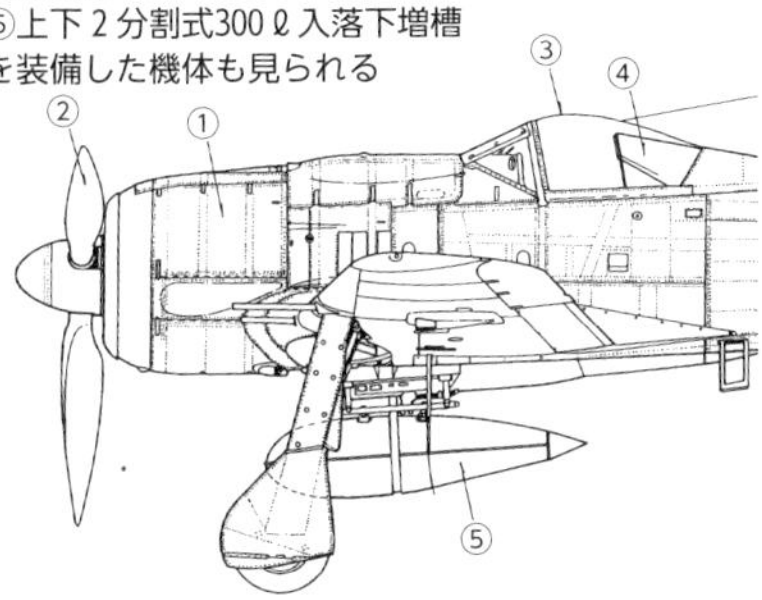

→Aシリーズ最後の量産型となった、Fw190A-9の貴重な全姿写真。新型BMW801TSエンジンに対応した木製のVDM9-12157H3プロペラ、簡易タイプの300ℓ入落下増槽、ガーラント・ハウベなどA-9の特徴を余すところなく示している。ドイツ敗戦直後、フランクフルト近郊ヴィースバーデン・エルベンハイム基地で撮影。

Ｆｗ１９０Ｆシリーズ

先行生産型Ａ－０の実用テスト段階で、既に戦闘爆撃機としての優れた適応能力を認められたＦｗ１９０は、１９４１年末から量産に入ったＡ－３より、胴体下面にＥＴＣ５０１ラックを装備するようになり、任務に応じて各種爆弾も懸吊できるようになっていた。

折りしも、１９４２年に入ると対地攻撃機の花形だったＪｕ87シュトゥーカの旧式化が決定的となり、ドイツ空軍は早急に代替機を仕立てる必要に迫られた。そこで白羽の矢が立てられたのがＦｗ１９０である。余剰馬力の大きさ、頑丈な構造、各種装備に適応できる汎用性など、これ以上対地攻撃機にふさわしい高速単発機は、他になかった。

Ｆｗ１９０Ｆ－１

当局は、とりあえず１９４２年６月から量産に入った、Ａシリーズの新型Ａ－４の組立ラインから12機を抽出して、所要の対地攻撃装備を施すことにし、Ａ－４／Ｕ３の型式名で、同年９月に第１地上攻撃航空団転換訓練飛行隊に配属し、実戦テストを行なった。

Ａ－４／Ｕ３の主な改修箇所は、Ａシリーズの項で述べたとおりであるが、艤装関係では、対空火器から機体を守るために胴体下面、燃料／潤滑油タンク、主脚カバー、機銃弾倉などの主要部パネルを厚さ各５、６、８㎜の特殊鋼板に換装して装甲を強化した。

これらの総重量は３６０kgに達した。兵装面では胴体下面のＥＴＣ５０１ラックに小型爆弾懸吊用のＥＲ－４アダプターを装備するようになったのがポイントである。東部戦線のような地上戦主導の戦域では２５０kg、５００kgといった大型爆弾もさることながら、歩兵、軍用車輌、装甲車などの目標に対しては、多数の小型爆弾を投下するのが最も有効であった。

テストの結果、Ａ－４／Ｕ３は非常に効果的と評価され、新たに

Fw190F-1（旧Fw190A-4/U3)

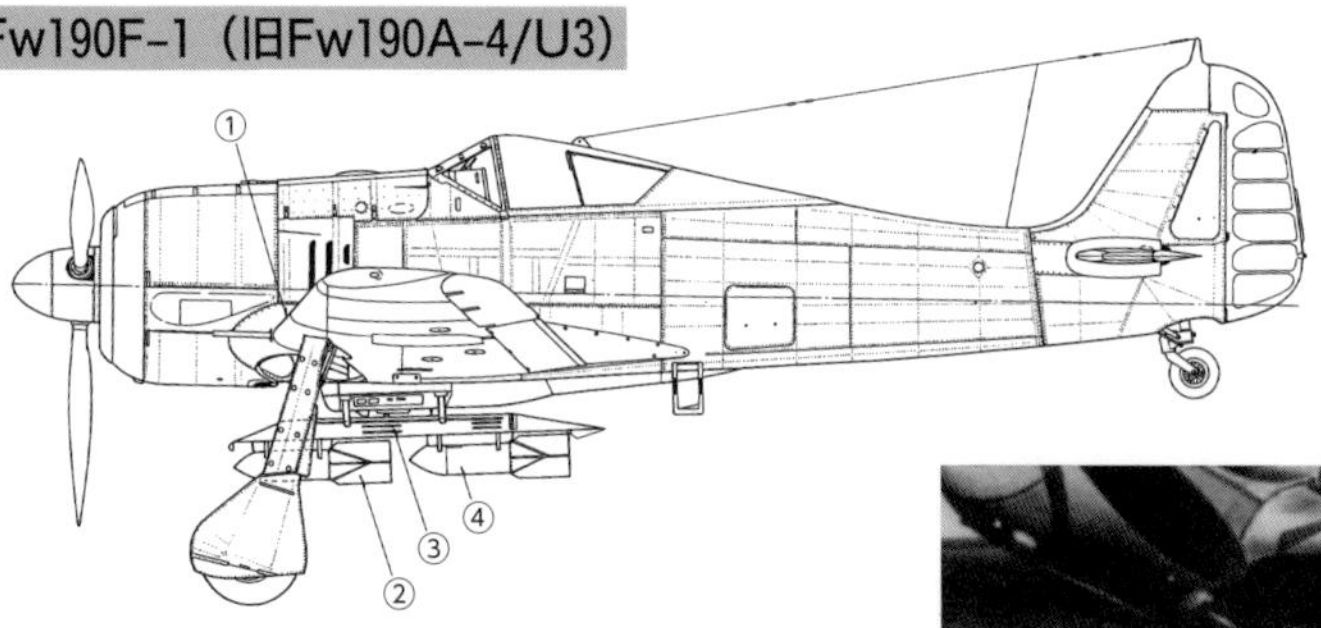

①外翼のMGFFを撤去
②SC50 50kg通常爆弾
③小型爆弾懸吊用ER-4アダプター
④SC50 50kg通常爆弾

→Fw190A-4/U3（のちのF-1)の胴体下面ETC501ラックに、ER-4アダプターを介し、SC50 50kg通常爆弾4発を懸吊した状態の、左前方アングル・ショット。

〝Ｓｃｈｌａｃｈｔ《シュラハト》 Ｆｌｕｇｚｅｎｇ《フルークツォイク》１〟（地上攻撃機１）のカテゴリーとして30機が追加発注された。しかし、製造途中でＡシリーズの生産ラインがＡ－５に切り替わってしまったため、実際には18機しか完成しなかった。１９４２年11月、当局はＦｗ１９０地上攻撃機型はＡシリーズとは別の、Ｆシリーズとして類別するよう変更し、これによってＡ－４／Ｕ３はＦ－１と改称された。

Ｆｗ１９０Ｆ－２

Ａ－４／Ｕ３の製造途中で、原型のＡシリーズが新型Ａ－５にライン・チェンジしたことにより、地上攻撃機型Ｆｗ１９０は、〝Ｓｃｈｌａｃｈｔ Ｆｌｕｇｚｅｕｇ ２〟にカテゴリー替えすることになった。基本的にはＡ－５にＡ－４／Ｕ３と同様の装備を施し、過給器の空気取入口に、防塵フィルターを付けたＡ－５／Ｕ３／Ｔｒｏｐがこれに相当する。

さらに、防塵フィルターを付けないＡ－５／Ｕ３は、他の地上攻撃機型実験機Ａ－５／Ｕ10、Ａ－５／Ｕ11、Ａ－５／Ｕ12と共に〝Ｓｃｈｌａｃｈｔ Ｆｌｕｇｚｅｕｇ ３〟にカテゴリ

Fw190F-2/Trop（旧Fw190A-5/U3/Trop）

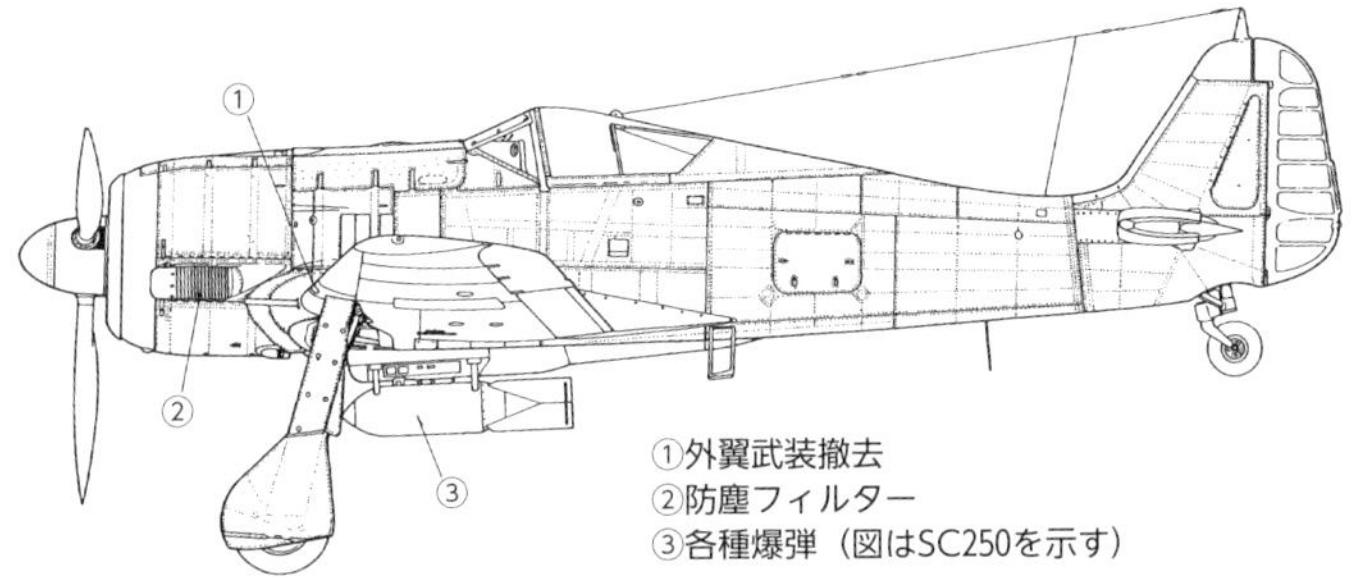

↓1943年末から翌1944年初め頃にかけての厳冬期、積雪のロシア領内飛行場で出撃準備中の、第2地上攻撃航空団第Ⅱ飛行隊第4中隊(4./SG2)所属のFw190F-2/Trop（左）、およびF-3/R1。両機とも胴体下面ETC501ラックには、SC250 250kg通常爆弾を懸吊済み。

ー替えされ、結局A－5／U3、A－5／U3／Tropが名称変更によってFシリーズ2番手のF－2／TropとなったまたはF－2／Tropとなった。

F－2は1942年11月～翌1943年5月にかけて計271機が生産され、Aシリーズとは別個に、近接支援機としてのFw190の地位を確立した。F－2は東部戦線の第1地上攻撃航空団、北アフリカ・チュニジアの第2駆逐航空団に配属された他、新編を予定された別の地上攻撃航空団用としてプールされた。

Fw190F－3

成功を収めたF－2を、さらに充実した近接支援機とするべく改修を施したのが、F－3である。原型機になったのはA－5／U17で、それまで胴体下面のETC501にER－4アダプターを介して懸吊していた小型爆弾を、両主翼下面に各2個ずつ固定装備した専用ラック、ETC50に懸吊するようにした。

Fw190F-3/R1/Trop

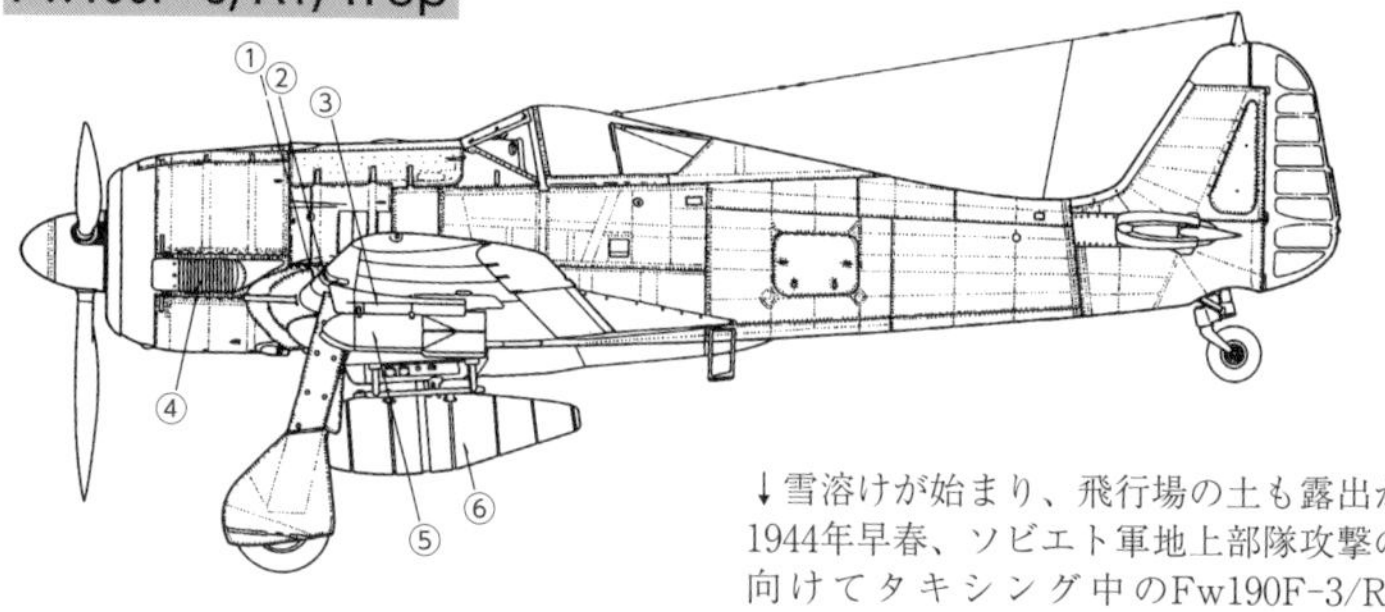

①外翼武装撤去
②BSK16ガン・カメラまたはEK16ロボットⅡカメラ
③ETC50小型爆弾架×2
④防塵フィルター
⑤SC50 50kg通常爆弾×2
⑥各種爆弾または300ℓ入増槽

↓雪溶けが始まり、飛行場の土も露出が目立つようになった1944年早春、ソビエト軍地上部隊攻撃のため、滑走エリアに向けてタキシング中のFw190F-3/R1/Trop。胴体下面のETC501ラックには爆弾は懸吊されておらず、左右主翼下面のETC50ラックに各2発ずつのSC50爆弾懸吊という状態。

その結果、小型爆弾の機体への懸吊作業がきわめて楽になり、投下範囲も広がった。これによってETC501とあわせた最大搭載量は750kgに達した。むろん、ETC501には300ℓ増槽も懸吊可能で、併載図はこの状態を示す。

A－5／U17は、1943年5月からF－3／R1としてアラド社・ヴァルネミュンデ工場のみで量産に入り、1944年4月までに計894機つくられた。当初から、型式名に改修キットを示す〝R1〟を付けているが、実質的にF－3はほとんどがこの状態で完成した。

なお、後期生産分の計247機は両翼のETC50に代えてA－4／U8、A－5／U8で使用された300ℓ入増槽懸吊用ユンカース式ラックを取りつけた、長距離作戦機として第2地上攻撃航空団などで使われた。

その他、A－5／U11を原型機とするR2、R3仕様（MK103にフェアリングを追加したもの）の30㎜砲装備機もテストされたが、実用には至っていない。

F－3／R1のフル装備状態での重量5，000kgでは、低空域での最大速度が460km／hに過ぎないが、Ju87に比べれば100km／h以上も優速であり、差は歴然だった。

1943年10月、Ju87装備の急降下爆撃航空団は廃止され、Hs123、129も含めた全ての近接支援機は、地上攻撃航空団（SG－Schlac《シュラ》ht《ハト》 Geschwader《ゲシュバーダー》）に統合された。そして、SGの主力機となったのがFw190Fシリーズであり、この月までのF－1、－2、－3を合わせた合計生産数は1，183機に達した（大部分がF－3）。

Fw190F－8

F－3に続く地上攻撃機型は、F－3の爆弾投下装置など一部の艤装変更を施したF－4、F－3のエンジンを瞬間出力2，400hpに高めたBMW801Fに換装したF－5／F－6、

←前ページ写真と連続する訳ではないが、シチュエーション的にはつながりそうな、Fw190F-3/R1の離陸直後のショット。前ページ写真の機体とは対照的に、左右主翼下面のETC50ラックは空で、胴体下面のETC501ラックにのみ、AB250 250kgクラスター型爆弾1発を懸吊している。

A－7をベースとしたF－7が次々と計画されたが、いずれも量産には至らず、1944年3月、メインの戦闘機型Aシリーズの生産ラインがA－8に切り替わったのに伴ない、本型にF－3／R1と同様の装備を施したF－8が量産に入った。

F－8は、操縦室直後の胴体内増設タンク（115ℓ）、ETC501ラックの前方移動（20cm）、FuG16ZY無線機など、A－8の改修要点を引継いだが、任務上、FuG25aIFF無線機の必要性は低いため取外す例が多く、部隊によっては地上軍との交信に周波数を合わせるためFuG16ZS（VHFの40～45メガサイクル）に換装した。

F－3と同じく、F－8の完成機のほとんどは両翼下面にETC50ラック2個ずつ装備したF－8／R1仕様であり、防塵フィルター付のTropタイプは極く少数造られただけである。

1944年末に生産されたF－8は、A－8と同じく視界向上の〝ガーラン

Fw190F-8/R1 四面図

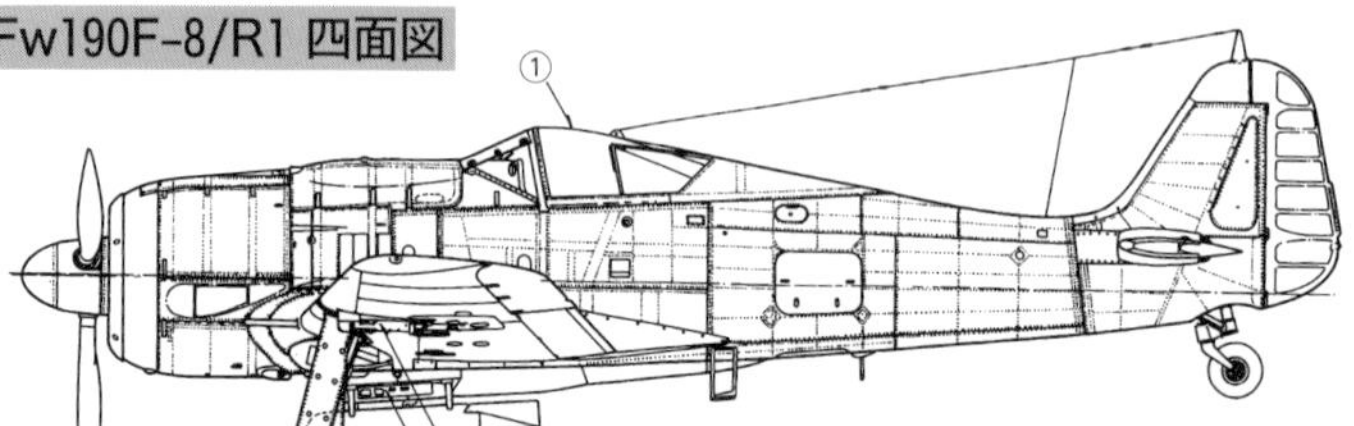

①1944年末以降の生産機は“ガーラント・ハウベ”に換装
②小型爆弾架（図はETC50を示す）
③ETC501ラック
④各種爆弾（図はAB250 250kgクラスター型爆弾を示す）

←Fw190Fシリーズの「R1」仕様である、左右主翼下面ETC50小型爆弾ラックのクローズ・アップ。写真は左主翼を示す。

右側面

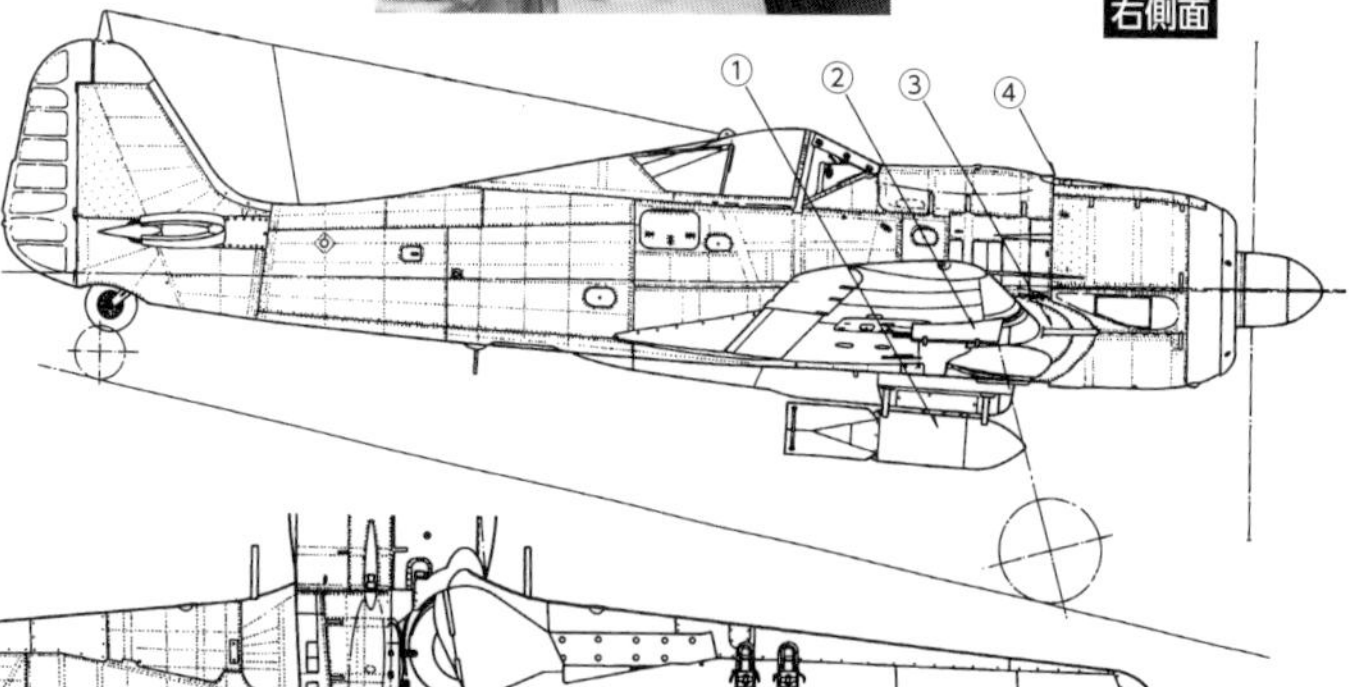

①SC250爆弾
②小型爆弾架（図はETC71を示す）
③主翼付け根武装MG151/20 20㎜機関銃
④機首武装はMG131 13㎜機関銃

主翼上面

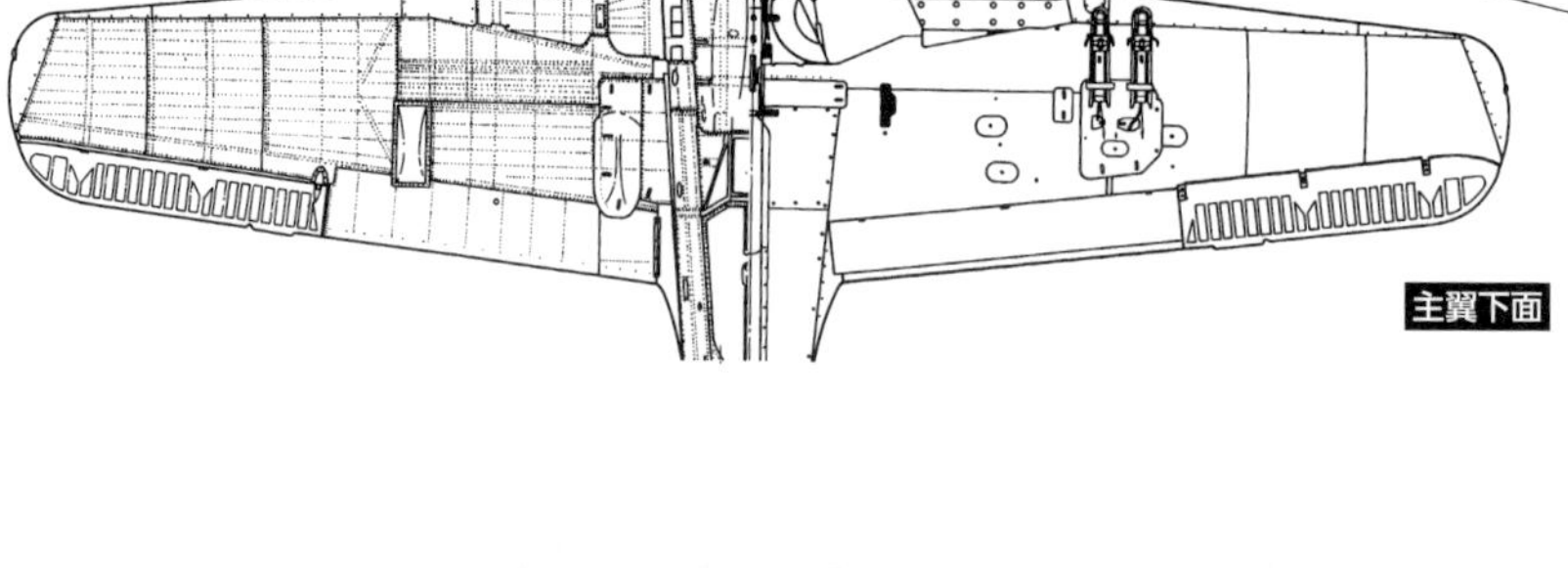

主翼下面

ト・ハウベ〟を付け、8月以降は両翼下面の小型爆弾ラックETC50に変えて、よりコンパクトかつ汎用性のあるETC71に換装した。併載の右側面図はこの状態を示す。左側面図のETC501に懸吊しているのは、250kgのクラスター型爆弾AB250。

A－8と同じく、計6,634機生産されたF／G型各型のうち約60％を占める主力量産型となったF－8は、Aシリーズにはなかった兵装バリエーションを中心にした「R」仕様も含め、テスト段階、あるいは計画のみに終わったものも含め、以下のような多彩なサブ・タイプがあった。

●F－8／R3

Aシリーズの R3改修キットと同じく、F－8の両主翼下面にMK103 30㎜機関砲を装備した。北ドイツ・ドルニエ社で2機製作されたが、量産には至らなかった。

●F－8／R13

エンジンをBMW801TSとし、排気管上方にA－5／U2と同様な防

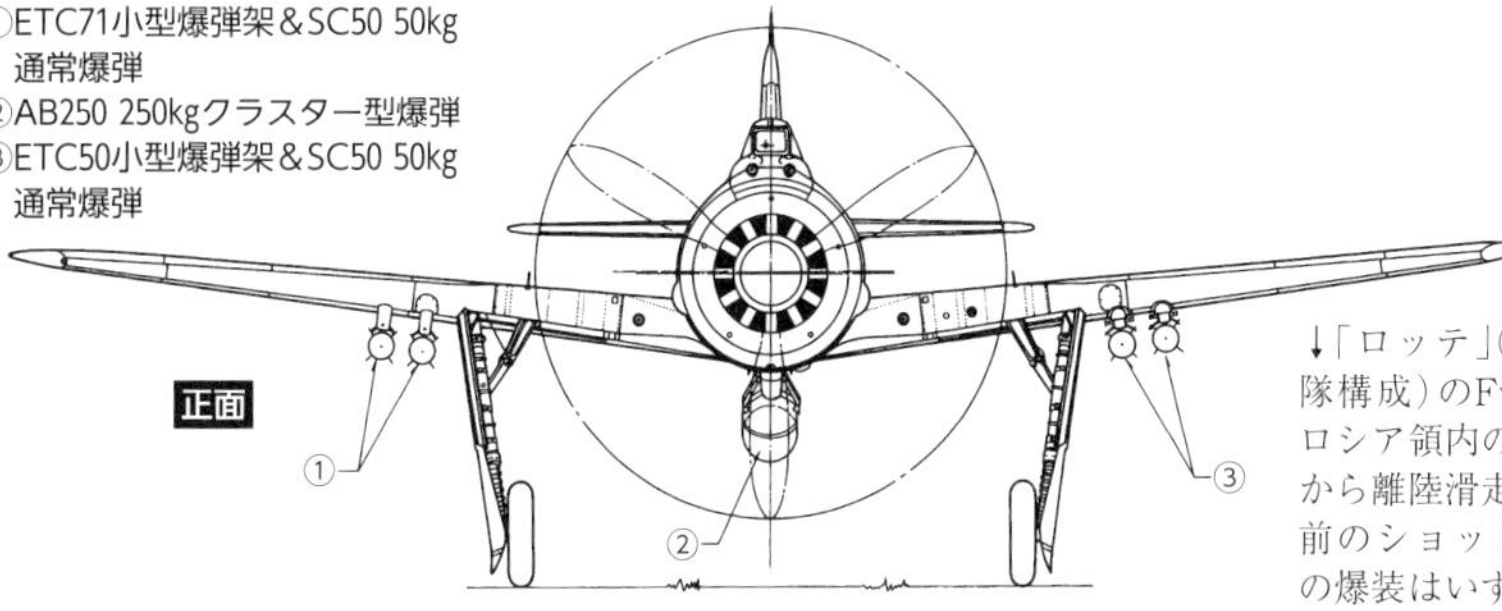

↓「ロッテ」(2機1組の編隊構成）のFw190F-8が、ロシア領内の前線飛行場から離陸滑走を始める直前のショット。胴体下面の爆装はいずれもAB250。

←胴体下面のETC501にSC500 500kg通常爆弾、左右主翼下面のETC50にSC50 50kg通常爆弾各2発を懸吊した、“フル爆装”状態のFw190F-8/R1/Trop。ただし、この写真はFw社のデモ用で、実戦でのフル爆装例は少なかった。

焔フィン、両翼下面にETC503ラック各1個とTSA2A低空緩降下爆撃照準器、FuG101電波高度計などを装備した夜間地上攻撃機型。原型機1機（W.Nr586596）に続き、ブローム・ウント・フォス社で生産される予定だったが、実際には1機も完成しなかった。計画時の型式名はF－8／U4。

●F－8／R14

F－8の機体に、A－5／U14と同様の改修を加えた雷撃戦闘機型。胴体下面のラックはETC502またはETC504。垂直安定板の増積はA－5／U14より徹底しており、Ta152用のものを流用している。延長尾脚を装備し、武装は主翼付根のMG151／20のみ。少数製作にとどまる。

●F－8／R15

F－8／R14と同じ機体に、BT1400 1400kg魚雷型爆弾を懸吊可能とした型。計画時の型式名はF－8／U3と称した。3点姿勢時に地上とのクリアランスを確保するため、B

→Fw190A-6以降の「R3」仕様に準じ、左右主翼下面にMK103 30㎜機関砲各1門をゴンドラ式に装備した、Fw190F-8/R3のプロトタイプ。しかし、発射の際の機体に与える振動が強すぎるなど、Aシリーズと同様の理由により、量産化は見送られた。

Fw190F-8/R14

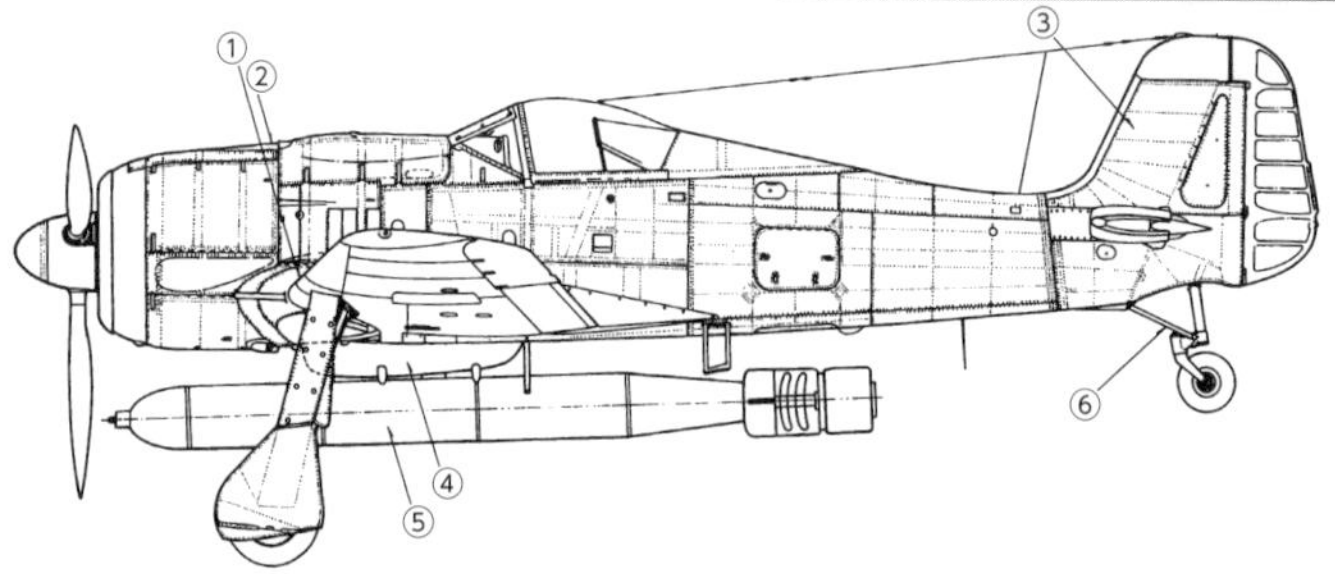

①外翼武装を撤去
②機首の武装を撤去
③Ta152用大型垂直尾翼
④ETC502ラック
⑤LT F5b 750kg航空魚雷
⑥延長尾脚

→魚雷型爆弾「BT兵器」の搭載型として開発されたFw190F-8/R15は、たった5機しか製作されなかった。写真はドイツ敗戦前後イギリス軍が接収し、戦後同国に搬送した1機。胴体下面のラックはETC504と思われ、Ta152用の大型垂直尾翼が調達できず、標準型のままである。

Ｔ１４００の後端下方ヒレは折りたたみ式となっていた。操縦室内には低空緩降下爆撃用のＴＳＡ２Ａ照準器、左翼下面にＦｕＧ１０１電波高度計のアンテナを備えていた。胴体内の１１５ℓ入増設タンクは撤去。

　Ｆ－８／Ｒ15は５機だけ造られ、ＢＴ兵器を使用するために特別に編制された、第２００爆撃航空団第Ⅲ飛行隊（Ⅲ．／ＫＧ２００）に配属され、一部が東部戦線で実戦に参加したといわれる。なお、ドイツ敗戦時にイギリス軍に捕獲されたＦ－８／Ｒ15の１機は、戦後同国に運ばれ、ファーンボロー基地などに展示されたが、本機の垂直尾翼はノーマルなままであった。

●Ｆ－８／Ｒ16

　計画時の型式名をＦ－８／Ｕ２、もしくはＦ－８／Ｕ５と称し、Ｆ－８／Ｒ15と同じＢＴ兵器搭載型として開発されたが、改修はずっと簡略化され、胴体下面のラックはＥＴＣ５０１を流用、垂直尾翼、尾脚もノーマルなままとされた。重量７００kgのＢＴ７００を懸吊する場合と、両翼下面にＥＴＣ５０３ラック各１個を装備し、ここに重量４００kgのＢＴ４００を各１発ずつ懸吊し、胴体下面のＥＴＣ５０１には３００ℓ入増槽を懸吊する仕様があった。

　Ｆ－８／Ｒ16は20機製作される予定だったが、結局完成までには至らなかったようだ。

Fw190F-8/R15

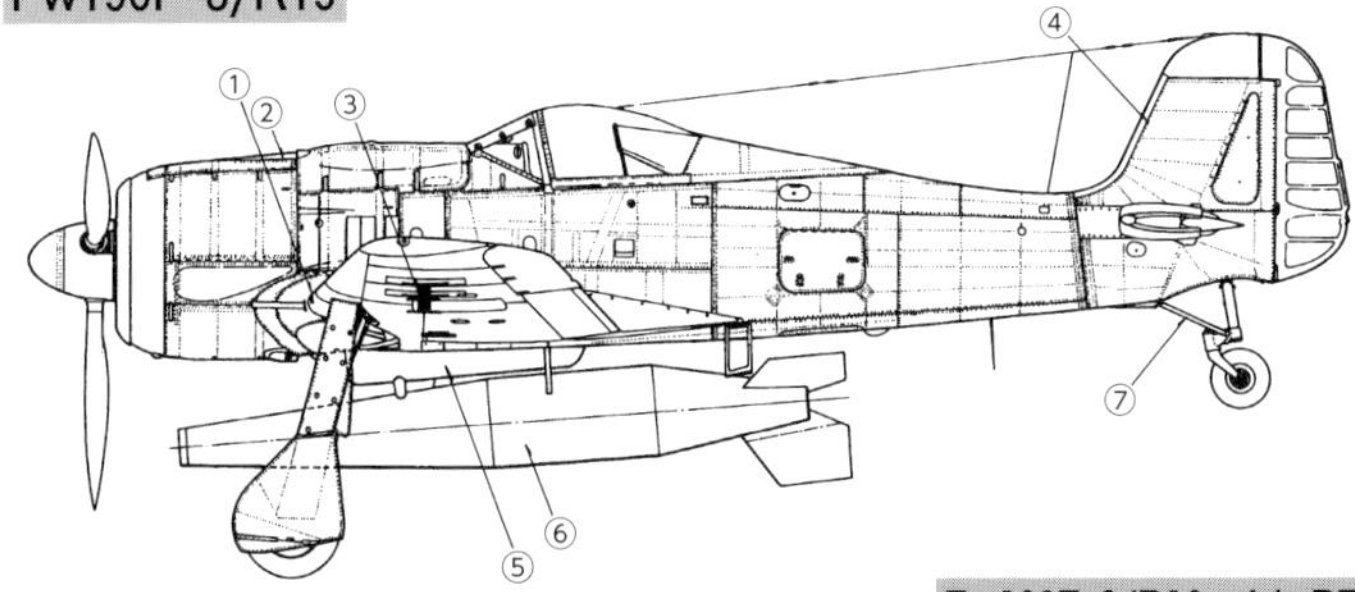

①外翼武装を撤去
②機首の武装を撤去
③FuG101電波高度計用アンテナ
④Ta152用大型垂直尾翼
⑤ETC502またはETC504ラック
⑥BT1400 1400kg魚雷型爆弾
⑦延長尾脚

Fw190F-8/R16 with BT400 Torpede/Bomb

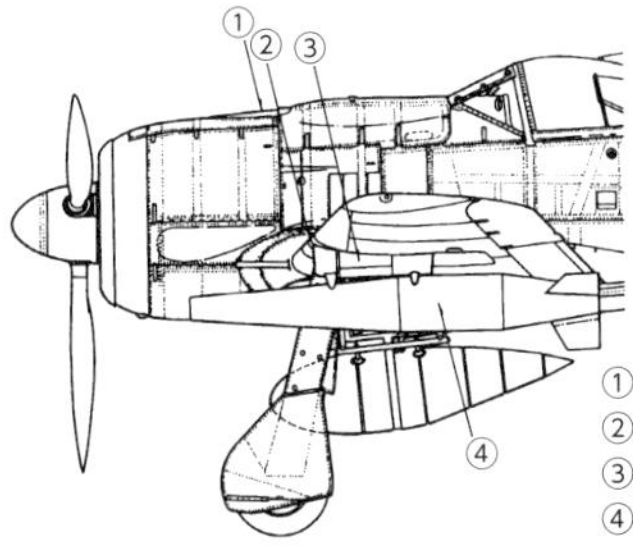

①機首の武装を撤去
②外翼の武装を撤去
③ETC503ラック
④BT400 400kg魚雷型爆弾

Fw190F-8/R16 with BT700 Torpede/Bomb

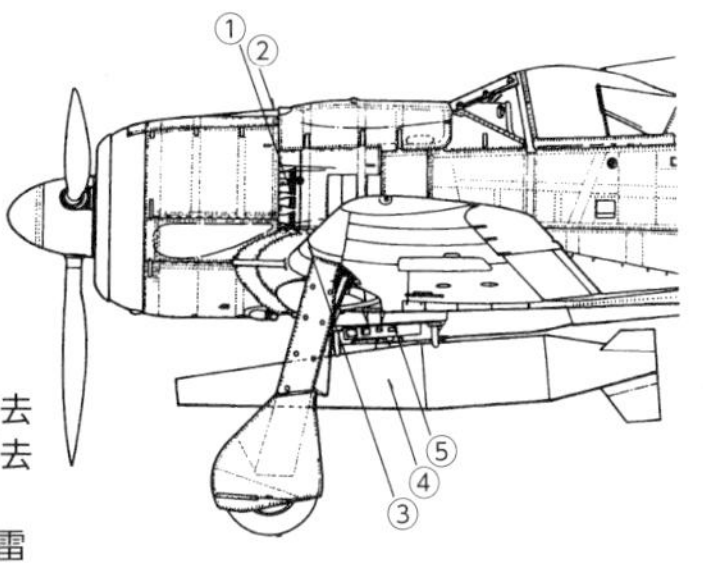

①排気管に消焔装置を追加
②機首の武装を撤去
③外翼の武装を撤去
④ＢＴ７００ 700 kg 魚雷型爆弾
⑤ETC501ラック

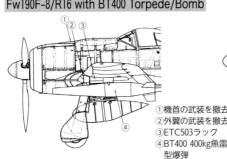

この他、F-8にはR仕様とは別に、対戦車攻撃兵器を中心とする各種兵器が一定数装備、またはテストされたが主要なものは以下のとおり。

●"Panzerblitz《パンツァーブリッツ》 1"（戦車への電撃1）

空対空ロケット弾R4Mの直径を、80mmに拡大した対戦車ロケット弾。両翼下面のレール式ランチャーに各6発ずつ装備する。1945年2月現在、115機のF-8/-9に装備され、東部、西部両戦線（といってもほとんどドイツ東、西国境附近）で使われた。このロケット弾装備を施したF-8は、便宜上F-8/Pb1と記す。

●"Panzerschreck《パンツァーシュレック》"（戦車への恐怖）

パンツァーブリッツ1より大型の、直径88mm対戦車ロケット弾で、両翼下面のETC71ラックに懸吊するレール式ランチャーに各2~4発装備する。1944年10月に東部戦線で試験的に使用されたが、破壊力はともかくとして、有効射程が100~150mと短いうえに、弾道性も悪く、本格的な実用化は見送られた。本ロケット弾を装備したF-8はF-8/PD8.8と記す。

●W.Gr28/32

Aシリーズで用いられた対爆撃機用ロケット弾「BR21」の直径を28cmに拡大し、対戦車用に改良したもの。両翼下面のカゴ型ランチャーに各1発ずつ収められ、東部戦線で試用されたが、弾道性不良のため開発は中止となった。

●"Panzerblitz《パンツァーブリッツ》 2"（戦車への電撃2）

R4Mの直径はそのままに、弾頭だけを改良して威力を高めたロケット弾で、厚さ180mmの装甲板を貫撤する威力があった。両翼下面のランチャーに各6~7発ずつ装備でき、1945年初めに東部戦線で少数が実戦に使われた。

●"Panzervlitz《パンツァーブリッツ》 3"（戦車への電撃3）

空対空用の「BR21」と同じ、直径21cmの対戦車ロケット弾。地上攻撃航

Panzerblitz1主翼下面装備状態

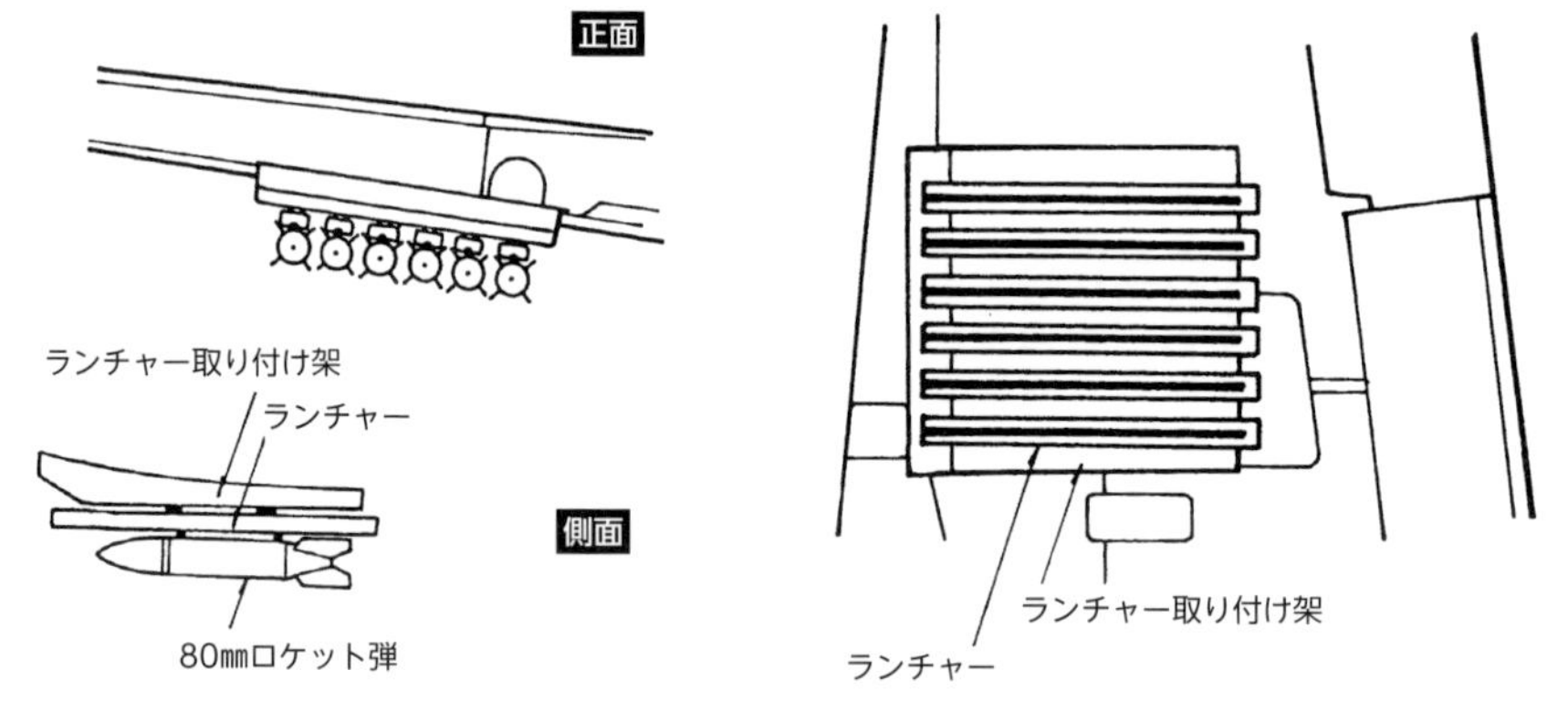

空団で少数が使用された。

●AG140

2枚のねじり翼を有する、21㎝ロケット弾を組み合わせた対戦車兵器で、AGはAbschussgerät《アプシュッスゲレート》（発射装置）の略。敗戦直前の1945年4月、タルネヴィッツの兵器テスト・センターで3機のF－8実験機（V78－W.Nr551103、V79－W.Nr583304、V80－W.Nr586600）によるテストが行なわれたが、具体的な形状は不詳。

●X－4

前、後8枚の安定翼をもつ有線誘導ミサイル〝Rhurstahl《ルールシュタール》〟（ルールの剣）に付けられた制式名がX－4。基本的には空対空兵器でありAシリーズ用だが、テストはF－8を使って行なわれた。両翼下面の特設ラックに各1発ずつ懸吊し、1944年8月実戦に試用された。重量は60kgで、音響ホーミング装置を備えて命中精度も高く優れた兵器であったが、製造工場が空襲で破壊され、それまでに約一千

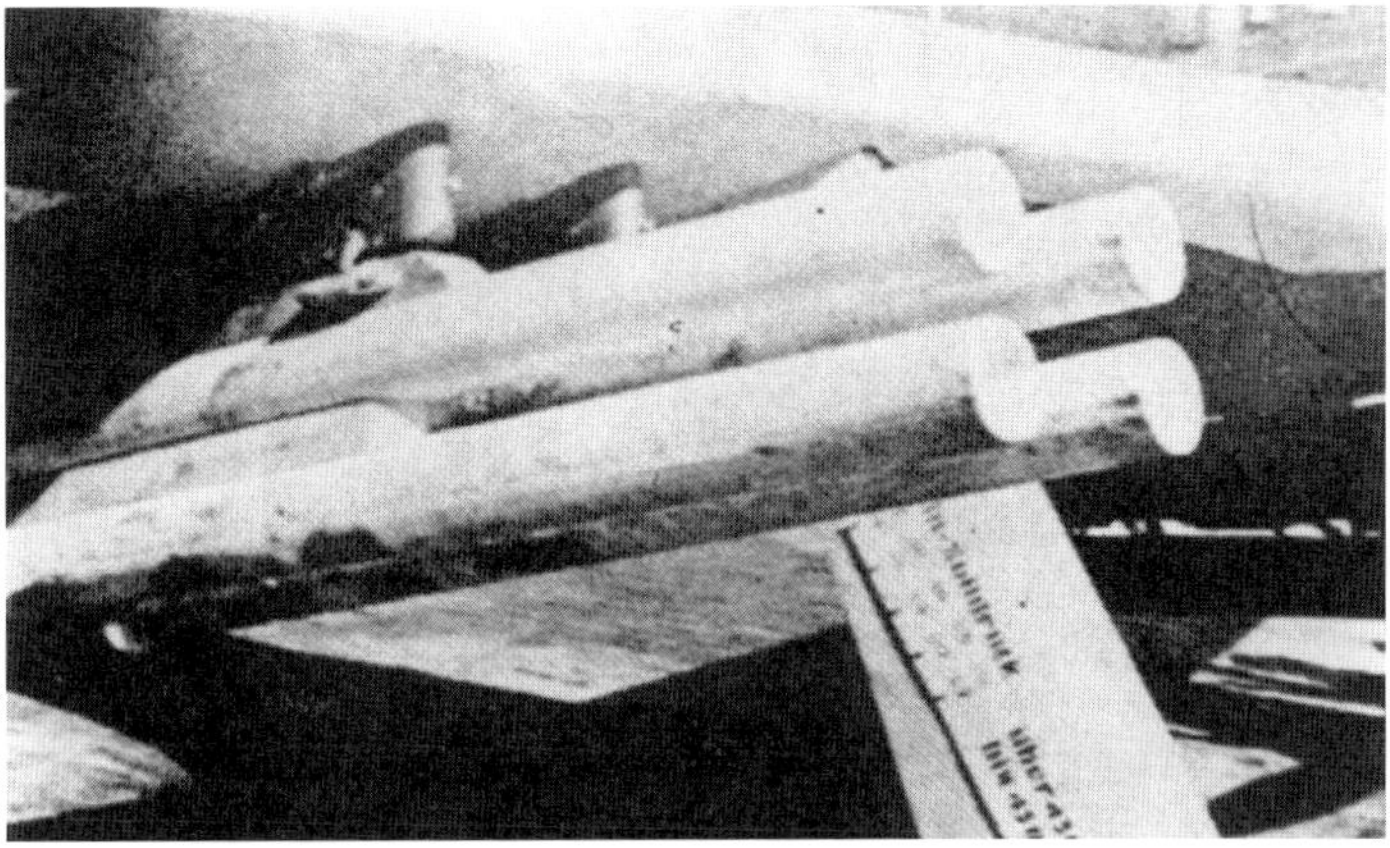

→「パンツァーシュレック」（戦車への恐怖）の通称名で呼ばれた、直径88㎜の対戦車ロケット弾。写真は、Fw190F-8の右主翼下面ETC71ラックに、各2発ずつ計4発懸吊した状態を示す。

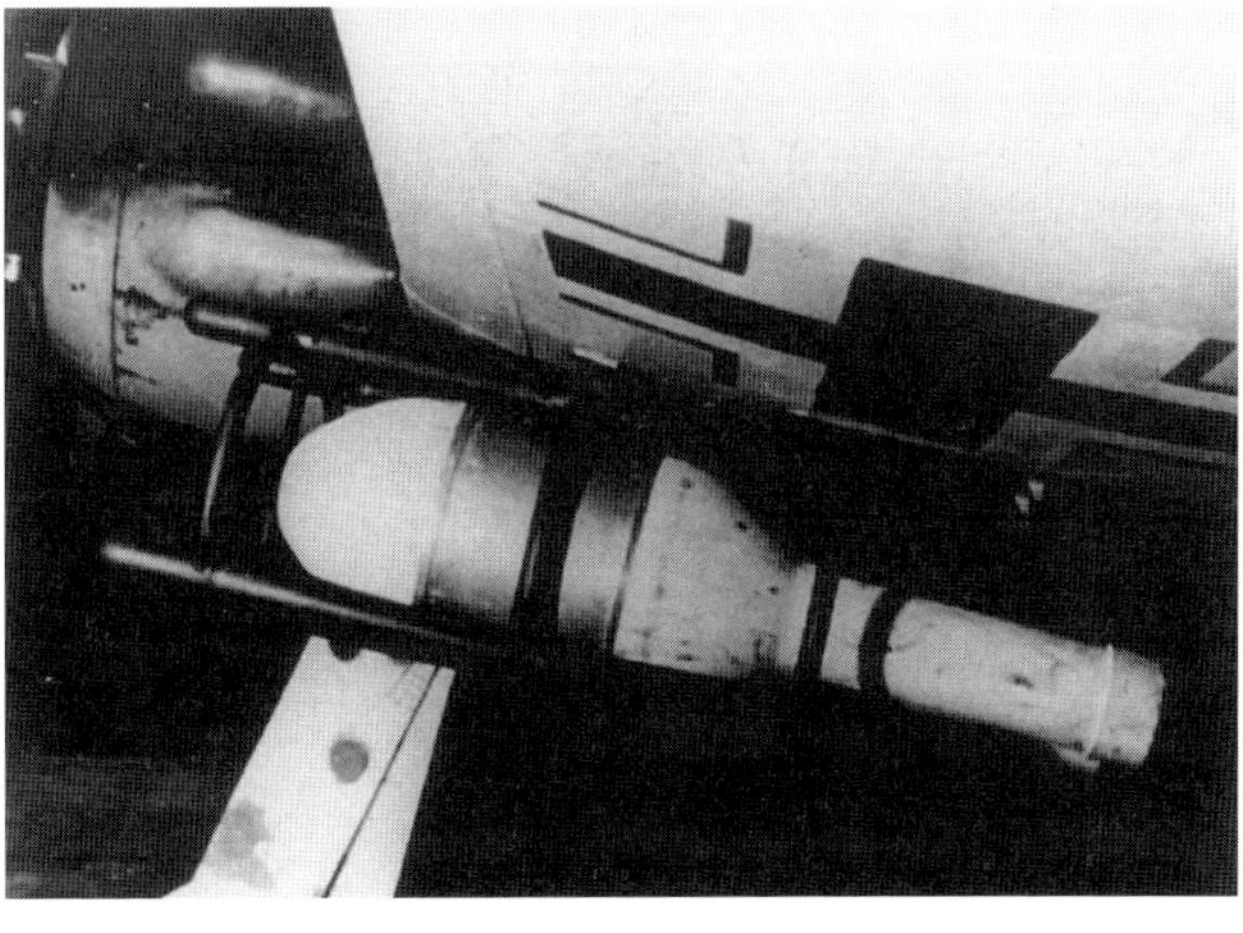

→空対空ロケット弾「BR21」の直径を、28cmに拡大して対戦車攻撃兵器にした、W.Gr28/32。写真は、Fw190F-8の左主翼下面に装備した状態を示す。パイプで籠状に形成したランチャー内に1発収めるが、その側面形からして見るからに弾道性は悪そうだ。結局、実験のみで終わった。

Panzerblitz2主翼下面装備状態（左主翼を示す）

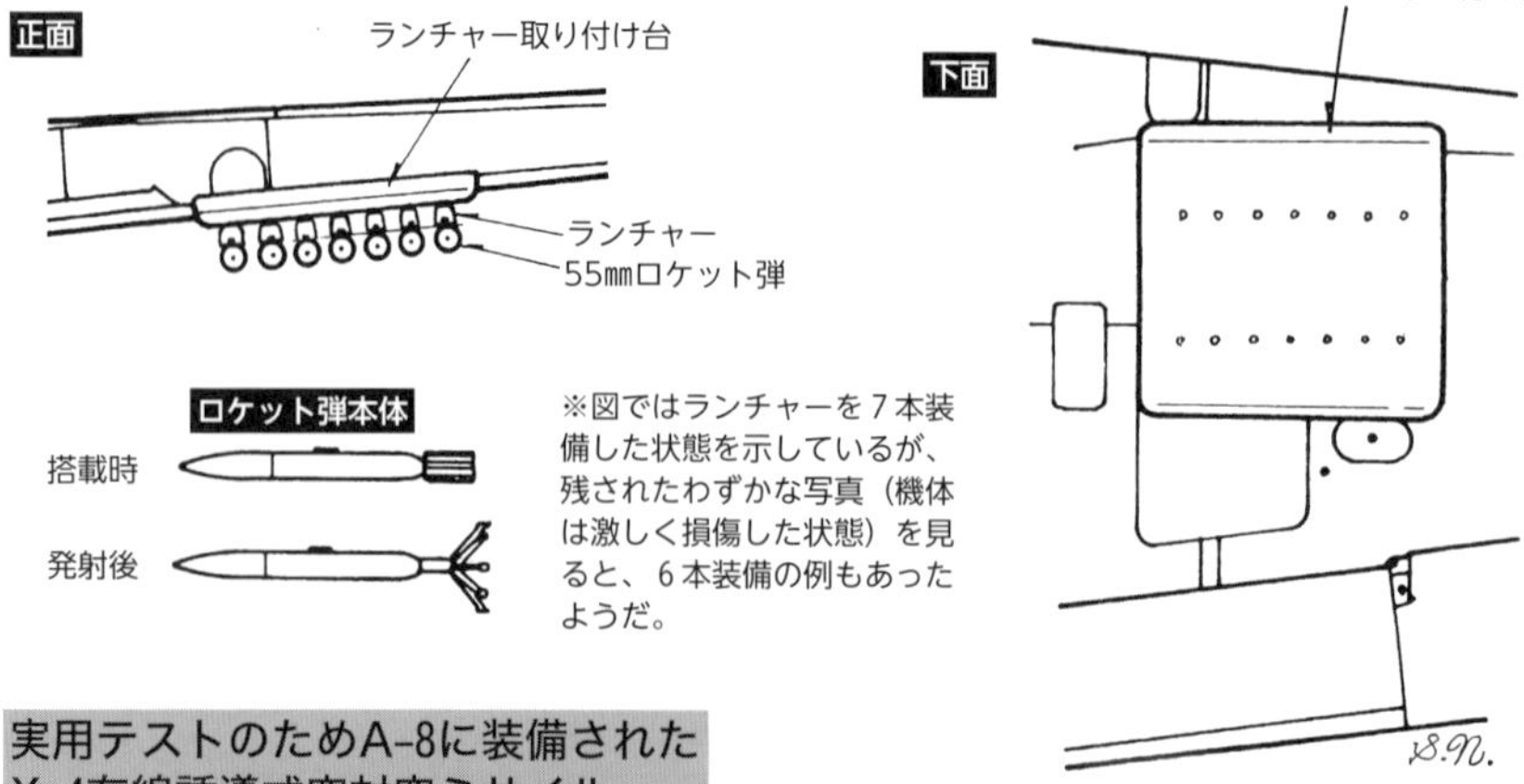

※図ではランチャーを７本装備した状態を示しているが、残されたわずかな写真（機体は激しく損傷した状態）を見ると、６本装備の例もあったようだ。

実用テストのためA-8に装備された X-4有線誘導式空対空ミサイル

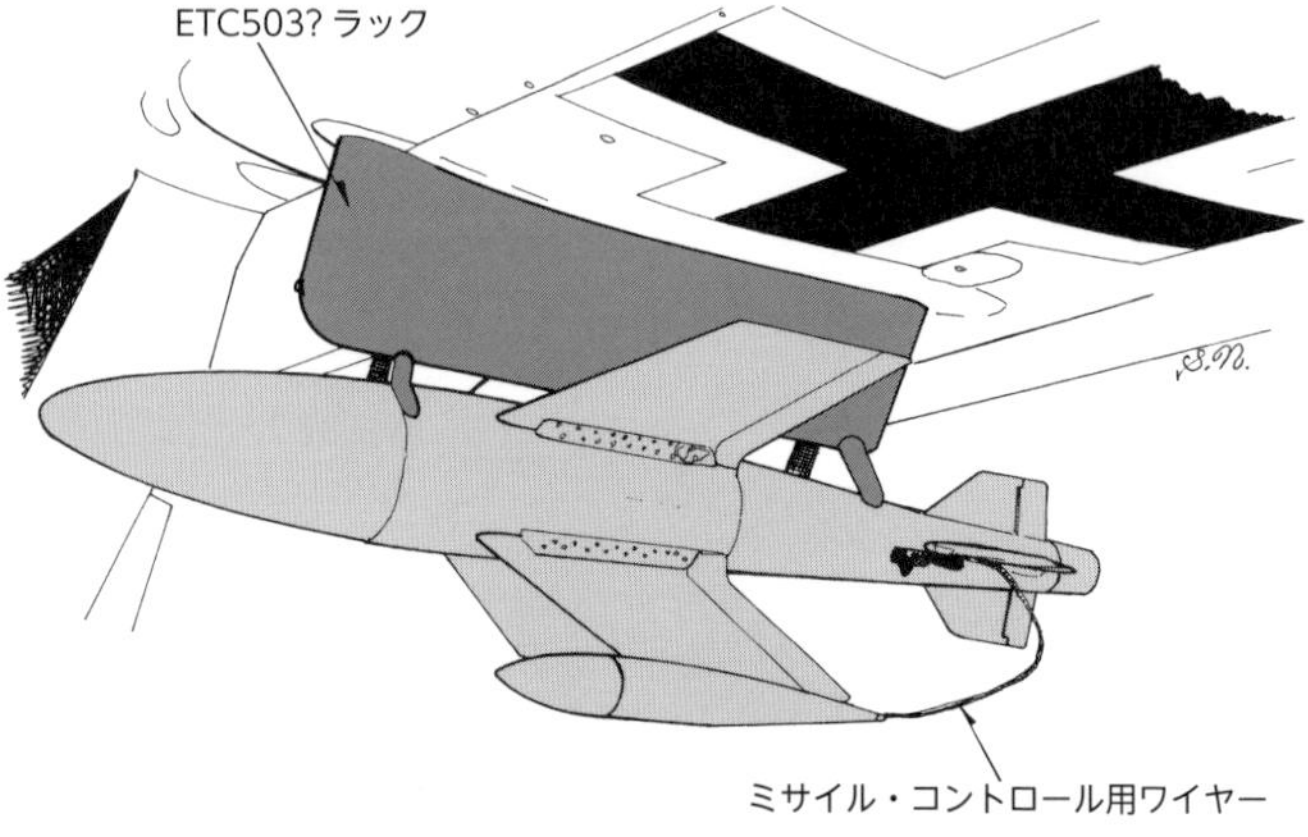

←台架に載せられたX-4。全長2m、前方安定翼の幅は0.73m、頭部の炸薬量は20kgで、発射後の速度は885km/h、最大射程は約2,740mだった。前方安定翼4枚のうちの2枚の先端に、誘導操作用ワイヤーを収めた流線形ケースが付いている。写真で後半を黒く塗った部分がそれ。なお、X-4の推進装置は薬液ロケットエンジンである。

発完成していたものの、広範に使用される前に敗戦となった。なお、X－4のテストに使われたF－8は、W.Nr582072を含めた5機である。

●″Prismen-bombe″《プリズメンボムベ》（プリズム爆弾）

英空軍が、ダム攻撃用に開発したボール爆弾と同じ原理の対艦船攻撃兵器。胴体下面に前、後2個装備された円筒型ドラム懸吊具に各1個ずつ装備され、投下前に回転を与えて、水面上をスキップしながら目標に衝突する仕組みであった。

通称″Kurt1／2″と呼ばれたが、公式にはSB800RSの型式名が付けられた。ラインメタル・ボルジヒ社で800個造られたが、実戦には使われなかったらしい。

●SG113A″Förstersonde″《フェルスターゾンデ》（森林の探り針）

ラインメタル社で開発された対戦車兵器。両主翼付根を上、下に貫いて各2本ずつ装備する口径77㎜、弾丸直径45㎜の減口径無反動砲で、敵戦車上空を通過するときに発生する電磁波をキャッチし、自動的に発射できるようになっていた。

1944年秋、A－8の2機（W.Nr582071－V75、586586）を用いてテストされ、ソビエト陸軍T－34戦車の上面装甲を完璧に貫くことが実証されたが、実用には至らなかった。

↑→Fw190A-8の左右主翼を、上下に貫く形で発射筒を取り付けたSG113A。発射筒は2本ずつ束ねてある。敵戦車の上空を航過するだけで、敵戦車が自然に発している電磁波を感知し、自動的に発射されるという、当時の諸外国では考えも及ばない先進の着想だったが、如何せん登場が遅きに失した。

Ｆｗ１９０Ｆ－９

戦闘機型Ａシリーズの新型Ａ－９の量産が１９４４年８月に始まったのに伴ない、Ｆシリーズも本型をベースにしたＦ－９がアラド社、北ドイツ・ドルニエ社で量産に入ることになった。Ｆ－９はチューンナップして出力を２，０００hpに向上したＢＭＷ８０１ＴＳエンジンを搭載し、プロペラを木製のＶＤＭ９－１２１５７Ｈ３（直径３．５ｍ）３翅に換装、強制冷却ファンの羽根数を14枚に増加した。

Ｒ１仕様の小型爆弾架はＥＴＣ71が標準とされ、〝ガーラント・ハウベ〟も最初から付けていた。後期生産分のＦ－９は、翼下面にＥＴＣ５０３ラック各１個を取り付けた他、胴体下面のＥＴＣ５０１を同５０４に換装、金属資材節約のため操縦室内の部品、尾翼、フラップなどを木製化した。

Ｆ－９にもＦ－８と同じＲ仕様が適用されたが、Ｒ１を除いてほとんど使われなかった。戦争末期のこととてＦ－９の生産数は不明だが、１９４５

Fw190F-9/Pb1

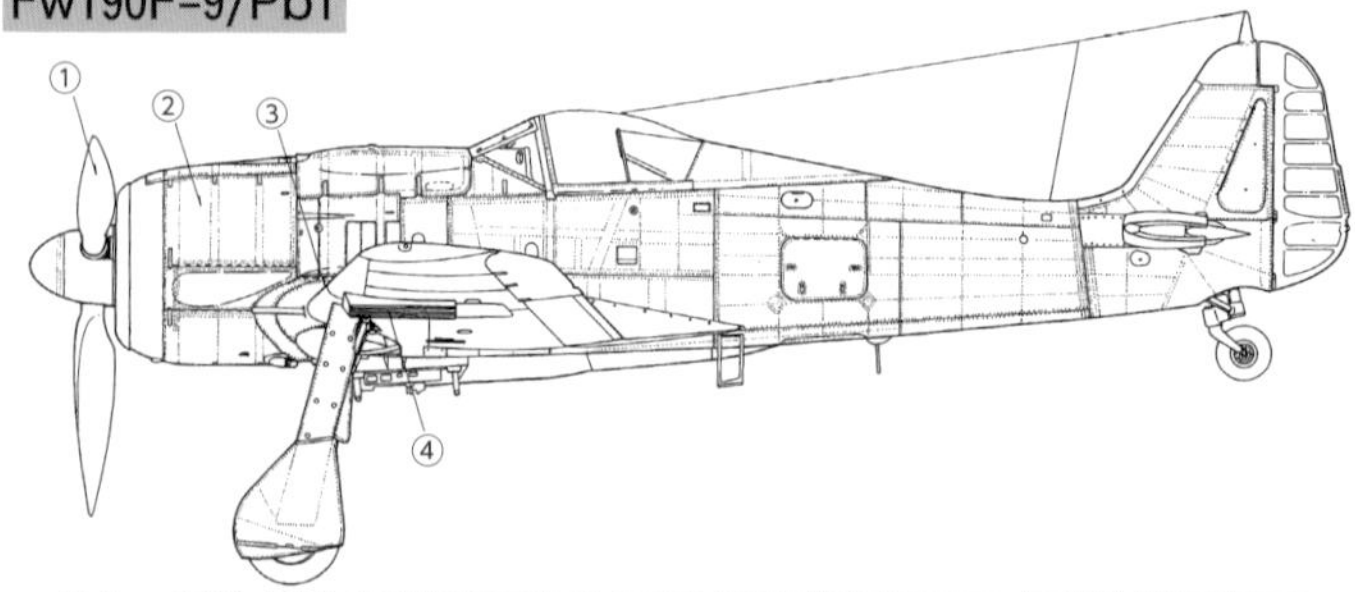

①VDM 9 -12157H 3 木製 3翅プロペラ（直径3.5m）
②BMW801TSエンジン（2,000hp）搭載
③外翼の武装を撤去
④対戦車ロケット弾“Panzerblitz1”用ランチャー取り付け架

→ドイツ南部に展開して最後の抵抗を試みていた、SG3、またはSG4所属のFw190F-9/Pb1。1944年末に就役したF-9は、残された写真も少なく、完全な全姿写真は極めて貴重。主翼下面のPb1用ランチャーと、木製VDM9-12157H3プロペラに注目。

Fw190F-10

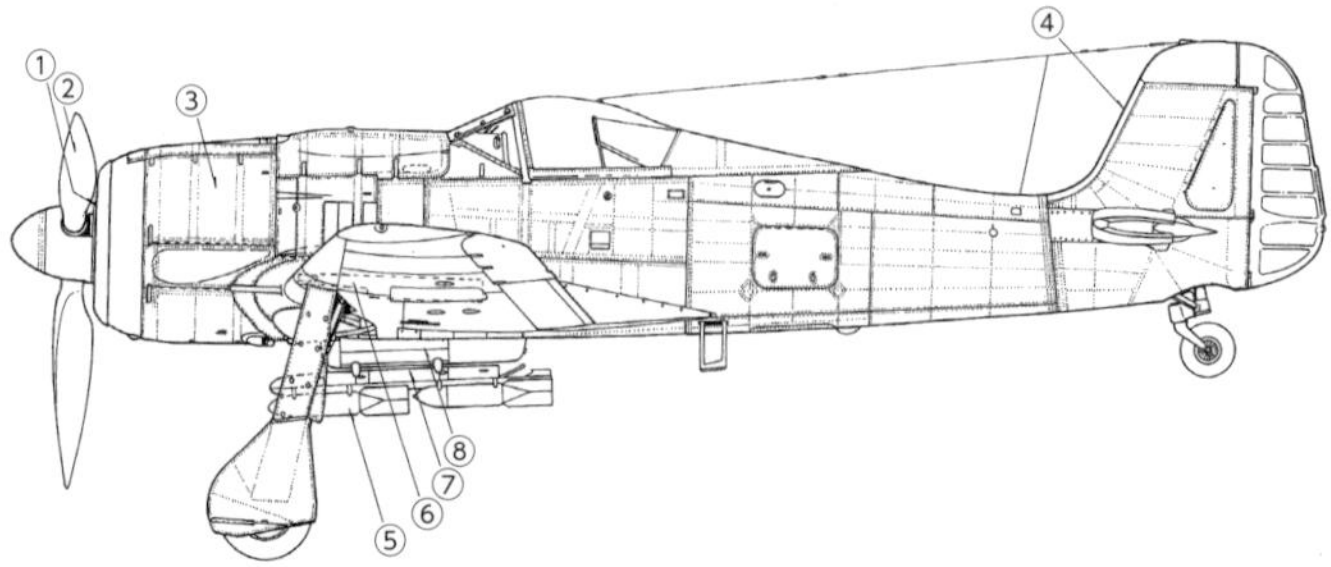

①14枚フィンの強制冷却ファン
②VDM9-12157H3木製 3 翅プロペラ
③BMW801F-1エンジン（2,400hp）搭載
④Ta152用大型垂直尾翼
⑤SC50 50kg通常爆弾
⑥MG151/20またはMK108かMK103× 2 装備
⑦ER-4アダプター
⑧ETC504ラック

年1月20日現在、790機のF－8、－9が前線に配備されていた記録が残っており、一定数は生産されたようだ。

Fw190F－10

F－9に続く量産型として計画されたF－10は、BMW801F－1エンジン（2，400hp）と木製VDM9－12157H3プロペラ、14枚羽根強制冷却ファンを装備、垂直尾翼をTa152用のものと同型とし、A－10と同様、外翼内または同下面にMG151／20もしくはMK108かMK103 2門を装備するはずであった。

生産工場も北ドイツ・ドルニエ社が担当することと決まり、1945年3月から量産に入る予定だった。しかし、BMW801Fエンジンが量産に至らなかったため、F－10自体も開発が中止されてしまった。併載図は完成予想図。

Fw190F－15

F－11、－12、－13、－14は戦闘機型Dシリーズの型式番号と重複するために欠番となり、F－10に続いて計画されたのはF－15である。F－15はF－10と同じ機体にBMW801TSエンジン（2，000hp）を搭載し、より大型の主車輪（740×210mm）を装備した。

原型機にはFw190V66、W.Nr584002が充てられ、1945年3月にレヒリンの実験センターで飛行テストを行ない、量産化の準備に着手した。しかし、同時進行で開発されていたF－16のほうが有用と判定され、F－15の量産化は見送られた。

Fw190F－16

F－15と平行して計画され、1945年4月から量産に入る予定だったのがF－16。BMW801TJエンジン（1，810hp）を搭載し、強制冷却ファン、プロペラはF－10、－15と同じ。ノーマル仕様は垂直尾翼はオリジナルなままとされた。無線機はFuG15に換装。

F－8の1機を改造した原型機Fw190V67、W.Nr930516は、1944年12月に完成し、北ドイツ・

Fw190F-16

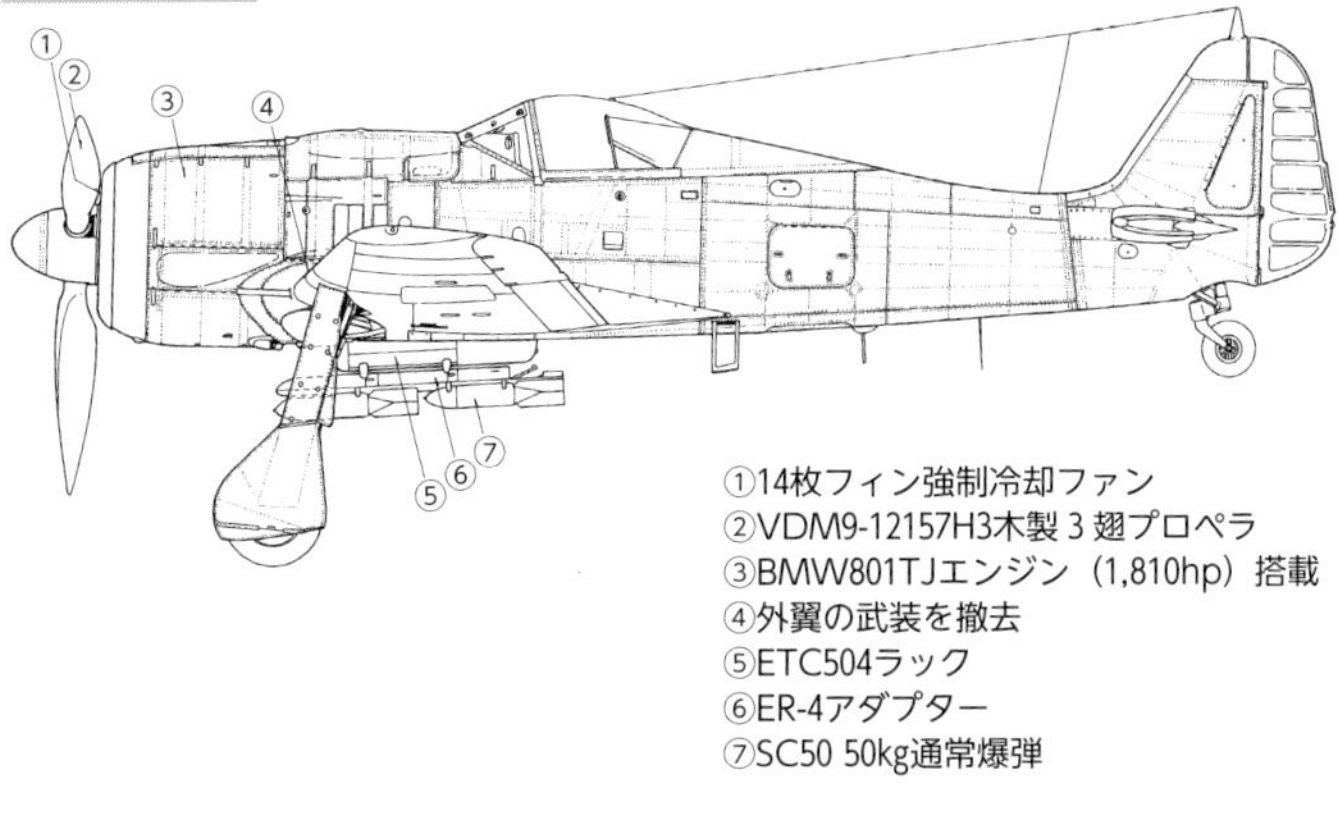

ドルニエ社で量産に入るはずであったが、ドイツ軍需産業がマヒ状態となったために、敗戦までに1機も完成しなかった。

計画ではR1、R5（両翼下面にMW50パワーブースト用55ℓ入増槽を懸吊）、R13、R14が適用されることになっており、R14は雷撃戦闘機型。併載図はその完成予想図である。

Fw190F-17

Fシリーズとして計画された最後の型は、F-16にTSA2D低空緩降下爆撃照準器を標準装備したF-17。本型も製作図面の段階で敗戦となり、実機は完成していない。

以上の経緯からもわかるように、1944年後半に入ってからの、Fw190空冷エンジン搭載型の開発は、戦闘機型Aシリーズよりも、戦闘爆撃／地上攻撃機型のFシリーズがメインになっていた。これは戦局の変化もあるが、戦闘機型の開発が液冷エンジン搭載型Fw190Dシリーズ、およびTa152シリーズに集約されたからに他ならない。

Fw190F-16/R14

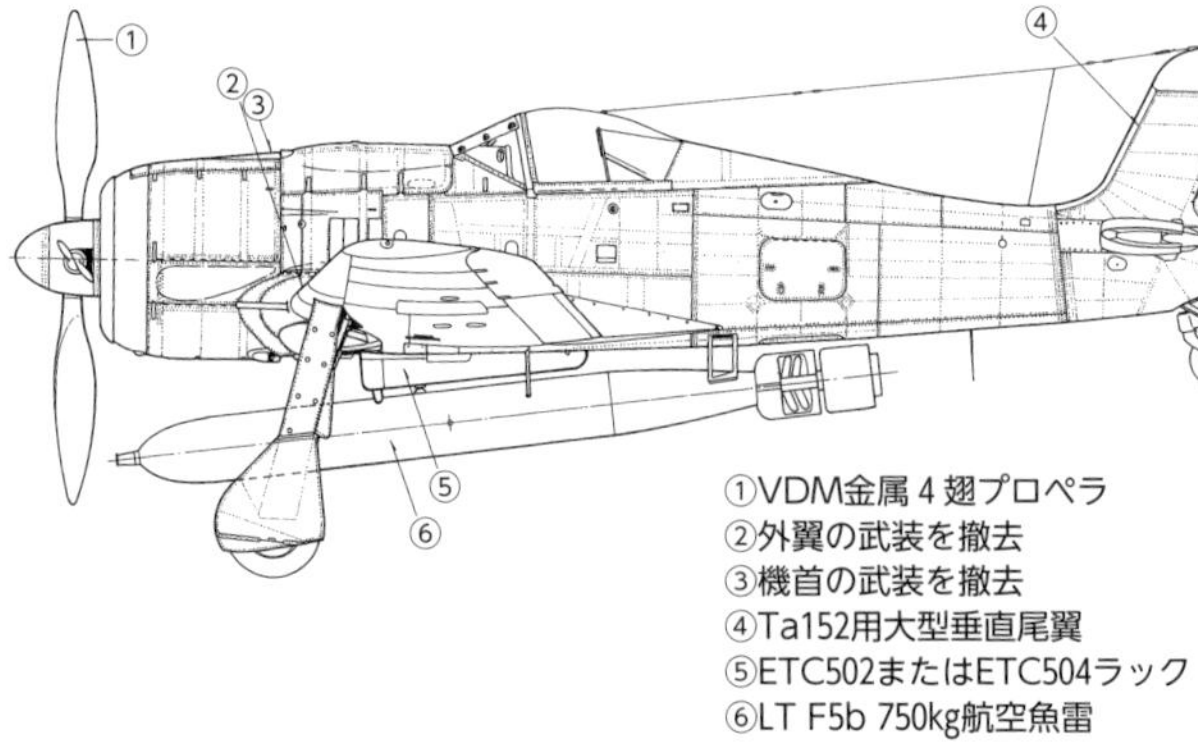

Fw190Gシリーズ

戦闘機型Aシリーズの〝U〟仕様から発展して成功した戦闘爆撃機型Fシリーズとは別に、Fw190には同時進行で開発が進められた〝Ja《ヤー》bo《ボ》-Rei《ライ》〟、いわゆる長距離戦闘爆撃機型Gシリーズがあった。

Gシリーズの発端は、やはりFシリーズ同様Aシリーズの〝U〟仕様からスタートした。基本的にGシリーズは全型を通じてBMW801D-2エンジンを搭載し、武装は主翼付根のMG151／20 2挺のみ。胴体下面にETC501ラックを備え、両主翼下面に300ℓ入落下増槽2個を懸吊するのが標準だった。

Fシリーズが主に東部戦線で近距離戦術作戦に使用されたのに対し、Gシリーズはフランス領内から英本土、または北アフリカからマルタ島、イタリア本土からシシリー島などへの、準戦略攻撃的な作戦に使われた。

Fw190G-1

1942年中に少数が生産された旧A-4/U8は、1943年8月の名称基準改訂によりG-1となった。フランス領内から英本土に対する夜間攻撃などに使われた。

Fw190G-2

旧A-5/U3がF-2になったのと同様、旧A-5/U8も改称されてG-2となった。原型機は、G-1と同じくユンカース式落下増槽懸吊具付としていたが、生産型のほとんどは新型〝Messerschmitt Träger〟を標準とした。しかし、東部戦線など近距離作戦に使われた機体は、両翼の増槽架を取外していた。また、1944年に入ってからは夜間行動が主となったため、排気管にスノコ状の消焔装置を追加してG-2/Nとなった。G-2は、1942~43年にかけて計601機生産され、第10高速爆撃航空団をはじめとして各戦線に

Fw190G-1（旧Fw190A-4/U8）

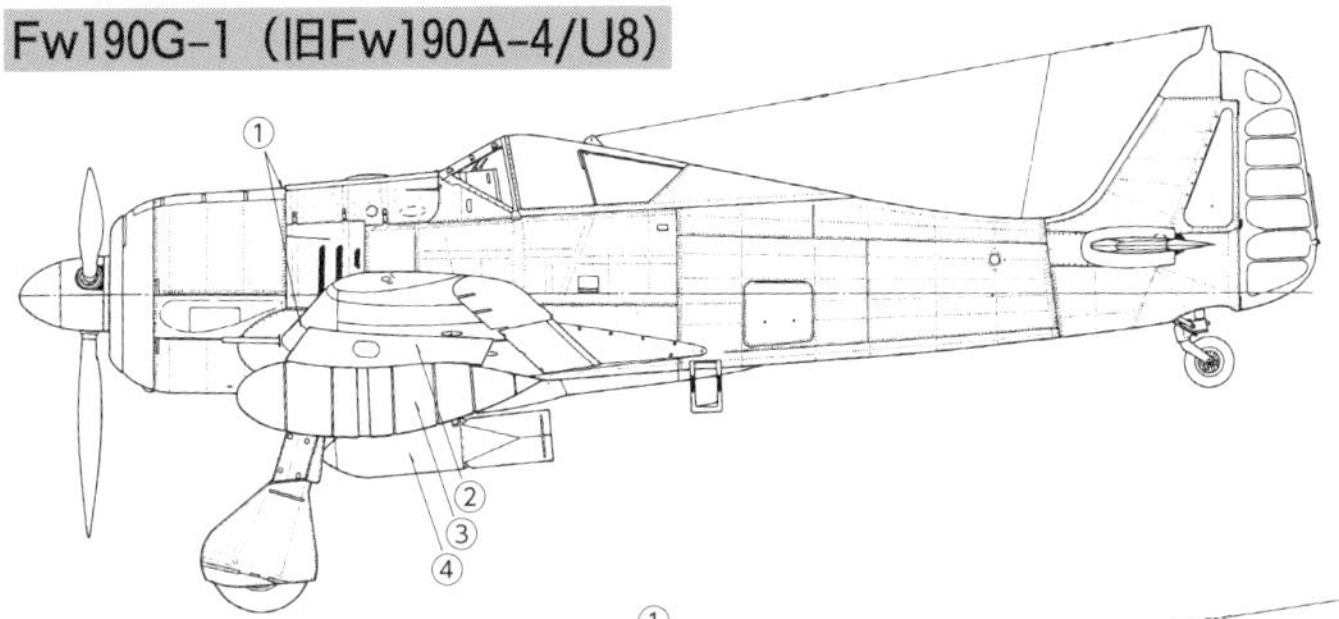

①機首と外翼の武装を撤去
②ユンカース社製落下増槽ラック
③300ℓ入落下増槽
④各種爆弾（図はSC250を示す）

Fw190G-2

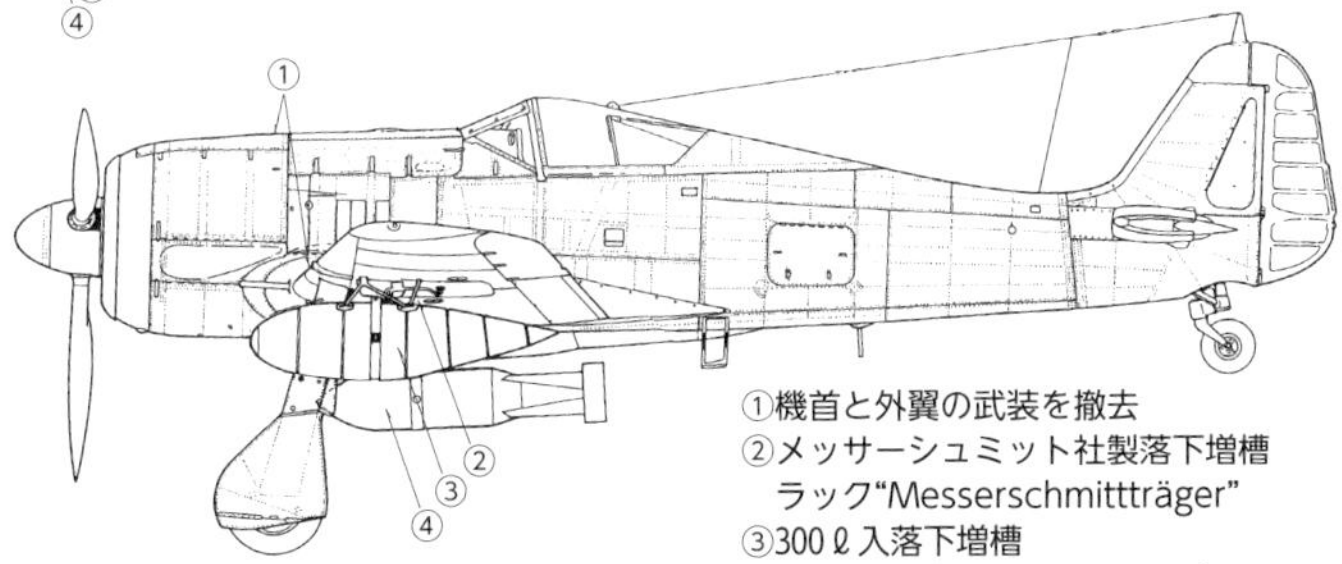

①機首と外翼の武装を撤去
②メッサーシュミット社製落下増槽ラック“Messerschmittträger”
③300ℓ入落下増槽
④各種爆弾（図はSD250を示す）

→ソビエト地上軍に対する攻撃任務を終え、自軍基地に帰投するべくルーマニア平原上空を飛行する、4./SG10所属のFw190G-2のペア。手前機の個有機コードは“D”、奥は“M”。1944年夏の撮影。

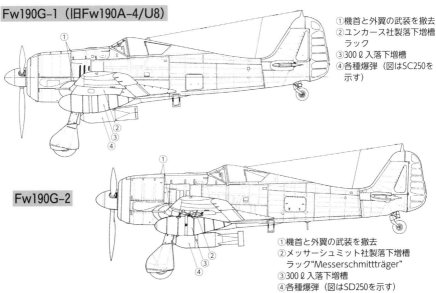

Fw190G-2/N“Nacht Jabo-Rei”

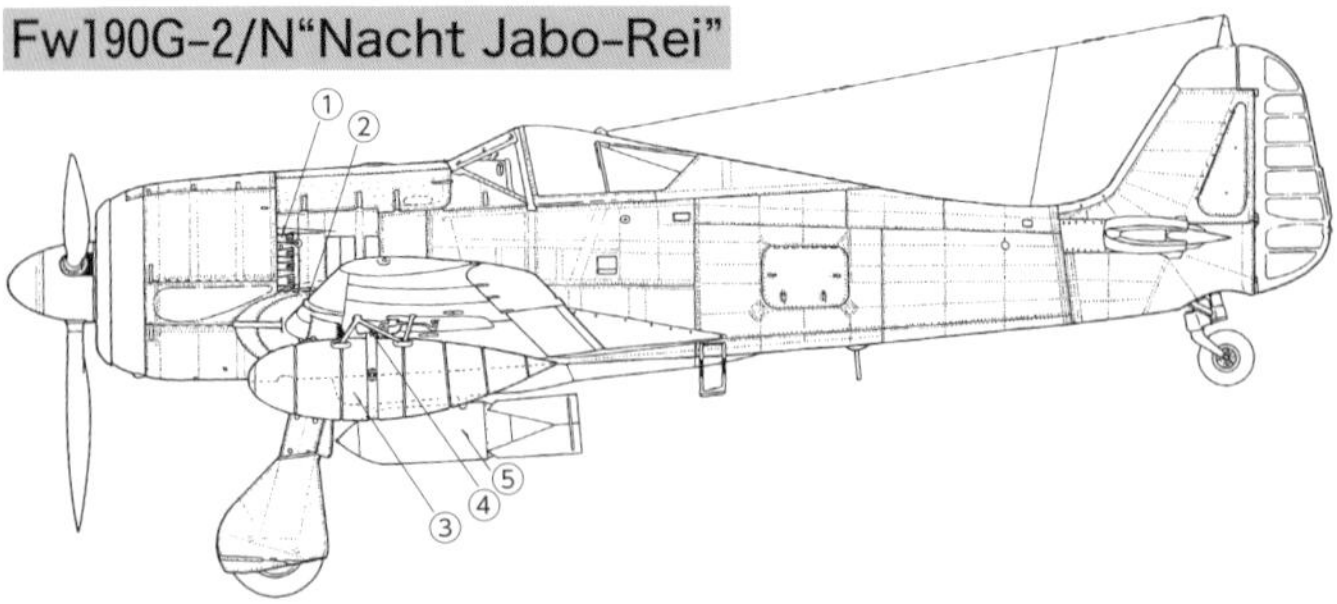

①排気管に消焔装置を装着
②BSK16ガン・カメラ
③300ℓ入落下増槽
④メッサーシュミット社製増槽ラック“Messerschmittträger”
⑤各種爆弾（図はSC250を示す）

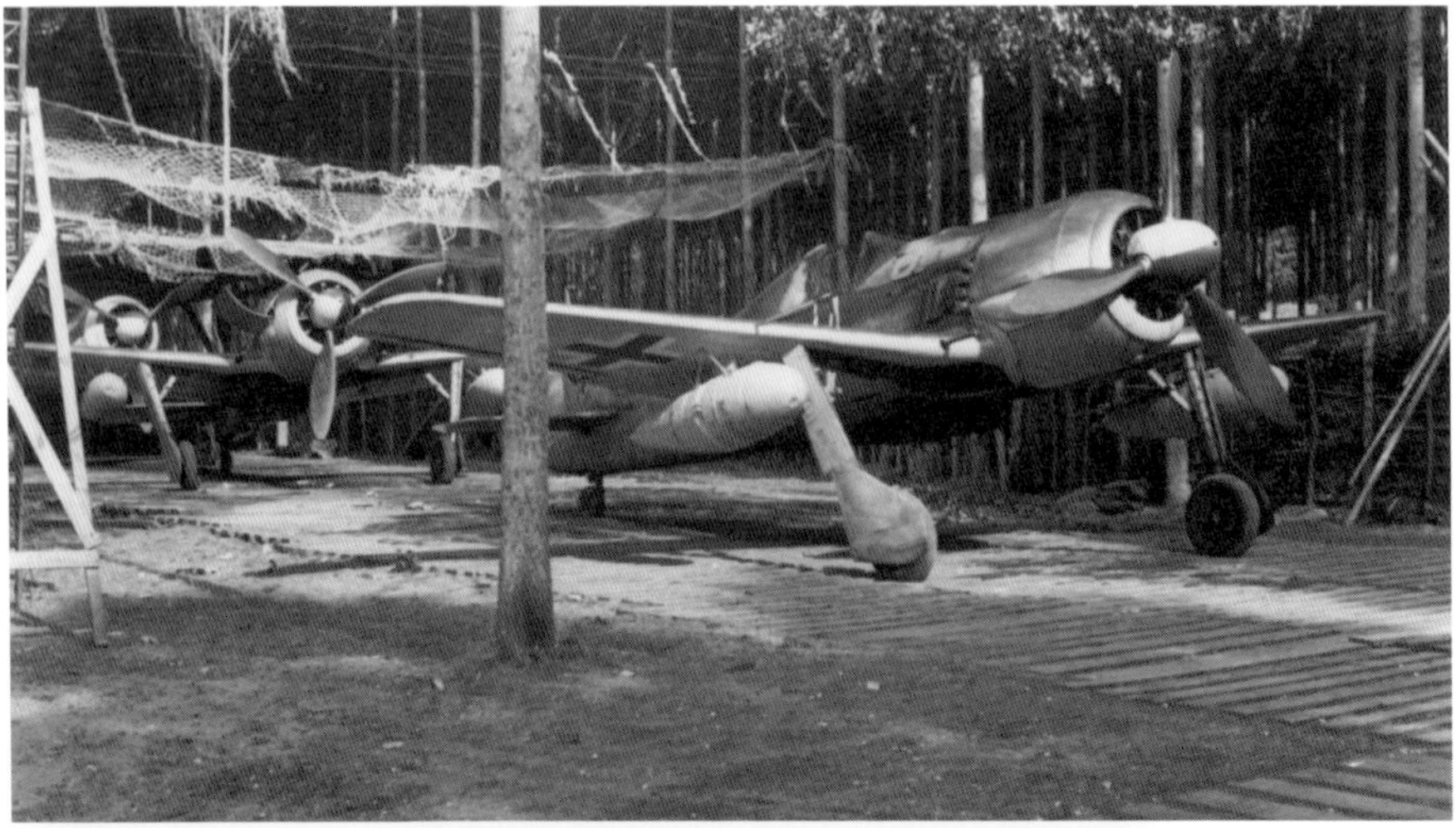

↑←日常的に来襲する連合軍側戦闘機の攻撃から逃れるため、飛行場周辺の深い森の中で待機、および出撃準備中の第20夜間地上攻撃飛行隊所属 のFw190G-2/N。シュヴァルツヴァルト(黒い森)に象徴されるごとく、ドイツは森の多い国だが、戦争末期には航空機の隠蔽にも一役買った。上、左写真のいずれの機も、夜間行動用消焔装置を付けている。1944年夏の撮影。

配属された。

Fw190G-3

G-1、-2が応急改造機然としていたのに対し、1943年春から就役を開始したG-3は、本格的な長距離戦闘爆撃機の風格がでてきた。すなわちA-5、-6の機体をベースとしているが、AシリーズにはないPKS11自動操縦装置を追加して、長距離飛行時のパイロットの負担を軽くしており、両翼下面の増槽懸吊架も、新型のフォッケウルフ社製〝Focke wulf《フォッケウルフ》 Träger《トレーガー》〟に換装された。

G-3の一部は、過給器空気取入口に防塵フィルターを付けたTropタイプとして完成し、地中海/北アフリカ方面の部隊に配属された。

各種装備で重量が約5,000kgにも増加し、全般飛行性能が低下したG各型は薄暮、黎明、悪天候時を選んで行動していたが、1944年に入ると夜間以外は危険で動けない状況となった。G-3は計144機つくられた。

Fw190G-3“Jabo-Rei”

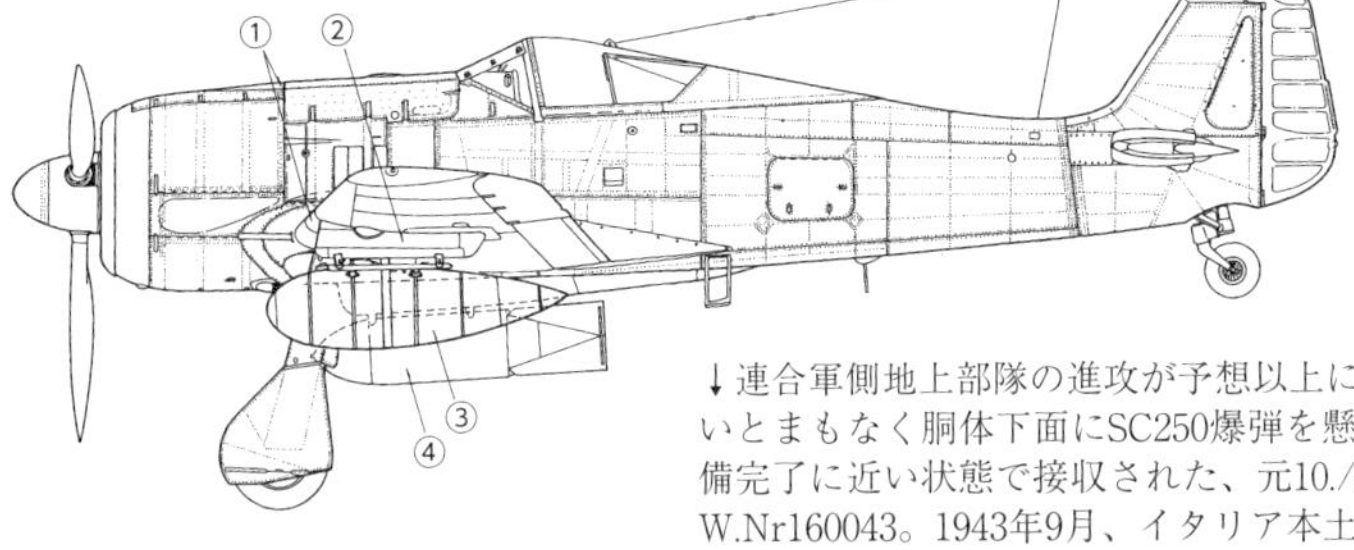

①機首と外翼の武装を撤去
②フォッケウルフ社製増槽ラック“Focke-wulf träger”
③300ℓ入落下増槽
④各種爆弾（図はSC500を示す）

↓連合軍側地上部隊の進攻が予想以上に早かったのか、退避のいとまもなく胴体下面にSC250爆弾を懸吊したままの、出撃準備完了に近い状態で接収された、元10./SKG0所属のFw190G-3、W.Nr160043。1943年9月、イタリア本土サレルノ近郊基地にて。

Fw190G-8

1944年3月、ベースとなる戦闘機型Aシリーズがライン・チェンジしたのに伴ない、Gシリーズも本型をベースにしたG-8が生産に入った。

G-8は、A-8にG-3と同様の改修を施していたが、併載図に示したように、両翼下面に簡素化したETC503ラックを備え、ここに250kg爆弾1発を懸吊し、胴体下面のETC501には300ℓ入増槽、排気管に消焔装置を付けた夜間型もあった。

G-8にはGM-1パワーブースト・システムを備えたG-8/R4、両翼下面のETC503をETC50 2個に換装し、翼内に115ℓ防弾タンク2個を設置可能としたG-8/R5のサブ・タイプがあり、それぞれが少数ずつ生産されたといわれる。

しかし、G-8が就役を始めた1944年春には、戦線が縮少して長距離作戦を行なう余地がなくなってしまい、Gシリーズ自体の存在価値も薄れてしまった。そのため、夏までにはG-8の量産は中止され、以後、戦闘爆撃機型の開発はFシリーズ1本に絞られた。

Fw190G-8

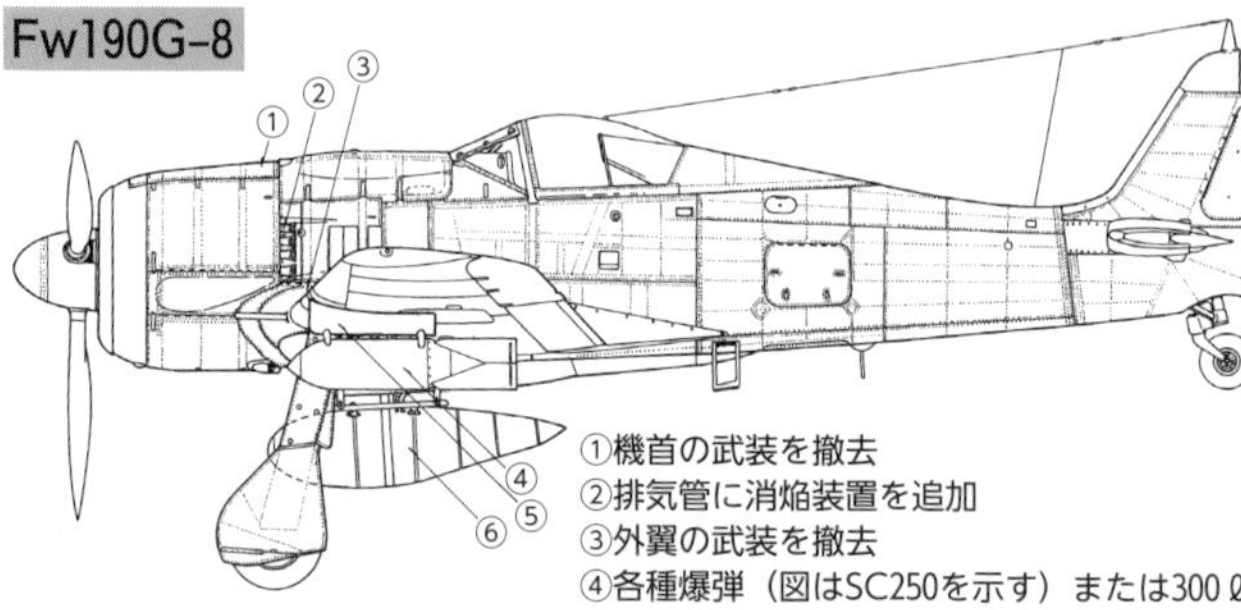

①機首の武装を撤去
②排気管に消焔装置を追加
③外翼の武装を撤去
④各種爆弾（図はSC250を示す）または300ℓ入落下増槽
⑤ETC503ラック
⑥300ℓ入落下増槽または各種爆弾

←ドイツ国内の深い森の中に隠蔽されていて、敗戦前後にアメリカ軍地上部隊によって接収されたFw190G-8。開閉キャノピーの窓ガラスが破れている以外、大きな損傷はなさそうである。

Fw190Sシリーズ

第一線戦闘機の性能が急激に向上した第二次大戦中期以降、新米パイロットが初歩練習機教程から実用機教程へ進む段階、または他機種から戦闘機パイロットに転課する際など、双方の性能的なギャップが大きくなり過ぎ、訓練に支障をきたすようになった。

そこで、各国空軍は実用機の複座型を造り、教官の同乗訓練によって実用機への移行をスムーズに行なう方法を採った。ドイツ空軍とて例外ではなく、Bf109、Fw190両主力戦闘機の複座型が計画された。

このうち、Ｆｗ１９０は旧式化したＪｕ87のパイロットからの転換訓練用として、その実現が急務とされていた。

１９４３年に出された当局の要求に基づき、Ｆｗ社はＡ－５の１機（Ｗ．Ｎｒ４１００１１）を改造し、操縦席の後方に教官席を設け、両席を一体化したキャノピーで覆うようにした原型機を製作。

さらに同様の改造を施した３機の原型機（Ｗ．Ｎｒ１５６７、５９９７、１２２８）を製作し、Ａ－５／Ｕ１の型式名でテストした。本型は全備重量３，９００kgで、最大速度５８０km／ｈの性能を示し、操縦性なども特に問題がなかったことから、新たにＦｗ１９０Ｓシリーズとして生産されることになった。「Ｓ」はＳｃｈｕｌｕｎｇ《シュールング》―訓練の頭文字である。

生産機はＦｗ１９０Ｓ－５の型式名を付与されたが、極く少数つくられたのみで、１９４４年３月にベース機体となるＡシリーズの生産ラインがＡ－８に切り替わったことから、本型を改造するＳ－８に替わった。

Ｓ－８の改造要領はＳ－５と同じであったが、乗降の際に右開きする前、後席のキャノピーのうち、後席部分の左、右側面ガラスを、四角錐状に張り出して、視界を向上させていた点が異なる。なお、Ｓ－５、Ｓ－８ともに武装は全廃された。

Ｓ－８は計90機つくられ、各訓練航空団に一定数ずつ配備されたほか、各部隊間の要務連絡などにも使われた。

Fw190S-5

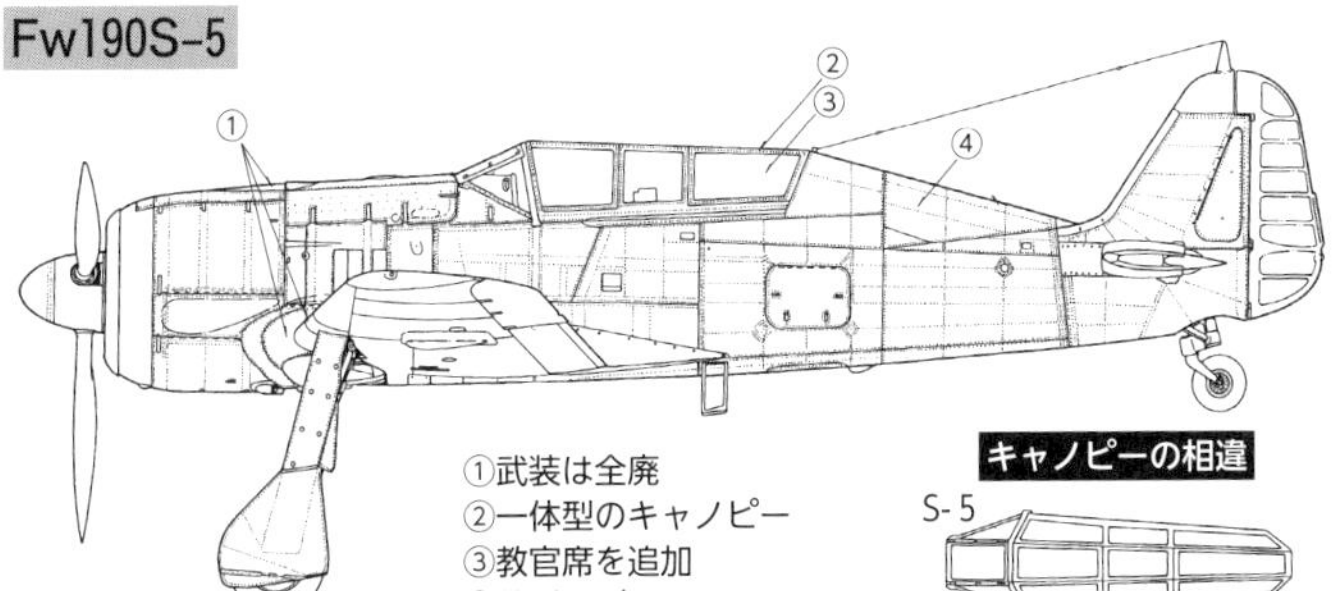

キャノピーの相違

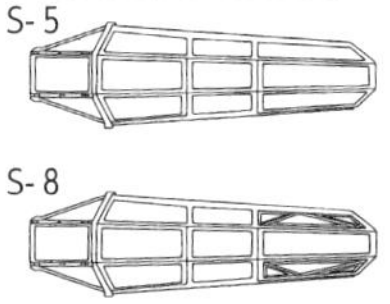

Fw190S-8

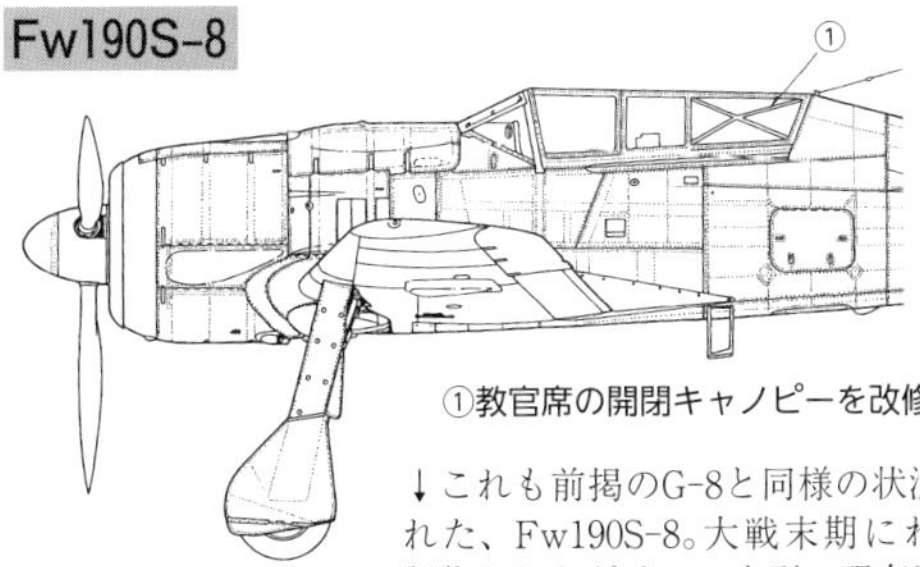

↓これも前掲のG-8と同様の状況下に置かれた、Fw190S-8。大戦末期にわずか90機製作されただけの、本型の現存写真は極めて少ない。

ユンカース「ミステル」

Ｆｗ１９０そのものの開発事項ではないが、他機種との組み合わせで兵器として用いたという観点から、ひととおりの解説をしておくことにする。

◆　◆

大型機の上に小型機を連結して離陸、途中で切り離しそれぞれの用途に使うという、いわゆる「親子機」の構想は、戦前にイギリスなどで実験が行なわれていた。

大戦が勃発したのち、ユンカース社のテスト・パイロット、ジークフリート・ホルツバウアーは、この親子式航空機を攻撃手段に用いることを着想、当局に提案したが受け入れられなかった。

だが、爆撃機隊の要職にあったディートリヒ・ペルツ少佐を介し、国家元帥兼空軍司令官のヘルマン・ゲーリングに話を持ち込むと、彼一流の判断で裁可され、ユンカース社に「ベートーベン」の秘匿計画名で開発が指示された。

その構想からして親、子機とも新規に設計するのではなく、既存の機体を利用し、無人化した機首に爆薬を取り付けた「子機」には自社のＪｕ88を、操縦者が搭乗する「親機」には当初Ｂｆ１０９、それ以降はＦｗ１９０単発戦闘機を使用することとされた。

開発作業は１９４３年7月に始まり、翌１９４４年5月には原型機を使った運用試験が行なわれて、概ね良好な結果が得られた。

新たに「ミステル」（やどり木の意）の非公式名称で呼ばれた、この特異な攻撃機は、親機の操舵を電気信号に変換し、子機の各動翼を連動して動かすという方法で自力で離陸したのち、低空飛行で目標に接近、目標の手前１．６km付近で子機を切り離し、親機はＵターンして帰路につき、子機は予めデータ入力した自動操縦で目標に突入するという仕組み。

なお、子機のＪｕ88は常に機首の爆薬（１，７００kg）ユニットを装着しているのではなく、訓練中などはバラストを内蔵した整形カバーを付けており、出撃の際に爆薬ユニットに付け替えた。整形カバー付きの状態は、型式番号に「Ｓ」が付く名称（例：ミステルＳ２）となる。

◆　◆

爆薬ユニットの先端に取り付けられる触角（電気押圧ヒューズが付いている）は、目標の装甲厚により長、短2種を使い分けた。前者を装甲の厚いほうに用いる。

母機をＦｗ１９０にした「ミステル２」以降には以下の型式があった。

●ミステル２／Ｓ２

１９４４年11月から完成し始めたミステル2は、母機がＦｗ１９０Ｆ－８、子機がＪｕ88Ｇ－１の組み合わせ。翌１９４５年初めにかけて計１２５組つくられた。

●ミステル３Ｃ

ミステル2の子機を、新型のＪｕ88Ｇ－10に変更した型式。母機Ｆｗ１９

Mistel 2 三面図

※以下、ミステル各型の図面
は不統一スケール

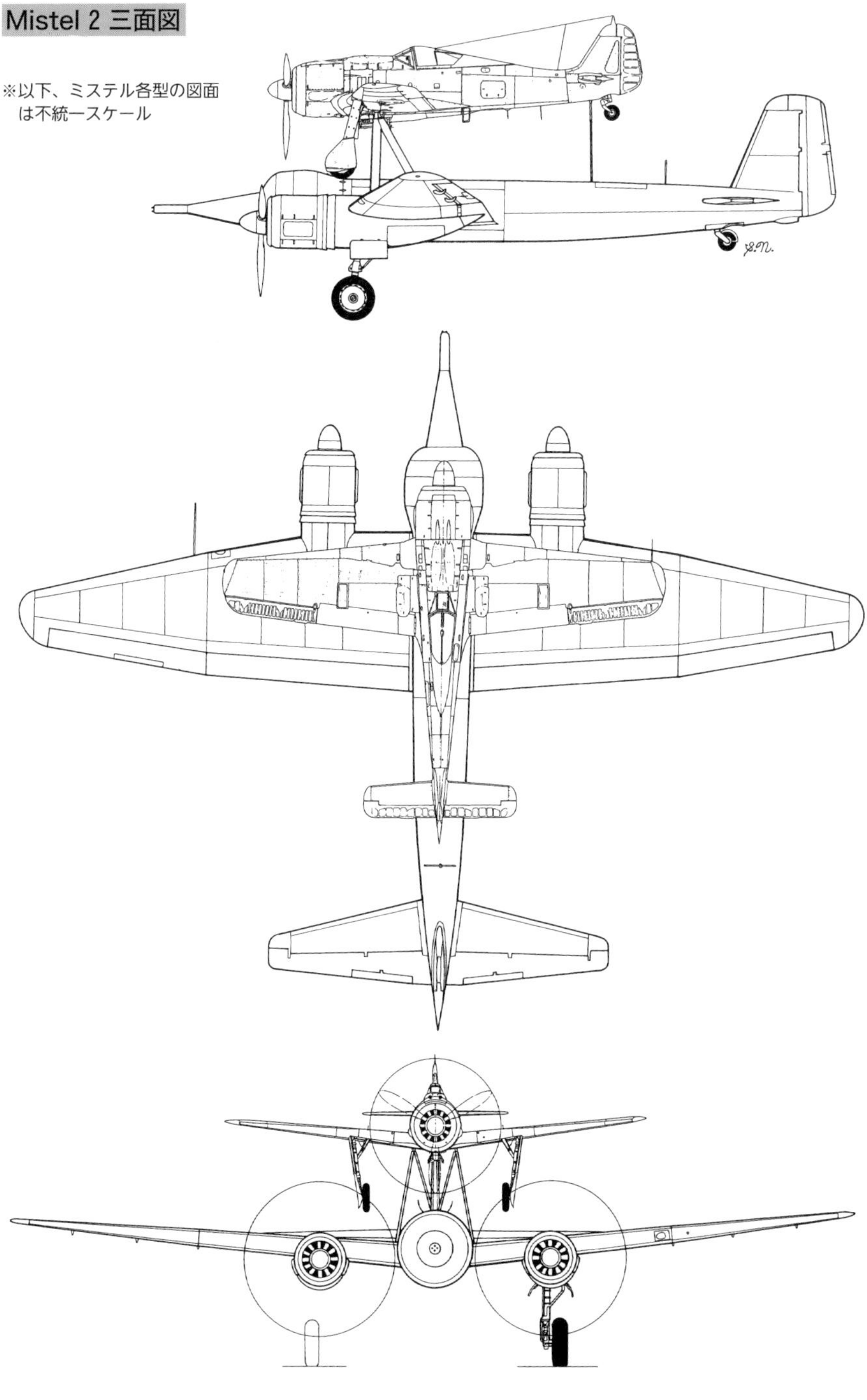

↑ドイツ国内東部のメルゼブルク基地で、進攻してきたアメリカ地上軍に接収された、ミステルS2。母機はFw190A-8、もしくはF-8、子機はJu88G-1である。Fw190の射撃兵装は全て撤去され、各機銃貫通部は全てパッチにより密閉されている。

↓これもメルゼブルク基地での接収ミステルS2で、母機はFw190F-8、W.Nr714790、子機はJu88G-1、W.Nr590153の組み合わせである。上写真のミステルS2とは対照的に、母、子機ともに濃密な迷彩を施しているのが興味深い。メルゼブルク基地はJu88の生産工場があったデッサウ市の南方約40kmに所在した。

Mistel 2の出撃状態(短触角装備)

ミステルの機首弾頭、および装甲貫徹要領

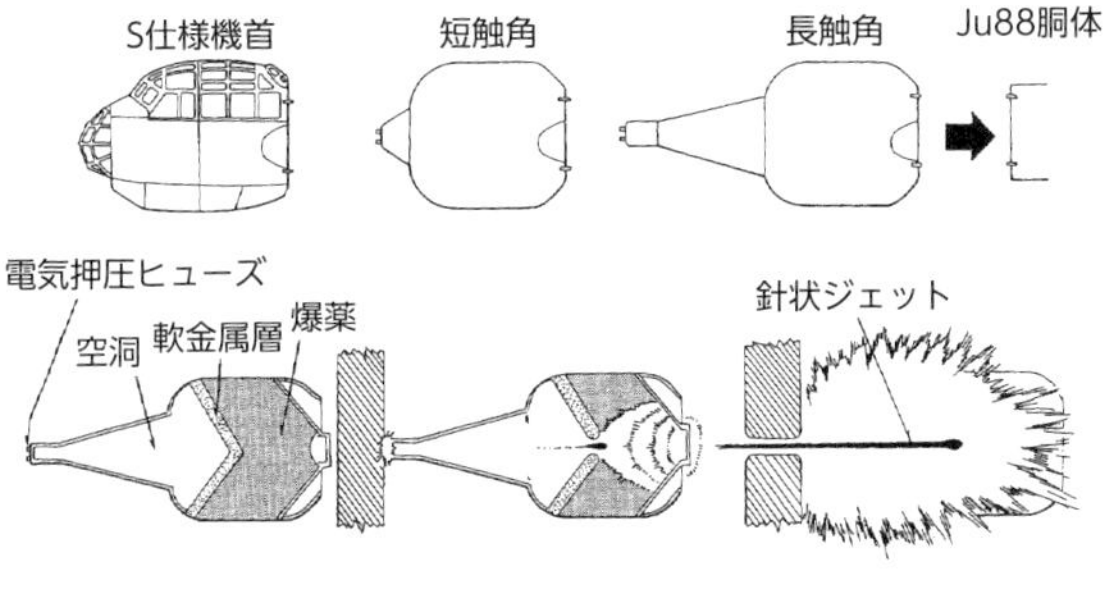

ミステルの子機、Ju88の機首に装填される爆薬は、重量1,700kgにも達するもので、その70%がヘキソゲン、30%がTNT火薬という構成だった。爆発の方式は、いわゆる「ホロー・チャージ」と呼ばれたタイプで、左図に示すように、弾頭の内部前方が円錐形の空洞になっており、これを仕切る壁は軟金属(銅、もしくはアルミニウム)で出来ている。空洞の前方は長く突き出た触角となり、先端には4本の電気式押圧ヒューズが付いている。このヒューズが目標に接触すると、雷管に点火されて爆薬が炸裂、軟金属壁を溶かして液状となり、円錐形の中心から、直径3cmほどの鋭い針状ジェットが前方に向けて噴き出す。この溶液の速度は、音速の20〜25倍という凄まじさで、弾頭直径の4倍の厚さの鋼鉄板をも貫徹する威力があった。命中すれば、恐ろしい破壊力となるわけである。

ミステルの運用法

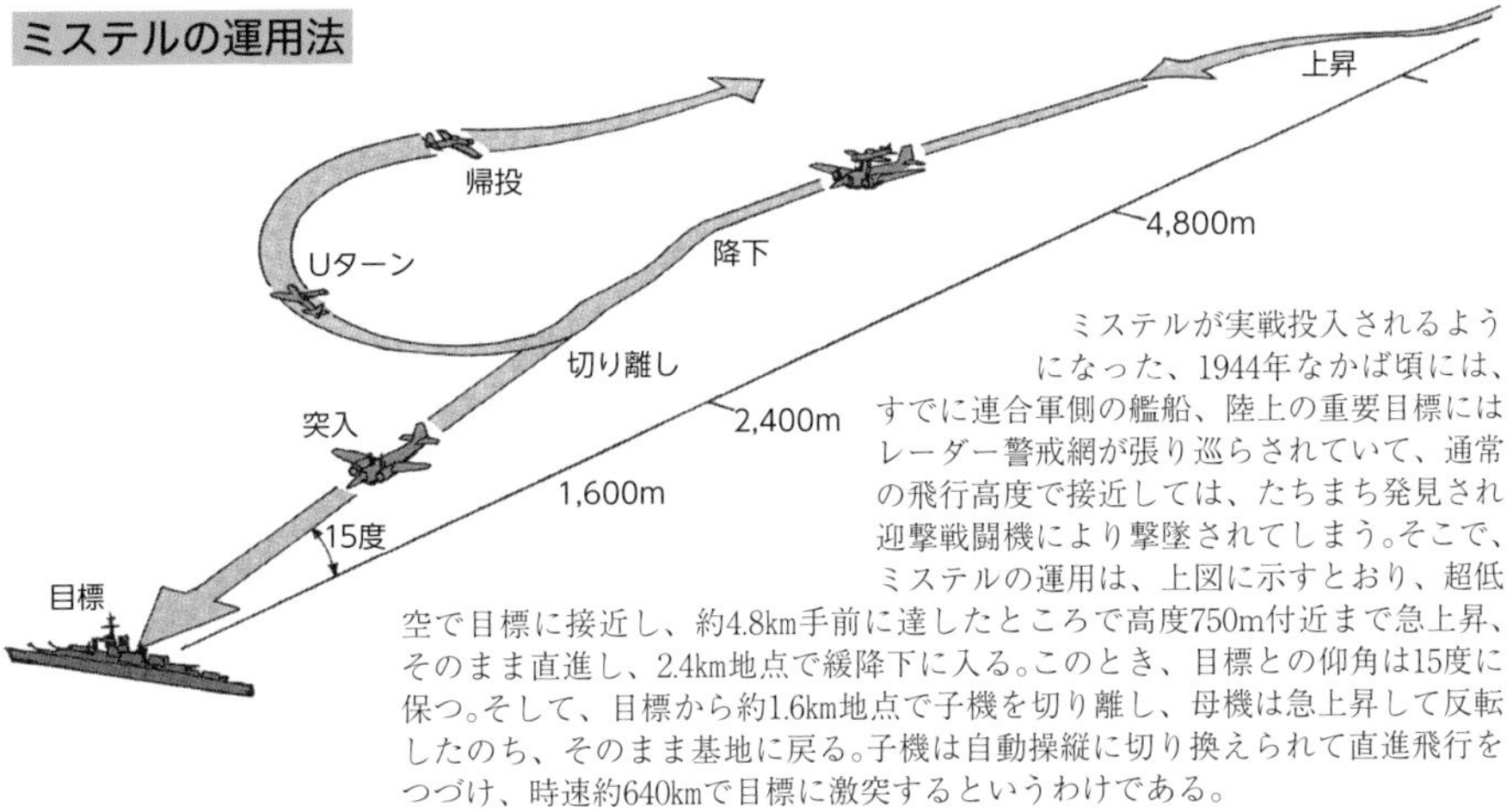

ミステルが実戦投入されるようになった、1944年なかば頃には、すでに連合軍側の艦船、陸上の重要目標にはレーダー警戒網が張り巡らされていて、通常の飛行高度で接近しては、たちまち発見され、迎撃戦闘機により撃墜されてしまう。そこで、ミステルの運用は、上図に示すとおり、超低空で目標に接近し、約4.8km手前に達したところで高度750m付近まで急上昇、そのまま直進し、2.4km地点で緩降下に入る。このとき、目標との仰角は15度に保つ。そして、目標から約1.6km地点で子機を切り離し、母機は急上昇して反転したのち、そのまま基地に戻る。子機は自動操縦に切り換えられて直進飛行をつづけ、時速約640kmで目標に激突するという わけである。

0F－8の胴体下面ETC501ラックは、ETC504に換装され、出撃の際は大型の落下増槽を懸吊することとされた。具体的な製作数は不詳だが、現存写真で確認できる限りでは、少なくとも10組以上つくられたと推定される。

●ミステル3B

型式名は3Cより先だが、実際に完成したのは同型より遅く、Fw190を母機とするミステルとしては最後のバージョンとなった。本型は攻撃用ではなく、ミステル2、3Cの出撃に際し、遠距離の目標手前までの誘導任務に使うために開発された〝Fuhru《フェール》ngs《ンクス》 machine《マシーネ》〟と呼ばれる「パスファインダー」だった。

母機はFw190F－8、もしくはF－9、子機にはJu88H－4が充てられた。

攻撃用ではないので、子機Ju88H－4の機首乗員室には乗員3名が搭乗し、機首先端にマイクロ波長レーダを装備、乗員室後方に防御用MG131 13㎜機銃1挺を備えていた。母機Fw190F－8またはF－9も、緊急時の援護戦闘機として使うため、機首のMG131 2挺を残していた。

Mistel3Bは、ドイツ敗戦直前に完成し、実用化に向けてテスト中だったが、間に合わなかった。

ミステルの戦歴

Bf109FとJu88A－4を組み合わせた「ミステル1」の最初の15組は、1944年6月6日フランス沿岸に上陸作戦を敢行した、連合軍の支援艦船を目標に出撃したが、敵戦闘機による被撃墜が相次ぎ、戦果はあがらなかった。

その後、東西からドイツ国内目指して進撃してくるソビエト、連合軍地上部隊を阻むため、河川に架かる鉄橋を爆破するため出撃を繰り返したが、やはり敵戦闘機のエア・カバーが厳重で、めぼしい戦果はあげられなかった。

1945年4月、ユンカース社工場がソビエト軍によって占領されると、ミステルの機材供給も途絶え、万事休した。それまでに完成したミステル各型は計200組以上ともいわれるが、その割りに戦果は乏しく、兵器として成功したとはとても言い難い。

↑祖国敗戦の直前、デンマーク領内に逃れたが、敗戦後イギリス軍に接収された、もとⅣ./KG200所属のミステルS3A。母機Fw190A-8のW.Nrは733759、子機Ju88A-4のそれは2492である。写真は、1945年9月にイギリスのファーンボロー基地において開催された、“捕獲ドイツ機展示会”での撮影。

Mistel S3A

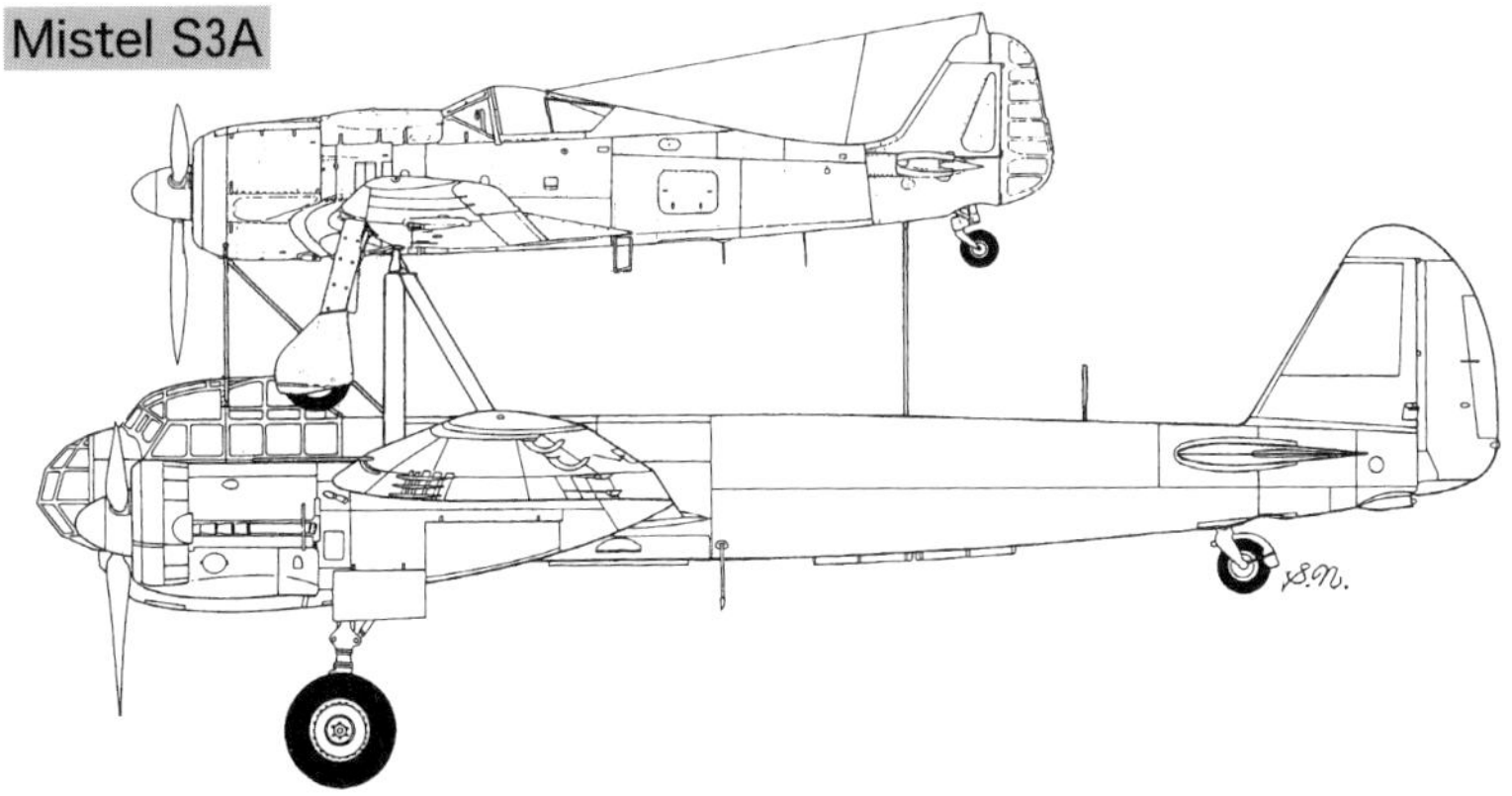

Mistel 3B“Fuhrungsmashine”

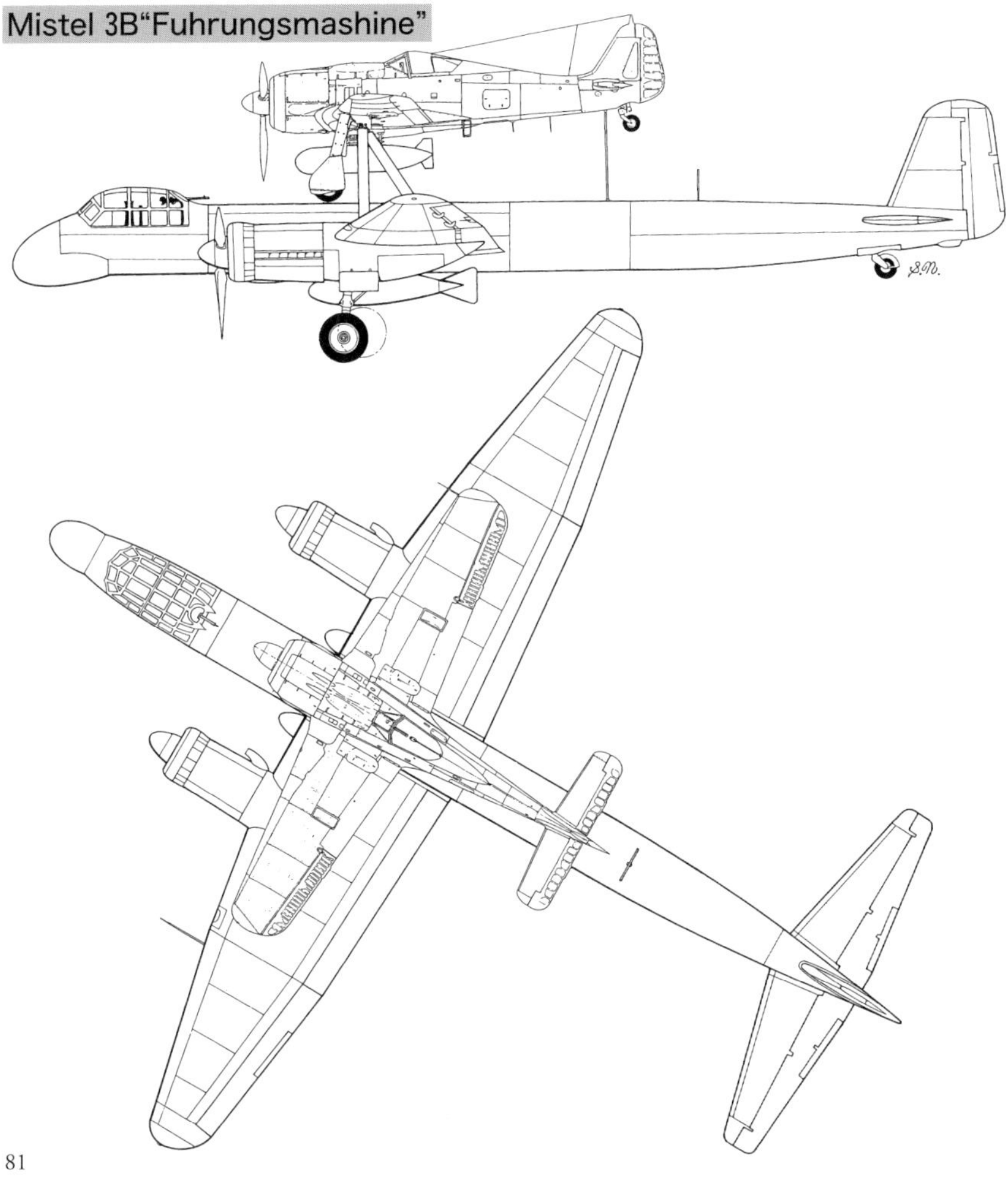

Mistel 3C

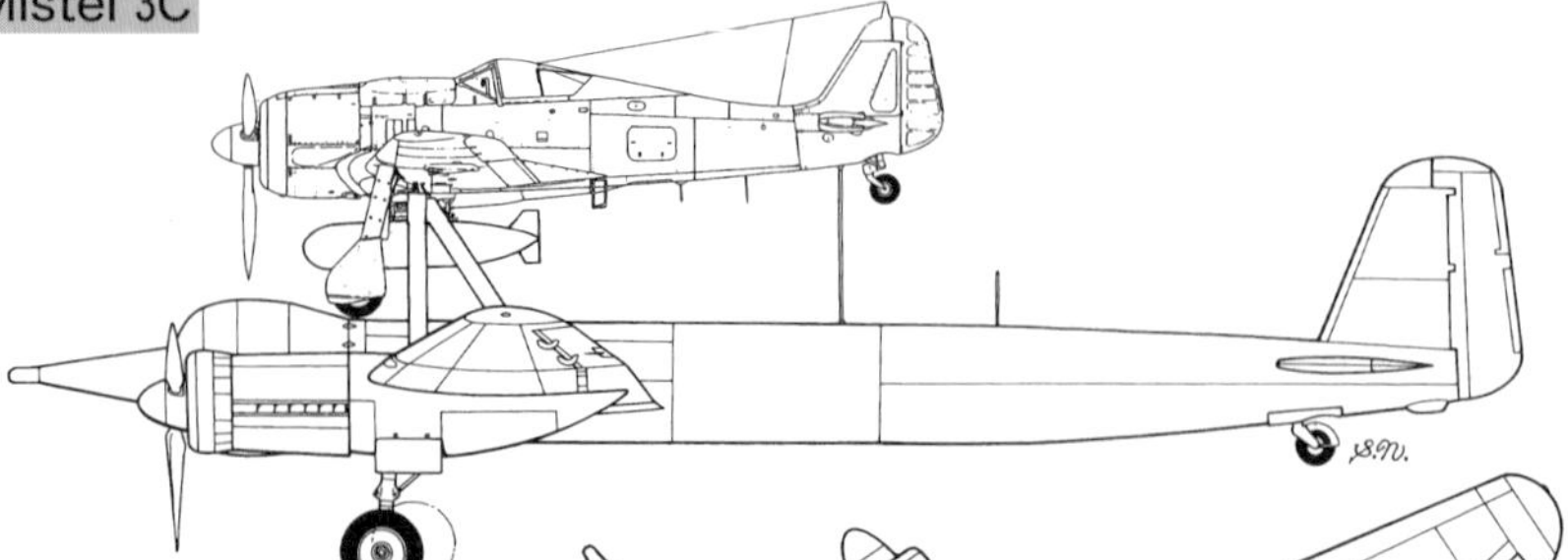

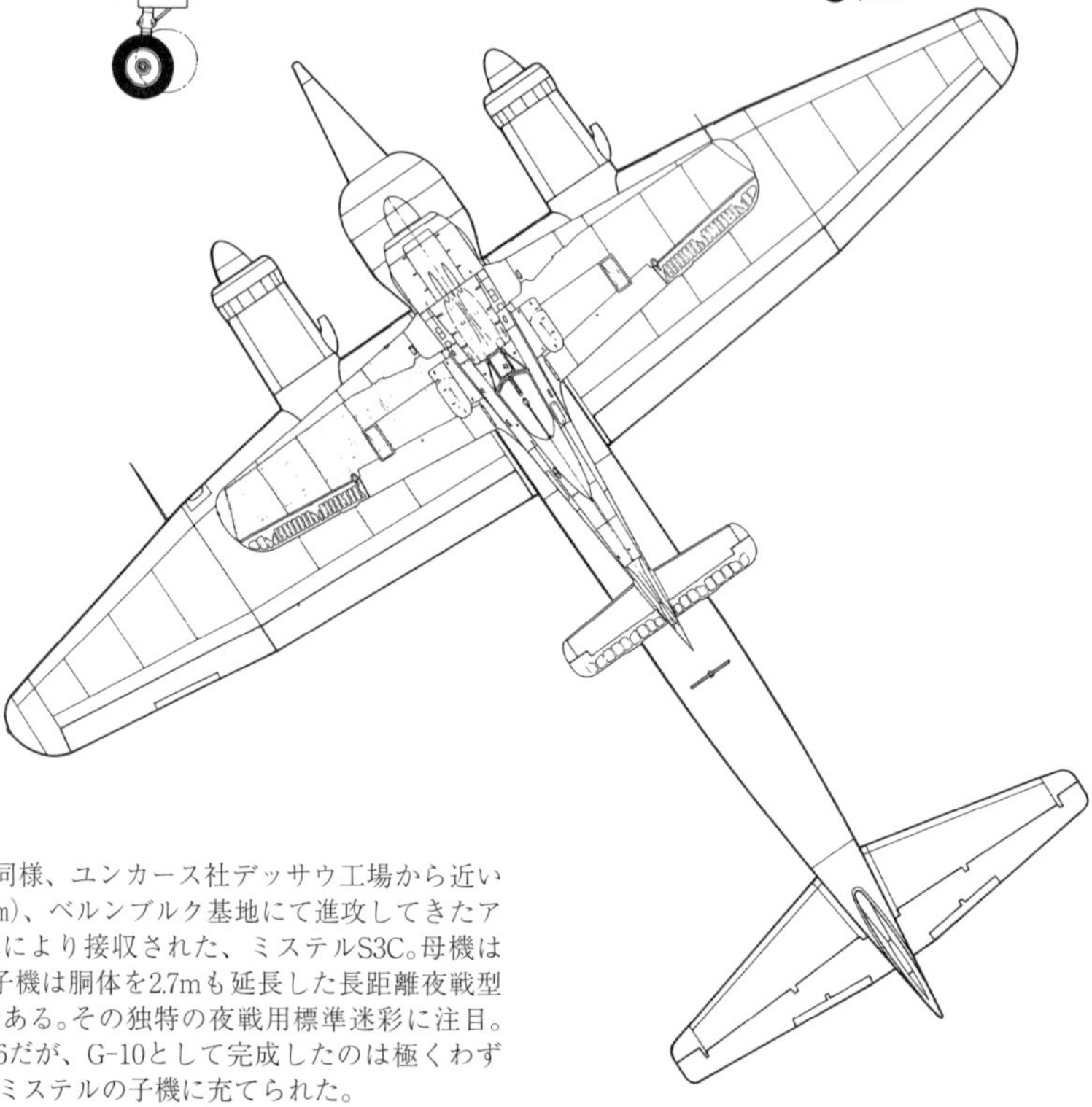

↓P.78写真と同様、ユンカース社デッサウ工場から近い（西方に約30km）、ベルンブルク基地にて進攻してきたアメリカ地上軍により接収された、ミステルS3C。母機はFw190F-8、子機は胴体を2.7mも延長した長距離夜戦型のJu88G-10である。その独特の夜戦用標準迷彩に注目。W.Nrは460066だが、G-10として完成したのは極くわずかで、全てがミステルの子機に充てられた。

第二章　Ｆｗ１９０Ａ／Ｆ／Ｇメカニズム解析

〔機体一般構造〕

●胴体

　ヨーロッパの戦闘機としては非主流の空冷エンジンを搭載したことが、Ｆｗ１９０の大きな特色だったが、この直径の大きい大馬力ＢＭＷ８０１エンジンを収めるカウリングを、いかにうまく設計し、後方に続く胴体の空力性を高められるかが、ポイントだった。

　胴体は、エンジンを内包する機首、防火壁を兼ねる第1隔壁から操縦室直後の第8隔壁までの前部胴体、そこから第14隔壁までの後部胴体、垂直尾翼と一体にされた尾部ユニットの、４つの主要コンポーネンツより成る。

　前部胴体は、側面上方と下面がゆるやかにカーブしたボックス構造で、第1隔壁上下、左右のエンジン支持架取付部より第8隔壁までを、U字形断面の主縦通材（ロンジロン）4本が通っている。

　操縦室の床を境に上、下に仕切られており、下部は燃料タンク室に充てられた。タンク室には前方に２３２ℓ入、

Fw190A/F/Gの機体主要パーツ構成

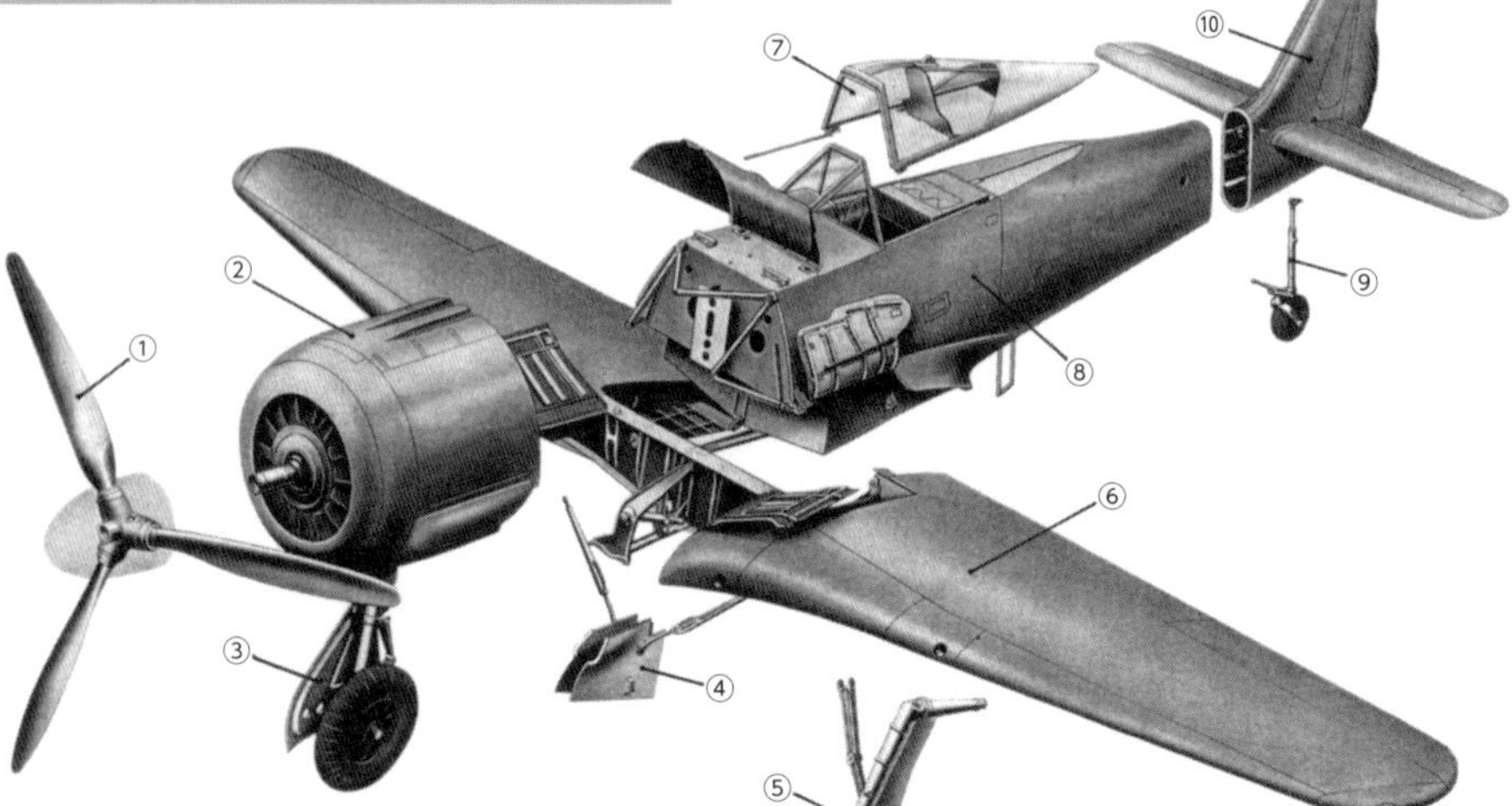

①プロペラ/スピナー、②エンジン・ユニット、③右主脚、④主車輪カバー、⑤左主脚、⑥主翼、⑦キャノピー、⑧胴体、⑨尾脚、⑩尾翼

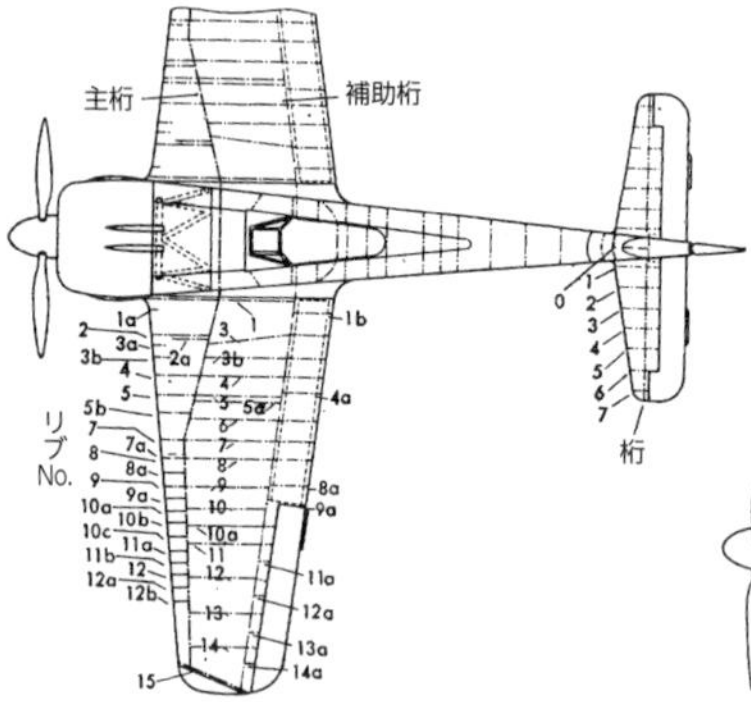

Fw190A/F/Gの機体基本骨組図

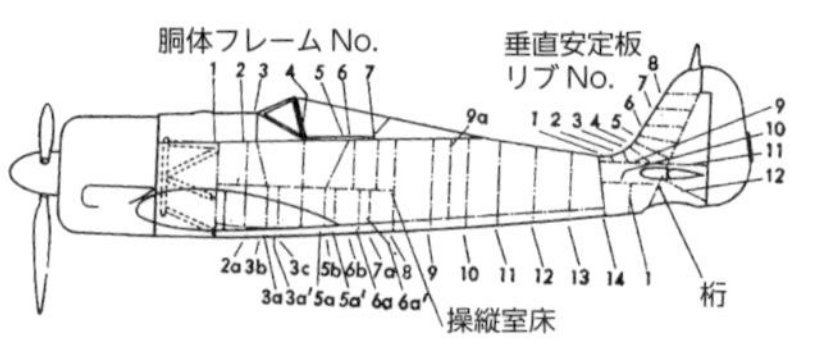

後方に292ℓ入の自動防漏式タンクが、それぞれ4本ずつの布製ベルトで固定されていた。このタンク室下面の外板は、内側に細かい補強材を縦横に張り付けた一枚板となってネジ止めされており、Fシリーズ各型は、パネルの厚さを5㎜厚として装甲板の役目を兼ねていた他、さらに後方タンク直後に8㎜厚の防弾鋼板を追加していた。

エンジン支持架を取り付ける第1隔壁は、横からみて下方まで一直線ではなく、操縦室の床を境に後方へズレており、主翼主桁に接続するようになっている。これは機体全体で最も負荷のかかる部分を1ヵ所に集中し、構造的に高い強度を保つようにしたためである。

第1隔壁から第3隔壁までの上部は平板で覆われ、MG17、またはMG131機銃の取付台となっていた。第3隔壁上部が、ちょうど前部固定風防正面下縁となり、この縁をヒンジにして、機銃点検パネルが後上方に開くようになっている。この機銃パネルは二重外

胴体主要パネル&カバー構造（A-1）

①エンジン補器類点検パネル、②機首上部MG17機銃カバー・パネル、③主翼付根内MG17機銃着脱/点検パネル、④胴体後部内点検パネル

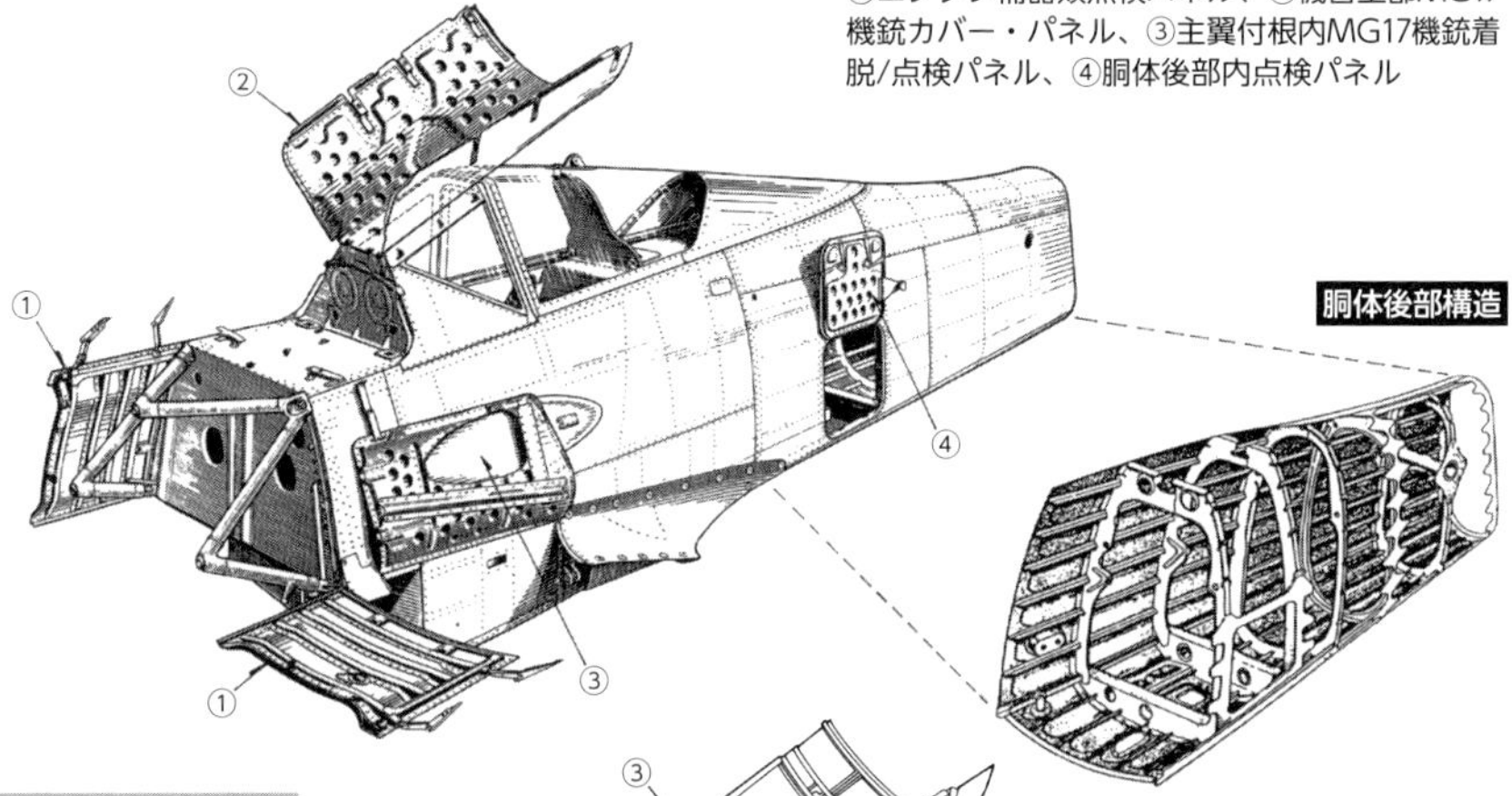

胴体主要パネル&カバー構造（A-8）

①主翼付根内MG151/20機銃着脱/点検パネル、②エンジン補器類点検パネル、③機首上部MG131機銃カバー・パネル、④胴体後部内点検パネル、⑤主翼付根フィレット、⑥燃料タンク着脱パネル

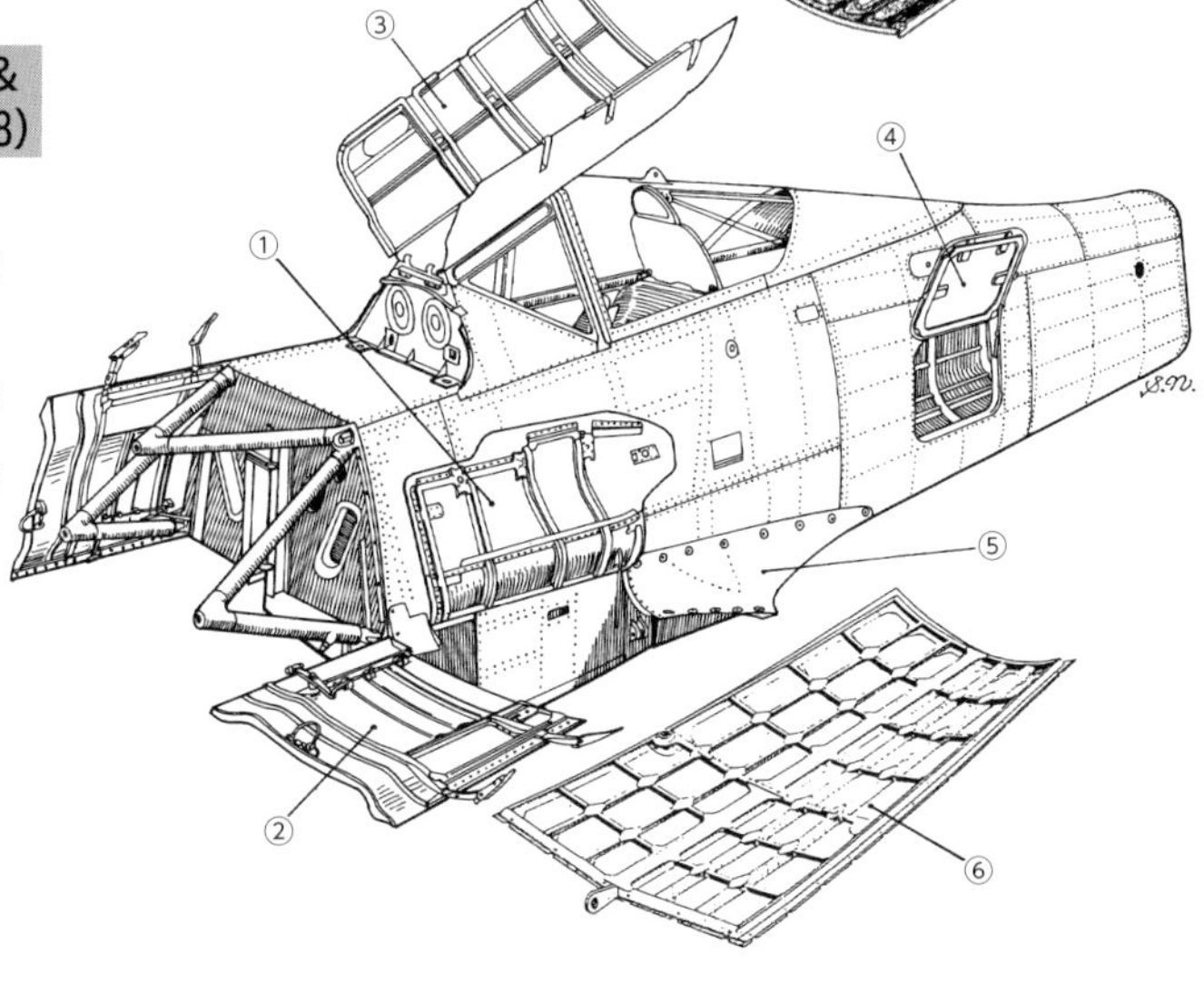

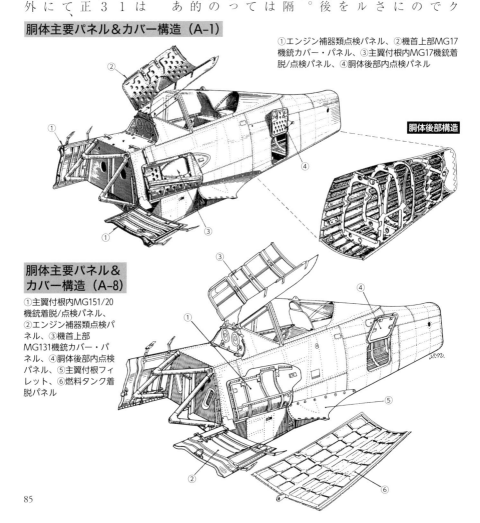

皮構造となっており、内側の多数のくぼみにリベットを打って2枚の外皮を止めていた。MG131機銃に換装したA－7以降は、内側構造も変更された。

第3～4隔壁間上方が前部固定風防フレームの取付部となっており、後方縦フレームは転覆時のパイロット保護用ロール・バーを兼ねるため、とくに強固なフレームとなっている。

エンジン支持架の側面に取り付けられた大きなパネルは、エンジン冷却空気排出スリット（A－4後期型から流量調節用のシャッター付となる）が開けられ、下縁を基点にして外側に開き、整備時の足場を兼ねた。

下部主縦通材の外側には、主翼付根に装備されたMG17（A－0～A－1まで）、MG151／20の点検パネルが取り付けられ、胴体側縁を基点に、ヒンジで上方に開く。その後方には着脱式主翼付根フィレットがネジ止めされた。

後部胴体は、通常のセミ・モノコック（半張殻）式構造で、左側には無線機その他装備品を点検するための大きな方形パネル（上縁を基点に上方へ開く）が設けられていた。A－5以降はやや大型化し、形が長方形に変わって取付位置も上方へ移動している。

A－8以降では、後部胴体第8～9隔壁間内部に、115ℓ入の増設タンクを装備するようになったため、直下の外板に着脱用パネルが追加された他、同部分の内部骨組みが若干変更された。

増設タンクの追加により、従来この位置にあった無線機類が前方へ移動し、新たに前部胴体第6～8隔壁間上部右側に点検ハッチが新設された。

第12隔壁には、飛行中の負圧によって、尾脚収納口などからエンジン排気ガスが操縦室に入り込まないよう、アセテート製の布製仕切りが張ってある。方向舵、昇降舵の作動用ロッドは、この布製仕切りに付けられたゴム・カラー部分を貫通する。

第13隔壁には、整備時のリフト・バーを差し込むパイプが、左右方向に通

胴体内部構造配置図（A-1）

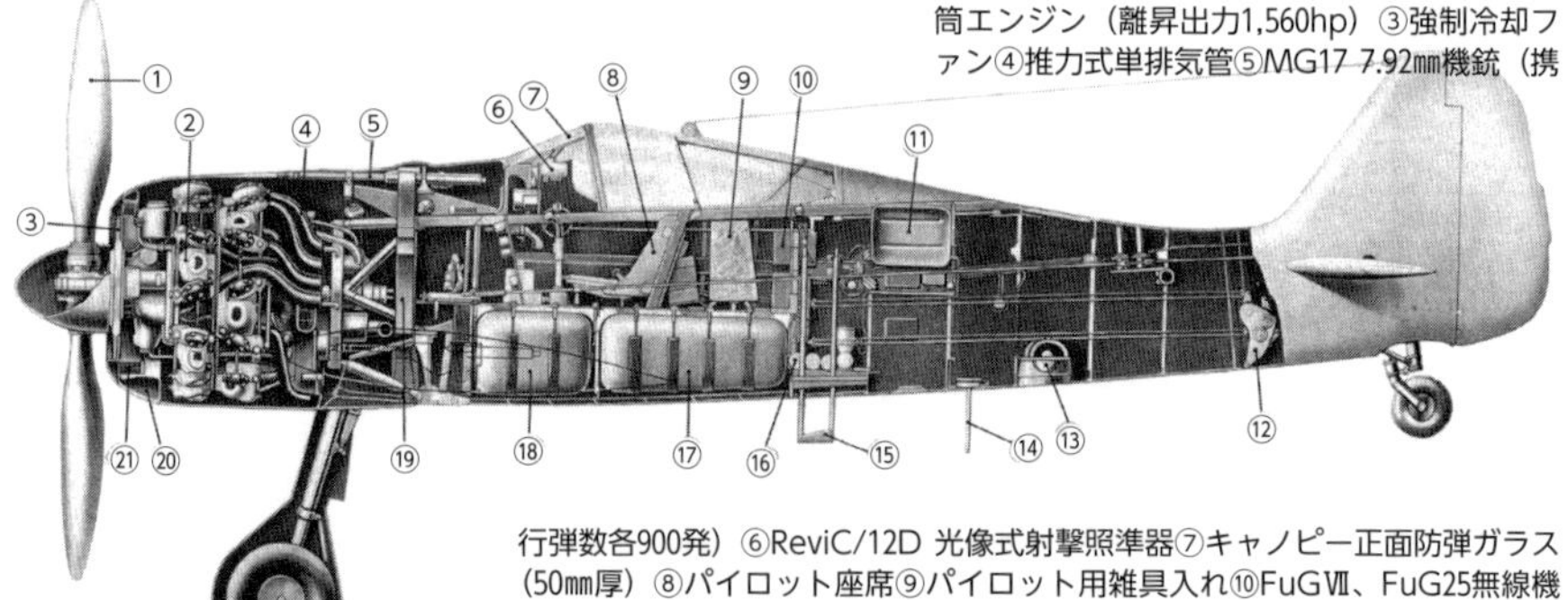

①VDM 9-12176A 金属製定速可変ピッチ式3翅プロペラ②BMW801C-1空冷星型複列14気筒エンジン（離昇出力1,560hp）③強制冷却ファン④推力式単排気管⑤MG17 7.92㎜機銃（携行弾数各900発）⑥ReviC/12D 光像式射撃照準器⑦キャノピー正面防弾ガラス（50㎜厚）⑧パイロット座席⑨パイロット用雑具入れ⑩FuGⅦ、FuG25無線機セット⑪胴体内点検パネル（開状態を示す）⑫昇降舵差動装置⑬マスター・コンパス⑭FuG25 IFF用ロッド・アンテナ⑮乗降用足掛⑯圧搾酸素ボトル⑰後方燃料タンク（292ℓ）⑱前方燃料タンク（232ℓ）⑲MG17 7.92㎜機銃用弾倉⑳環状潤滑油タンク（55ℓ）㉑環状潤滑油冷却器

胴体内部構造配置図（A-8）

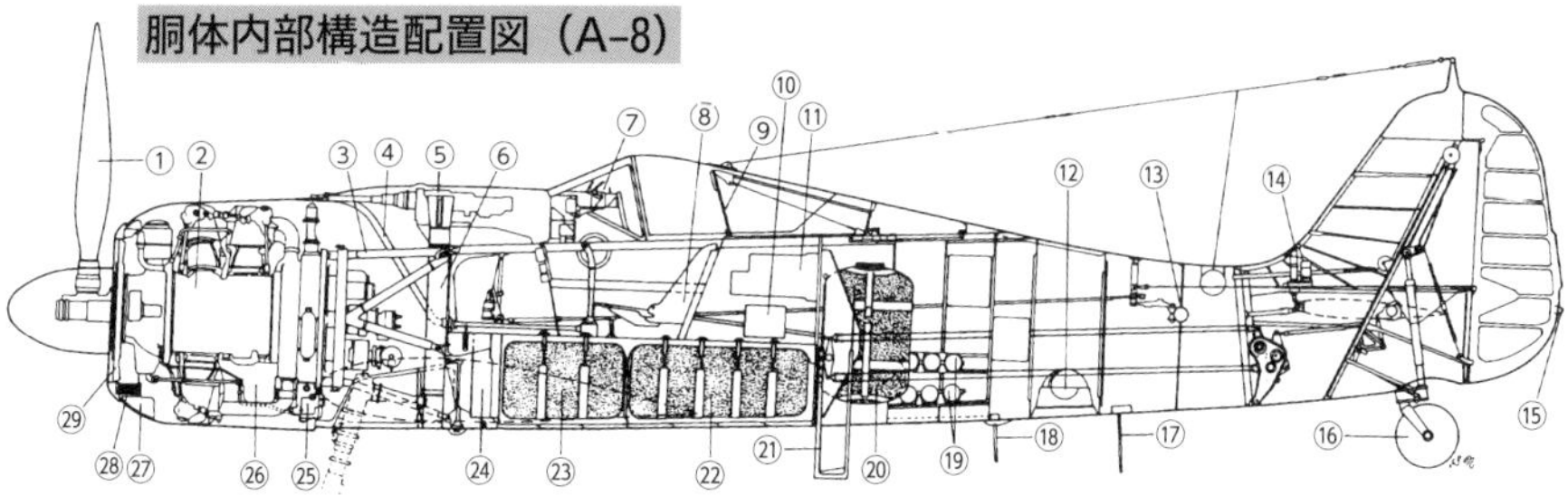

①VDM 9 -12176A金属製定速可変ピッチ3翅プロペラ（直径3.30m）
②BMW801D-2空冷星型複列14気筒エンジン（1,700hp）
③エンジン支持架
④コクピット内空気取入管
⑤ラインメタル・ボルジヒ社製MG131 13㎜機銃
⑥MG131用弾倉（475発入）
⑦Revi16B光像式射撃照準器
⑧パイロット座席
⑨パイロット頭部防弾鋼板（12㎜厚）
⑩FuG16ZY用変圧器
⑪FuG16ZY用送受信器
⑫マスター・コンパス
⑬整備用リフト・バー差し込み口
⑭水平尾翼取付角度変更用作動モーター
⑮尾灯
⑯尾輪（350×135㎜サイズ）
⑰FuG25a IFF無線機用ロッド・アンテナ
⑱FuG16ZY用D/Fループ・アンテナ
⑲圧搾酸素ボトル
⑳燃料、もしくはパワー・ブーストシステム用亜酸化窒素/水メタノール液タンク
㉑引込式乗降ステップ
㉒胴体内後方燃料タンク（292ℓ入）
㉓胴体内前方燃料タンク（232ℓ入）
㉔主翼付根MG151/20 20㎜機関銃用弾倉（250発入）
㉕潤滑油ポンプ
㉖潤滑油溜
㉗環状潤滑油タンク
㉘環状潤滑油冷却器
㉙強制冷却ファン

胴体内主要装備品（A-8）

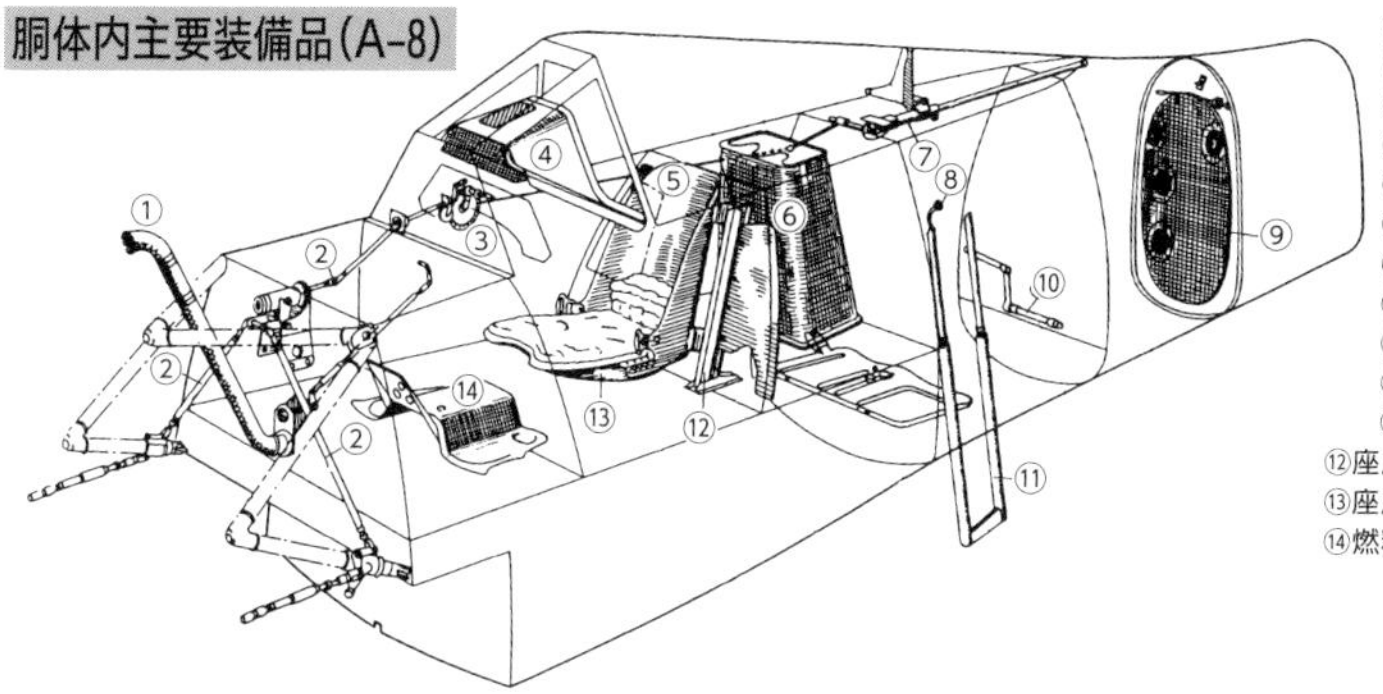

①コクピット内外気取入管
②冷却フラップ作動ギア
③スライド風防作動装置
④主計器板覆
⑤座席背部装甲板
⑥パイロット用雑具入
⑦スライド風防飛散装置
⑧乗降ステップ引出しボタン
⑨布製パネル
⑩エンジン始動クランク棒
⑪乗降ステップ
⑫座席上、下移動調節ガイド
⑬座席パン&クッション
⑭燃料タンク・カバー・プレート

カバー&パネル（A-8）

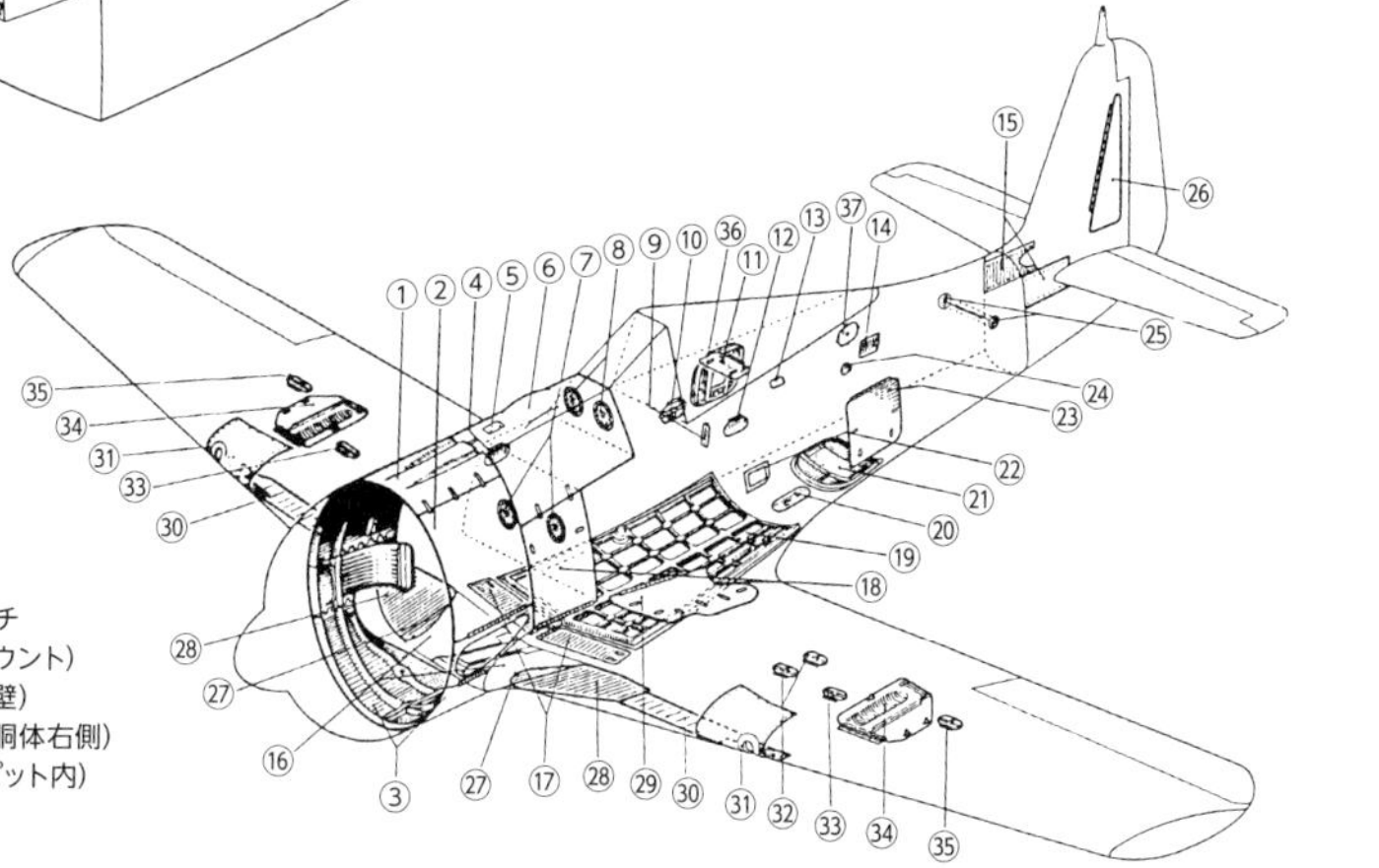

①カウリング上面パネル
②カウリング側面パネル
③カウリング下面パネル
④胴体内前方燃料タンク注入口（胴体右側）
⑤機首上部機銃点検ハッチ
⑥機首上部機銃覆
⑦第1隔壁方向舵ペダル点検ハッチ
⑧機銃着脱用ハッチ（固定風防マウント）
⑨動翼固定索挿入ハッチ（第5隔壁）
⑩胴体内後方燃料タンク注入口（胴体右側）
⑪パイロット用雑具入れ扉（コクピット内）
⑫圧搾酸素注入口（胴体右側）
⑬手掛カバー（胴体左側）
⑭緊急装備品収納扉（胴体右側）
⑮水平尾翼着脱カバー（両側）
⑯主車輪カバー
⑰主翼付根MG151/20 20㎜弾倉着脱カバー
⑱エンジン補器類点検カバー（両側）
⑲胴体内燃料タンク着脱カバー
⑳各種装備品凹カバー（胴体下面）
㉑胴体内増設タンク着脱カバー
㉒乗降用足掛・カバー（胴体左側）
㉓胴体内部点検パネル（胴体左側）
㉔外部電源接続口（胴体右側）
㉕リフト・バー差込チューブ
㉖尾脚、水平尾翼点検ハッチ（左側のみ）
㉗主脚カバー下部追加フェアリング（ETC501装着時状態）
㉘主脚カバー下部
㉙主翼付根MG151/20 20㎜機関銃用着脱/点検パネル（主翼上面両側）
㉚主脚カバー上部
㉛主翼前縁中央部フェアリング
㉜フラップ作動モーター点検ハッチ（下面）
㉝主脚、および外翼武装カートリッジ・ケーシング着脱ハッチ（下面）
㉞外翼武装着脱、点検ハッチ（下面）
㉟補助翼点検ハッチ（下面）
㊱無線機点検ハッチ（胴体右側）
㊲胴体内増設タンク注入口（胴体左側）

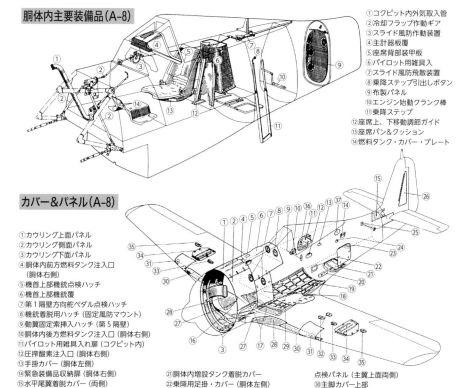

主翼構成(A-8)

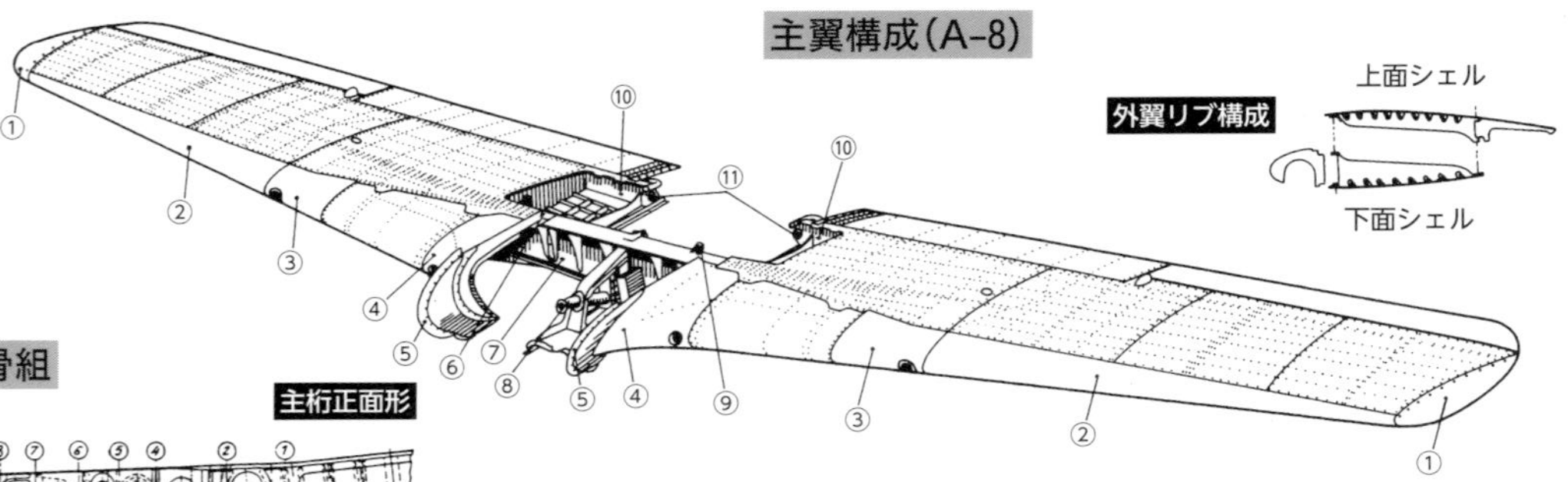

①翼端パネル
②前縁外翼部
③前縁中央部
④前縁内翼部
⑤カウリング接続部スペーサー
⑥主翼取付部(前方右側)
⑦主桁
⑧エンジン下部支持架取付部
⑨主翼取付部(前方左側)
⑩後桁
⑪主翼取付部(後方)

外翼リブ構成

上面シェル
下面シェル

主翼骨組

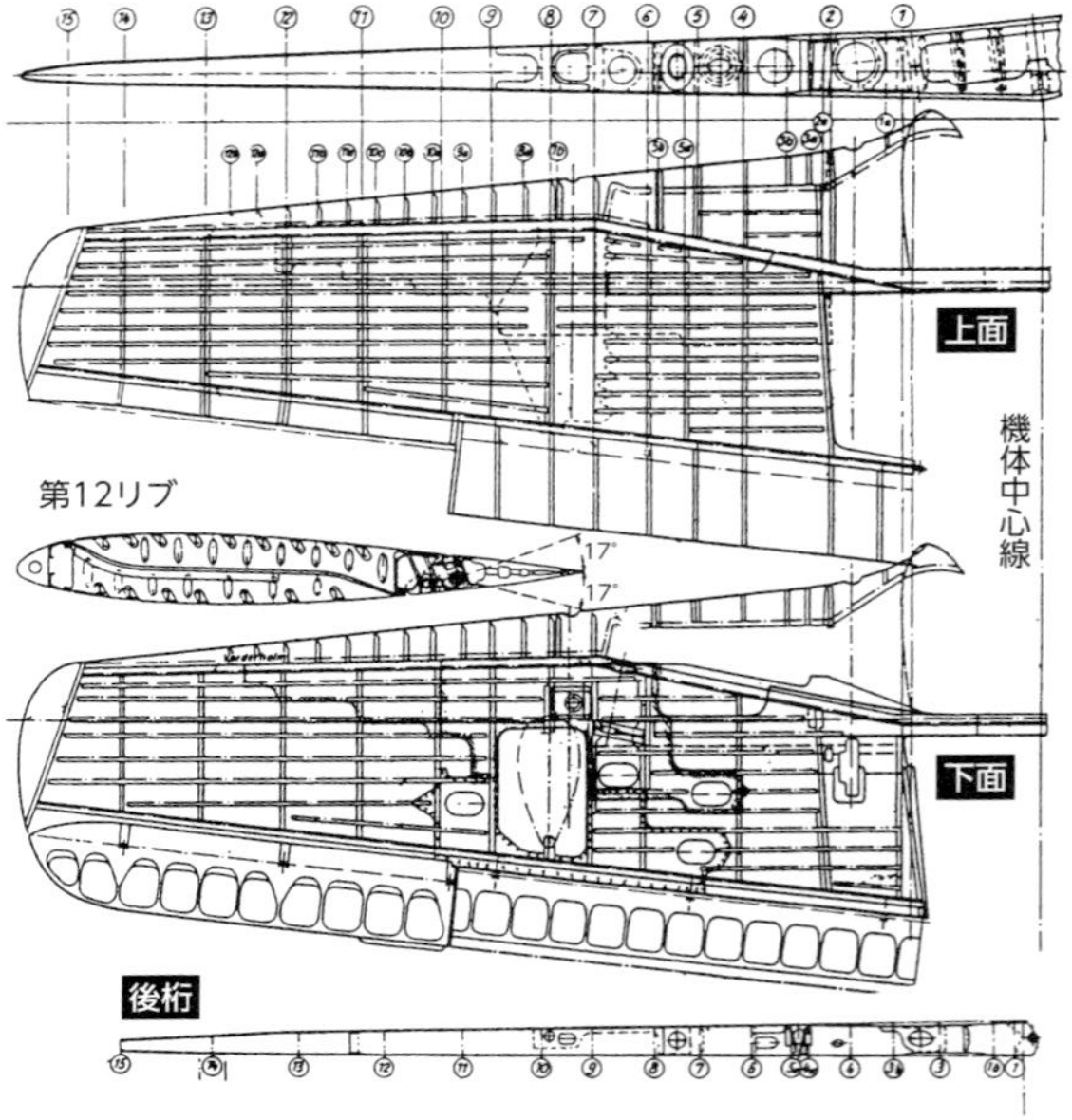

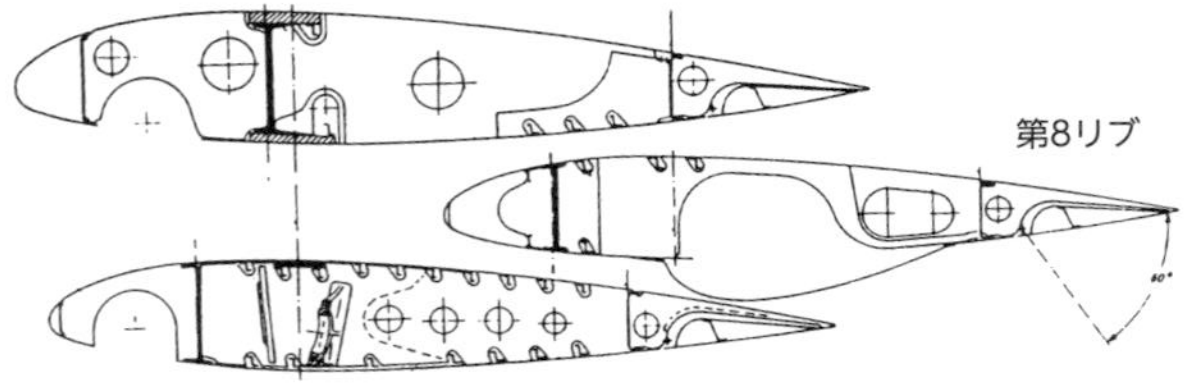

左補助翼骨組(A-5)

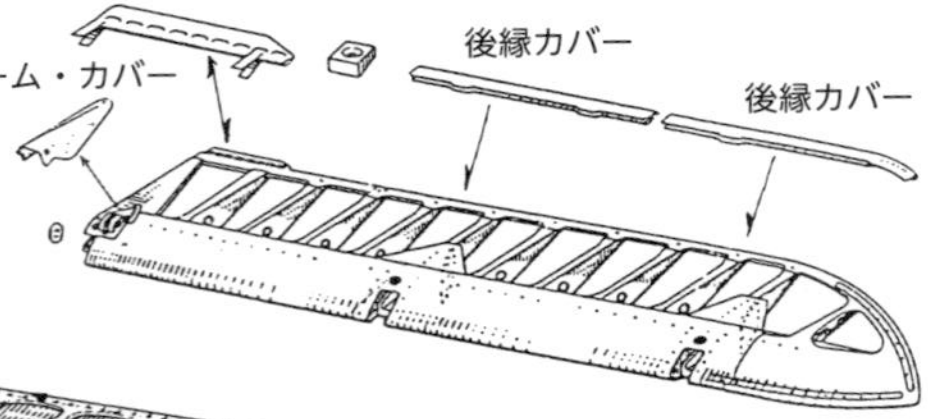

着陸フラップ骨組図

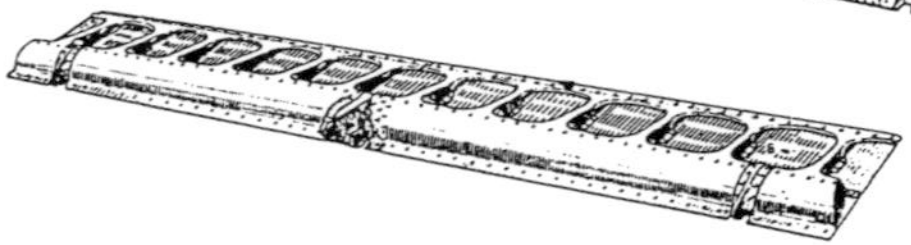

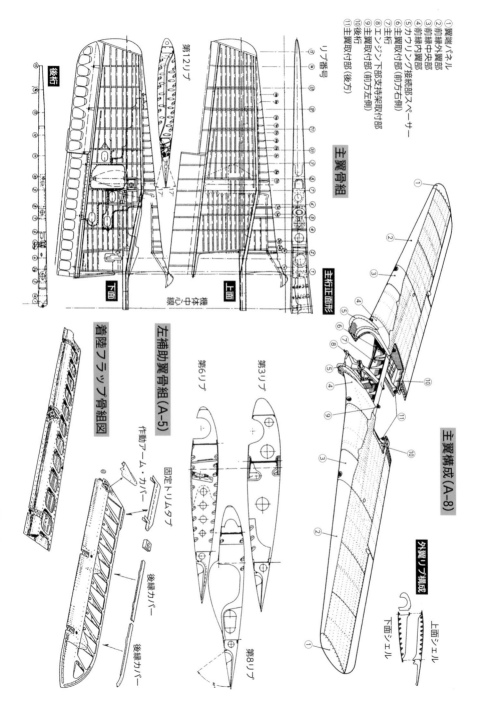

してある。

胴体の平面形は、前方から後方にかけて一直線に絞ってあり、プロペラ後流の収縮性を考慮に入れた空力的に優れた設計であった。

●主翼

主翼も、タンク技師のコンセプトを強く反映した独特の構造、組立法を採用している。通常の機体のように主桁、後桁を中心に縦通材、リブを配し、これに外鈑をリベット止めしてゆく方法ではなく、上、下に分割して製作し、これを〝モナカ〟の皮をつなぐように接合した。

すなわち、主翼の本体は左、右一体の主桁に下面外皮と縦通材、リブを一体とした〝皮〟を取り付けておき、これに同じく縦通材、リブを一体とした上面外皮を接合する。

主桁は、前述のように中央部がエンジン支持架を兼ねる胴体第1隔壁に結合するほか、機銃、主脚の取付架を兼ねるため特に頑丈に作られ、中央部は3枚の垂直板を合わせた三重ウェブ（桁腹）、主脚収納部を避けるために前方へ14度屈折した部分（機銃、主脚収納装置が付く）は2枚合わせの二重ウェブ、外翼部が一枚ウェブとなっている。

上、下分割構造故にリブもちょっと変わっており、上、下面外皮に接するのは片翼5枚だけで、他は上、下とも波状に分割された〝フローティング・リブ〟の形状となっている。

主桁が主翼強度の大部分を負うため、後桁は実質的に補助桁の役目をするだけである。したがって、1枚ウェブの簡単な造りで、胴体側面にボルト止めされた。

主桁中央部の前面には、エンジン下部補助支持架を取り付るための、補強材がボルト止めされており、主脚収納内部を下から見上げると、この斜支柱がむき出しに見える。

こうして組み上がった本体に、内翼部、中央部、外翼部の前縁カバー、翼端部を取り付ければ主翼は完成する。これらのカバーはネジ止めされているので、損傷した際にも簡単に交換修理できた。

フリーズ式の補助翼は、桁を境いにして前方が金属骨組に金属外皮、後方が金属骨組みに羽布張り構造となっている。3ヵ所で外翼後縁に取り付けられた。運動角は上、下に17度。

フラップは上、下2枚の金属パネルから成り、上面はリブをよけて、くり抜き穴が開口しているが、下面は面一である。やはり3ヵ所で内翼後縁に取り付けられる。注意すべき点として、中央取り付け部のアームに、0～60度までの目盛りを記した弓状パネルが張ってあり、主翼上面外皮に開口した小さな穴（ガラス張り）から、操縦室内のパイロットが、フラップ開度を視認できるようになっていた。

●尾部

胴体尾部ユニットと一体化された垂直安定板は、後方に傾いた1本の桁に12本のリブを配した骨組みと、左右、上下、前縁、上端の6枚の外板から成り、左側上部外板のみ、三角形の整備点検パネルが付けられている。ユニット前端の隔壁フランジが、後部胴体第14隔壁にリベット止めで結合された。

尾部ユニット内部には、昇降舵差動装置、水平安定板トリム変更用電動モーター、尾脚などが取り付けられる。

水平安定板は左、右一体構造で、トリム変更が可能なため、垂直尾翼とは別に独立して組み立てられた。このトリム変更装置は、今日のオール・フライングテイルの元祖のようなもので、当時の他国機にはみられない優れた着想でもあった。

方向舵の形状は、全型式を通じて同じだったが、A－4までと、それ以降の型では内部リブ配置が異なった。後縁下方に固定トリム・タブ、尾灯が付く。

〔エンジン〕

Fw190A／F／Gが搭載したBMW801系空冷エンジンは、第二次世界大戦期において、ドイツが所有し得た唯一の実用高出力空冷エンジンで

尾部ユニット構成
(A-4～A-9、F-1～F-8、G-1～G-8)

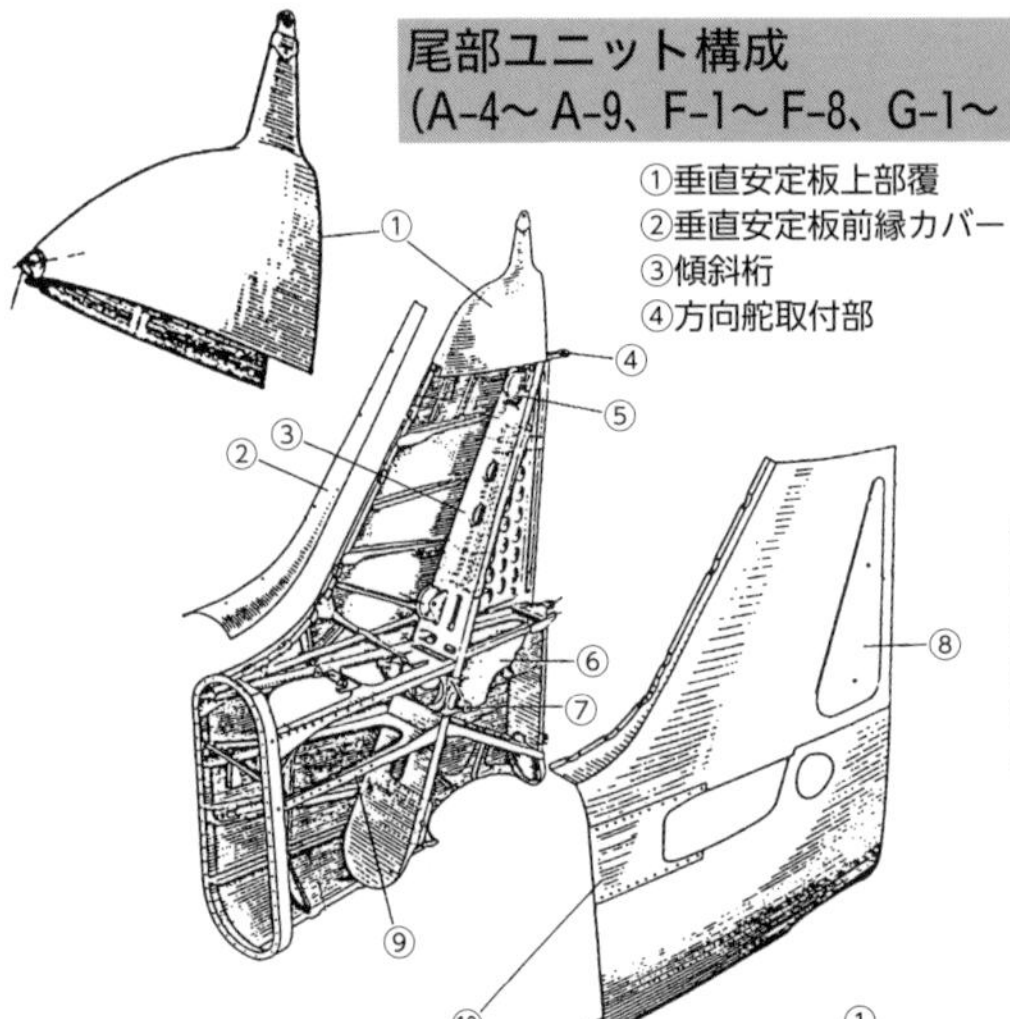

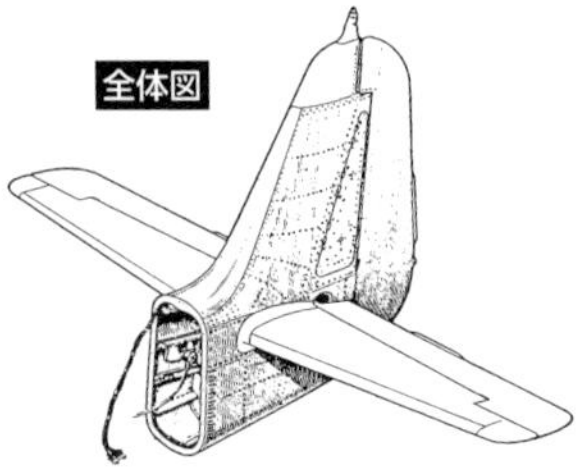

①垂直安定板上部覆
②垂直安定板前縁カバー
③傾斜桁
④方向舵取付部
⑤尾脚引上げ索用滑車
⑥防塵カフス（布製）
⑦水平安定板回転軸受
⑧点検パネル
⑨水平尾翼着脱カバー取付リブ
⑩水平尾翼着脱カバー

尾部ユニット内部配置

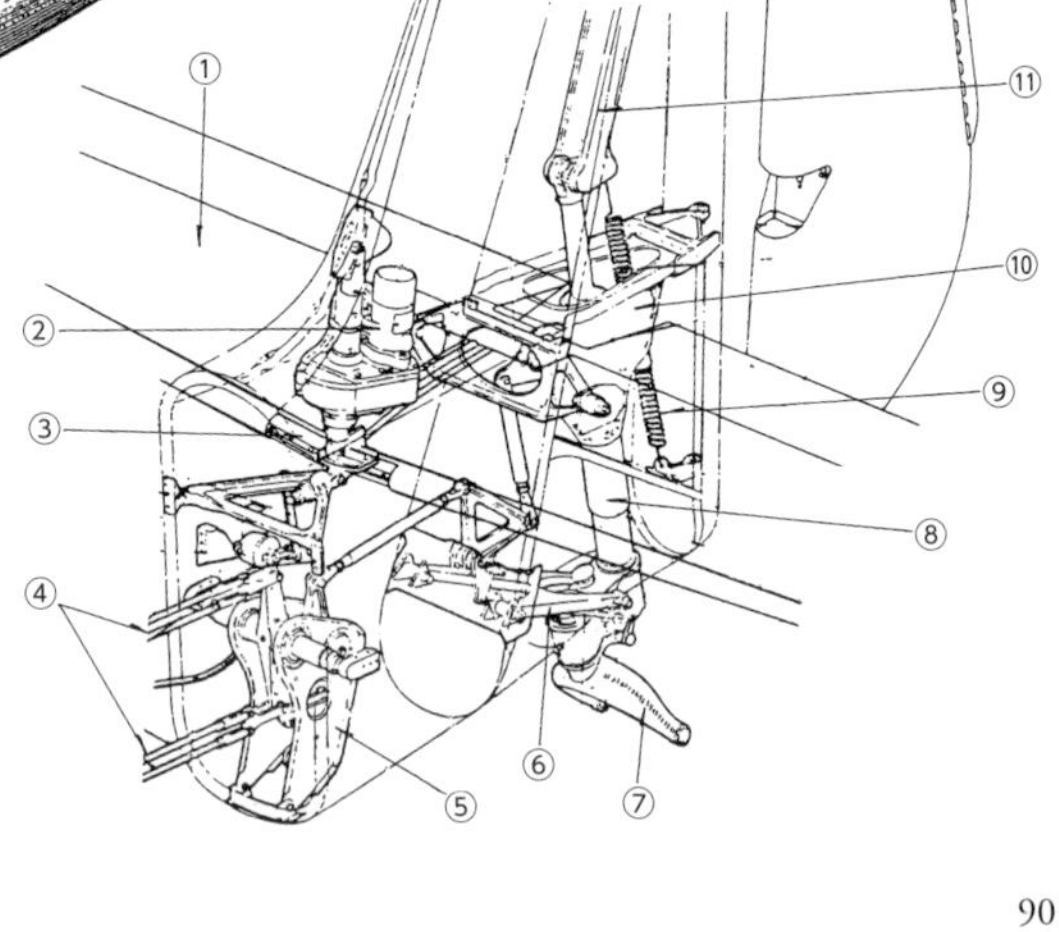

①水平安定板②水平安定板角度変更用電動モーター③水平安定板取付金具④昇降舵作動ロッド⑤昇降舵差動装置⑥ドラグ・ヨーク⑦尾輪フォーク⑧尾輪緩衝支柱⑨尾脚下げテンション・スプリング⑩防塵カフス（布製）⑪尾脚緩衝支柱ガイド・レール

水平尾翼角度変更範囲表示

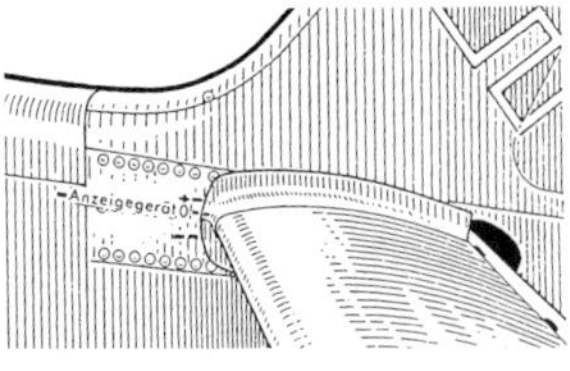

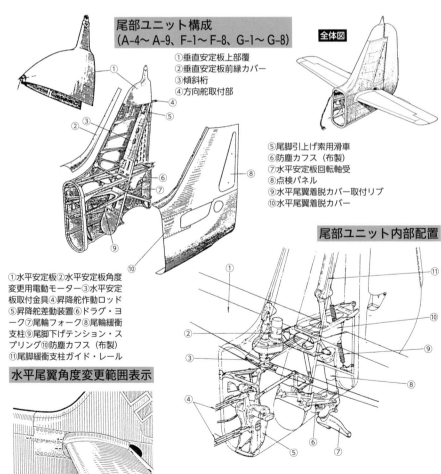

ある。メーカーのBMW社―Bayerische Motoren Werkeは、戦前よりアメリカ・プラット&ホイットニー社の、〝ホーネット〟エンジン（9気筒）をライセンス生産しており、これに独自の設計を加えて完成したのが、Ju52なども搭載したBMW132各型（600～800hp）である。

原型機Fw190V1、V2が搭載したBMW139は、このBMW132を複列化したもので、18気筒ということもあって各シリンダーの間隔が密になり、冷却に問題を残していた。

そこで、気筒数を前、後7気筒ずつの14気筒複列にして冷却を容易にした、新型BMW801Cが完成したことにより、Fw190はようやく実用化への目処が立ったわけである。

BMW801は、ボア（内径）&ストローク（行程）がともに156㎜のスクエア・タイプ・シリンダーを有し、総容積は41.8ℓ。ドイツ得意の直接燃料噴射装置付のため、通常エンジン

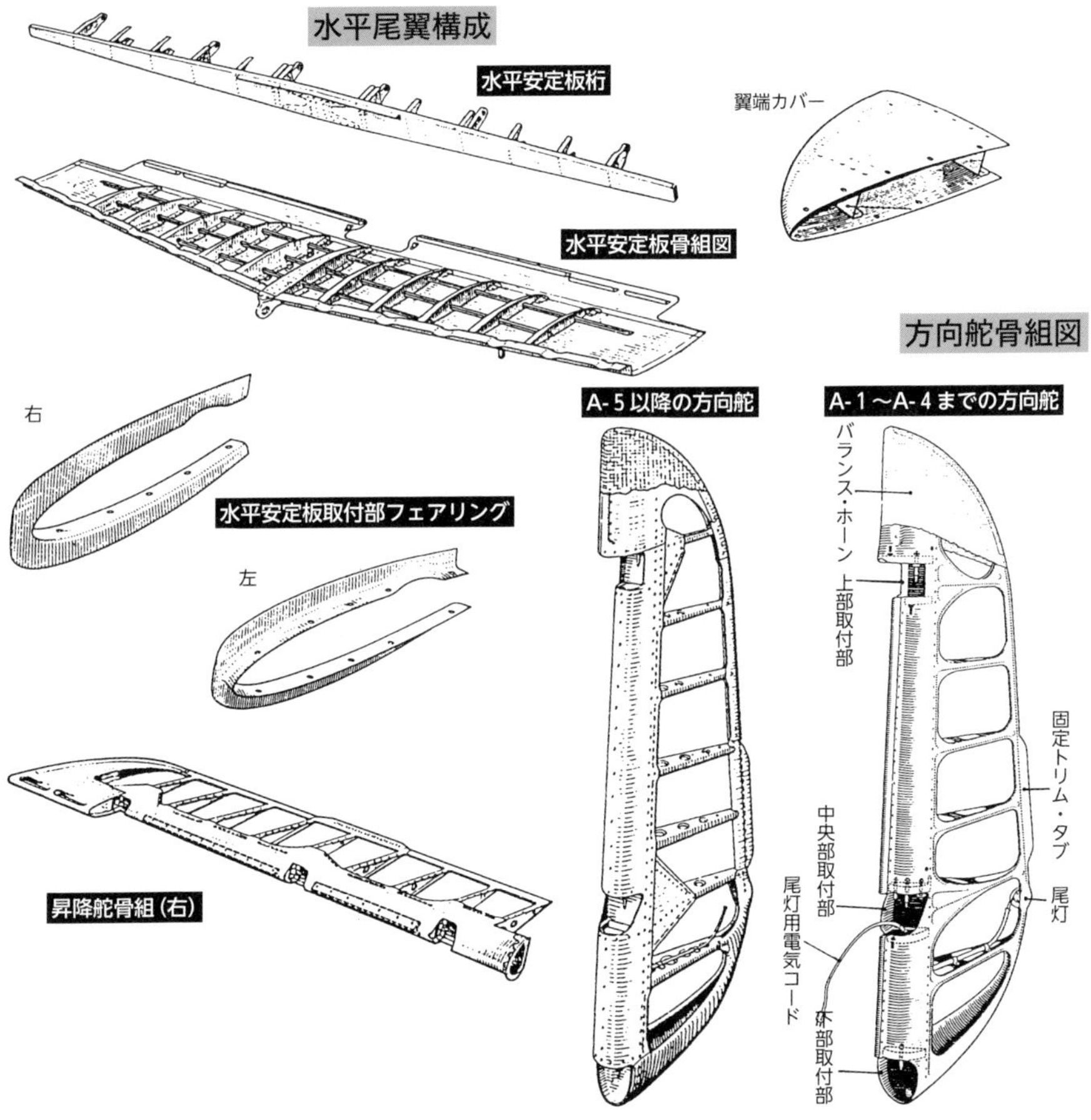

BMW801外観（左側面）

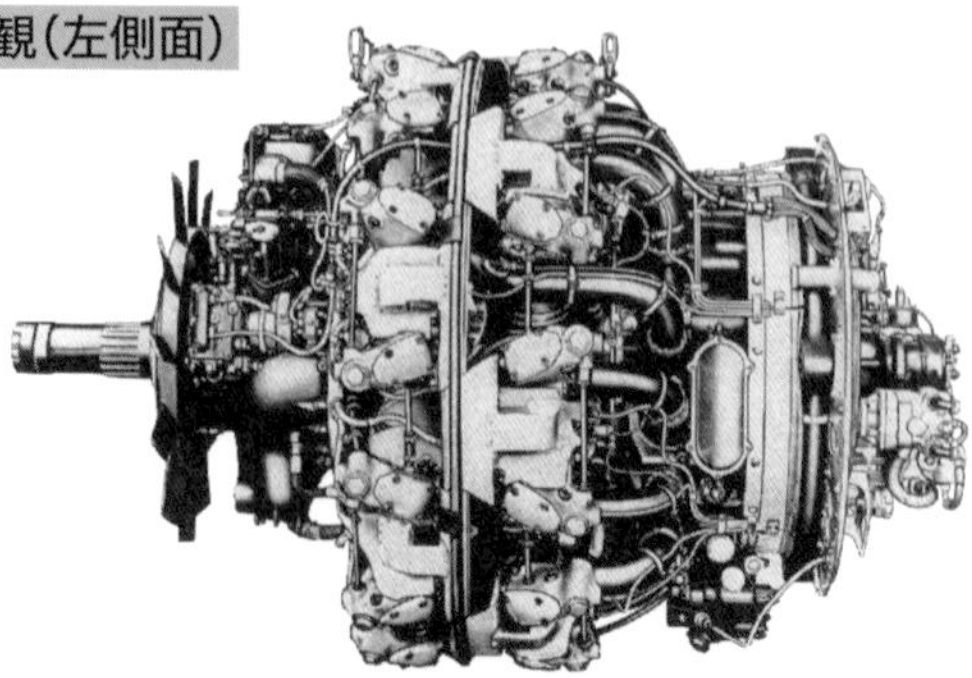

BMW801D-2エンジン諸元

型　　式	空冷複列14気筒
出　　力	1,700hp
気筒総容積	41.8ℓ
ボ　　ア	156mm
ストローク	156mm
圧 縮 比	7.22：1
使 用 燃 料	C 3 （100オクタン）
弁 型 式	単給気/単排気（各気筒とも）
点 火 装 置	ボッシュ社製ZM14磁気発電機
点火プラグ	ボッシュ社製DW240 ET7またはジーメンス35FU14（各気筒につき 2 個ずつ）

本 体 重 量	1,342kg
プロペラ重量	177kg
装甲リング重量	144kg
カウリング重量	45kg
強制冷却ファン重量	9.3kg
計	1,687.3kg

BMW801　後面

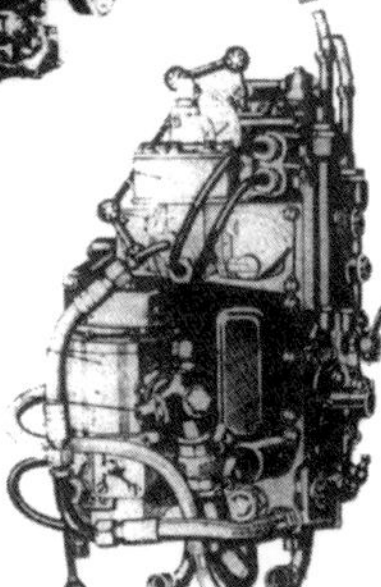

Komm andgeräte

BMW801内部構造

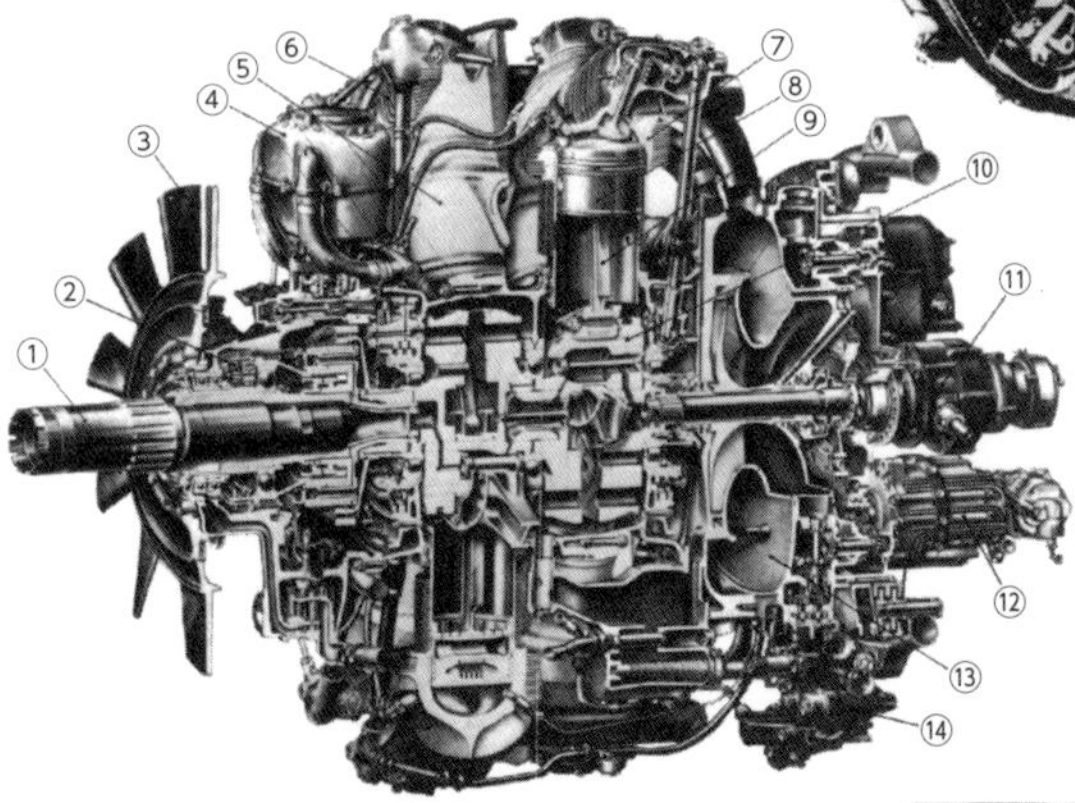

①プロペラ軸②減速歯車室③強制冷却ファン④磁石発電機⑤導風板⑥前列シリンダー⑦後列シリンダー⑧ピストン⑨接合棒⑩クランク軸⑪エンジン始動モーター⑫インジェクション・ポンプ⑬過給器空気取入口⑭潤滑油ポンプ

Fw190A-0の機体への結合作業中のBMW801C-1エンジン。ユニット交換式の状況がよくわかる。

潤滑油冷却空気の流路（カウリング先端内部）

カウリング前面開口部から入った冷却空気は、冷却器コアの後方から前方に向けて流れ、先端の重ね合った装甲リング板の隙間から、外部へと放出される凝った仕組み。

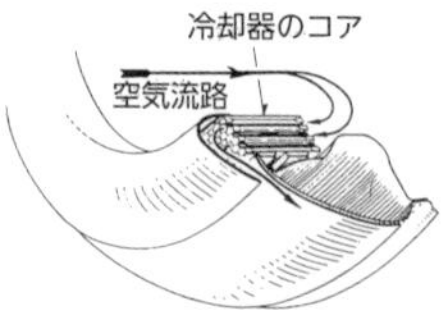

のような気化器はない。圧縮比はC－2が6．5対1、D－2が7．22対1で、出力はそれぞれ1，600、1，700hpである。一段二速過給器を備え、空気取入口は、併載図のようにカウリング内左、右に開口し、エンジン本体の両側をダクトが通り、後部左、右から過給器に吸入される。使用燃料はC－2が87オクタンのB－4、D－2が100オクタンのC－3を標準とした。

BMW801D－2の離昇出力1，700hpを、シリンダー総容積41．8ℓで割ると1ℓあたりのパワーは42．4hpとなり、当時の日、米同級エンジンに比較すると低い。言い換えれば、それだけ余裕のある設計といえる。

冷却効率を高めるために、本体前面に強制冷却ファンを備えたのは、日本海軍の「雷電」などと同じで、C－2、D－2とも12枚羽根だった。

Fw190A、Fの後期型に搭載、あるいは試作されたBMW801TS、TU、F、Jなどの改良型が、C、Dとどのように異なるのか、圧縮比の違い以外は、資料がなく不詳。

注目すべき補器類としては、エンジン本体後部に取り付けられた〝Kommandgerät《コマンドゲレート》〟（集中制御装置）がある。通常、エンジンへの燃料流量調整、点火時期、プロペラ・ピッチ変更、過給器切換などの諸操作は、パイロットが各レバーによって行なうが、BMW801は、このKommandgerätによりすべてを自動的に行なった。したがって、パイロットは単にスロットル・レバーを前後に動かすだけで事足り、負担を大幅に軽減することに成功している。

もっとも、このKommandgerätも初期の頃はトラブル続きで、タンク技師から強い調子でクレームをつけられ、苦心の改

Kommandgerät
内部メカニズム

当時のこととて、IC回路などなく全てが歯車、バネなどで組み上げたアナログ装置だが、コンパクトなサイズの中にこれだけ精緻なメカニズムを詰め込んだ技術は、ドイツならではである。

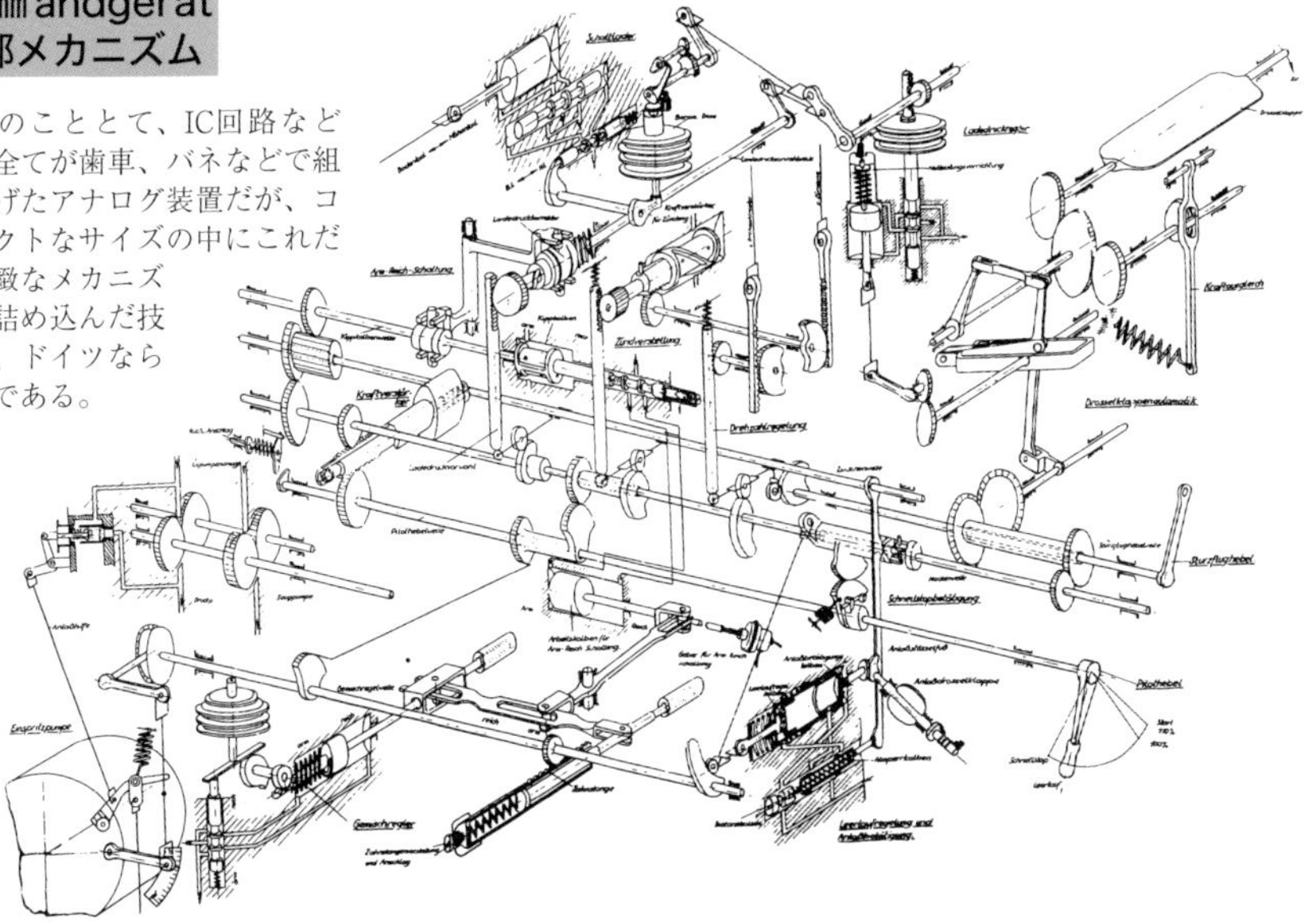

修のすえ、ようやく実用化にこぎつけたシロモノである。いずれにしろ、当時の他国では例がない優れた着想のエンジン補器だった。

エンジンは、〝Kommandgerät〟の作動油タンクを兼ねるマウント・リングと上、下支持架を介して胴体第1隔壁に取り付けられる。

排気管の処理は、わずかとはいえ速度性能に影響を与える重要なポイントであり、本機は14気筒のうち第1、2、3、4シリンダー分は右側面に、同14、13、12、11シリンダー分は左側に、それぞれ4本ずつ縦に並べて配置し8、9、10、7、5、6シリンダー分を下面に横に並べて配置した。このうち9、10シリンダー分は1本にまとめられており、排気管の数は気筒数より1本少ない13本。

排気管がまとめられた前記3ヵ所の外鈑には、くぼみがつけられて排気の流れがスムーズになるように配慮されている。

BMW801エンジンを包むカウリ

BMW801D-2リフト要領

→タンク技師の設計ポリシーを明確に表わすポイントのひとつが、エンジン交換を迅速に行なえる「ユニット式」にした点。これは潤滑油系統を全てカウリング内に組み込むという、優れた着想の賜だった。

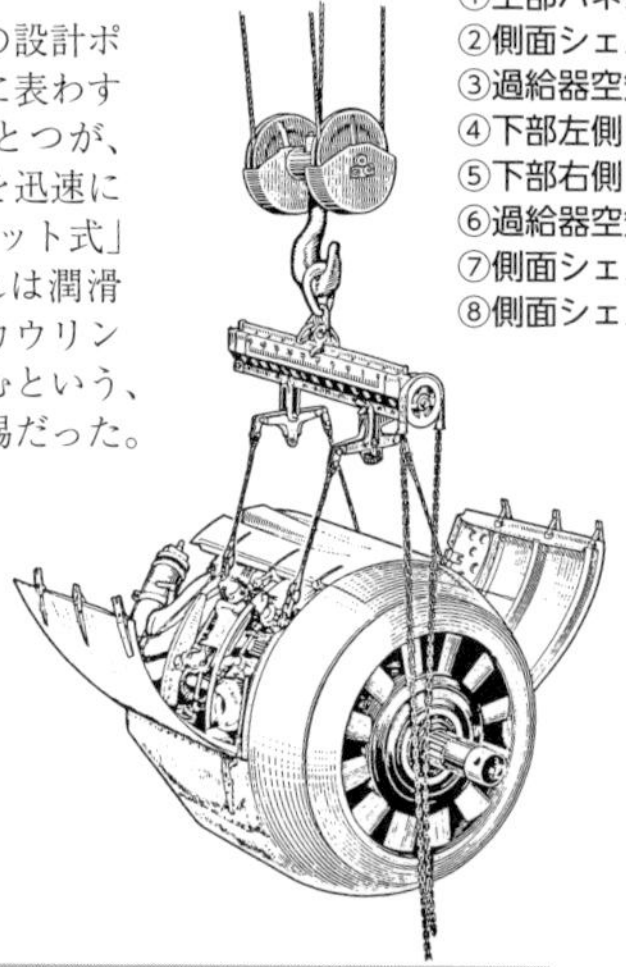

カウリング構成

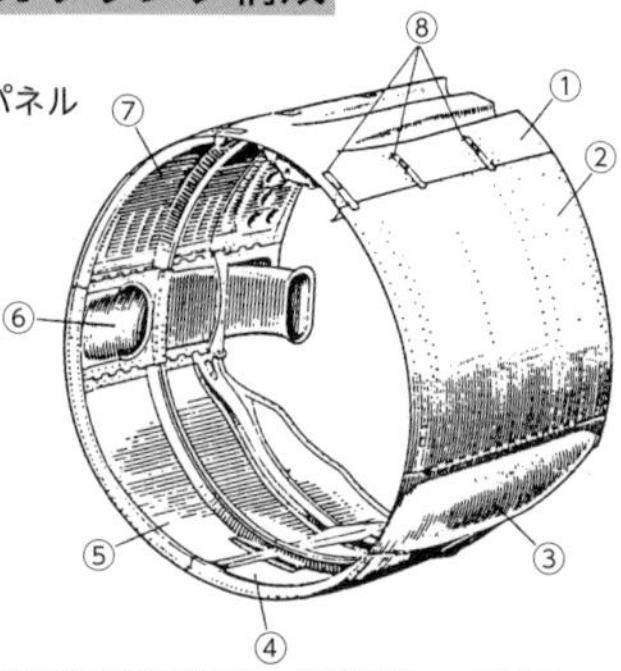

高高度用過給器空気取入口装備機

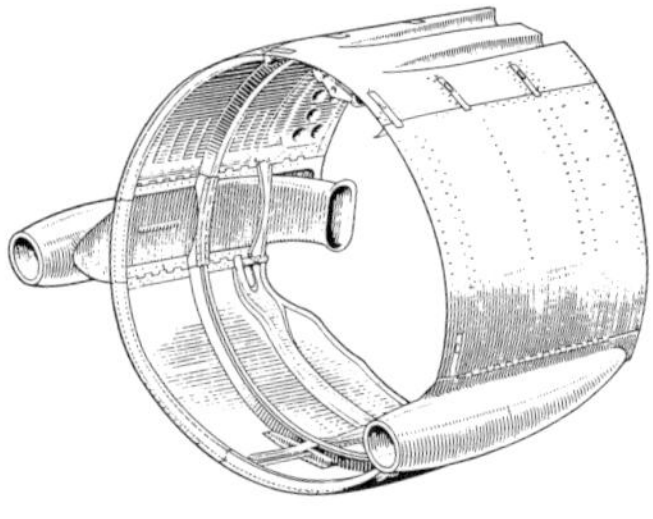

BMW801エンジンの排気管アレンジ

右側方排気管周囲

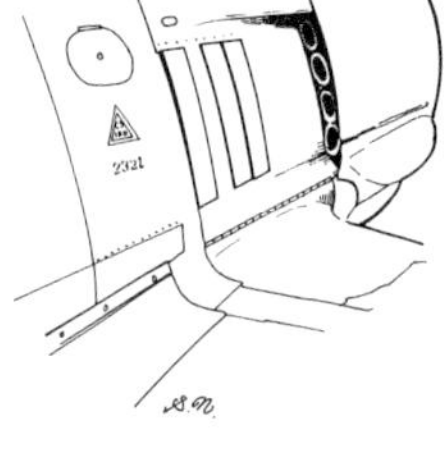

排気管配置（後方より見る）

※番号はシリンダー・ナンバー

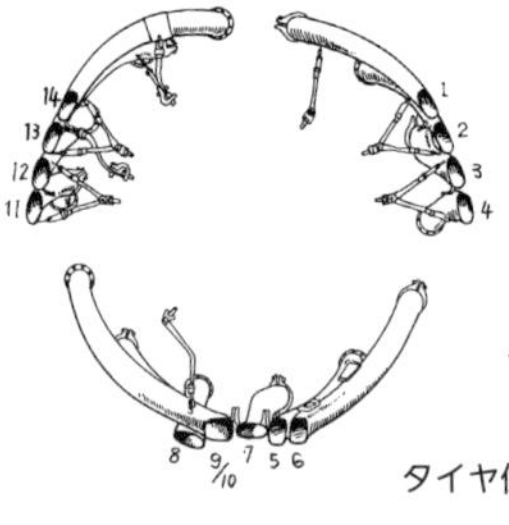

ETC501装備機の下方排気管周囲

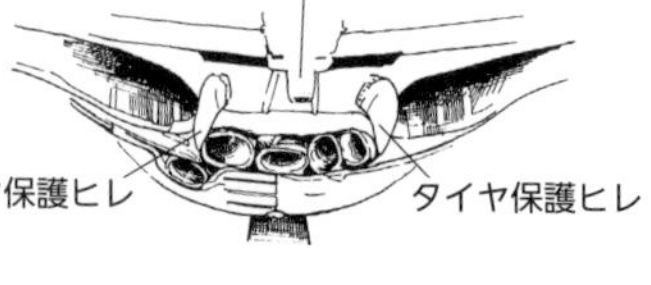

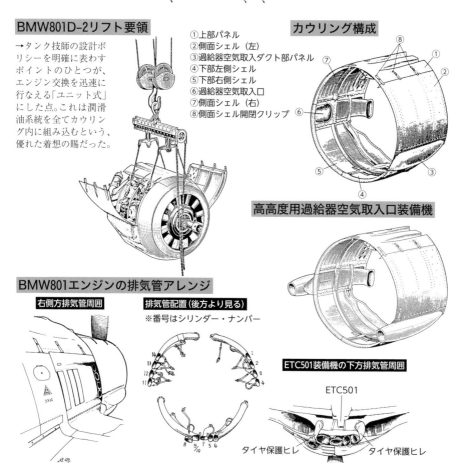

ングは、直径をギリギリに絞った真円断面で、先端部分は潤滑油タンクと同冷却器を組み込み、この部分の外鈑が5．5㎜厚の装甲板となっており、前面にはさらに6．5㎜厚の装甲リングを備えるなど、充分な防弾対策を施していた。

主要部は上面、左右側面、下面左右に5分割され、上面のみエンジン本体に固定され、側面の過給器空気取入ダクトのバルジ上、下のヒンジを基点にして、それぞれ3個のクリップを外して全開する。上部パネルには機首上部機銃の弾道用溝が設けられ、A－6までは、この上部パネルに側面パネルの開閉クリップ溝が付いていたが、A－7以降は側面パネル自体に付くように変更された。

各パネルは、他国機のそれに比較すると不必要なほど厚く、頑丈にできているが、これもタンク技師の主張を反映し、開時には整備員の足場を兼ね、なおかつ多少の衝撃にも耐えられるようにするためだった。

なお、ＢＭＷ８０１の弱点とされた高々度におけるパワー急低下を防ぐため、空気の希薄な高空で充分な量を取り入れるように、過給器空気取入口をカウリング外に設けた機体が、A－3／U7、およびA－5の一部に見られたが、広範には普及しなかった。

東部、地中海戦域など、未整備の飛行場で活動する際、土埃、砂塵を過給器から吸い込まぬよう、空気取入口に防塵フィルターを組み込んだ仕様の機体は、型式名に「Ｔｒｏｐ」の付号を付けた。このフィルターは常時使用するのではなく、空気取入口先端の弁を地上では閉じてフィルターを介して空気を取り入れ、上空にあがればその必要もないので、弁を開きフィルターを介さず、ストレートに空気を取り入れた。

前記したように、ＢＭＷ８０１系エンジンは、潤滑油タンク、同冷却器がカウリングに組み込んであるため、交換作業が迅速に行なえるのが特徴。これは「ユニット交換方式」と呼ばれ、

↑→土埃、砂塵などを吸い込まぬよう、過給器空気取入筒をカウリング両側面に設け、その内部に防塵フィルターを組み込んだTrop仕様。右写真の空気取入口内にシャッターが見えており、フィルターを使用しないときはこのように開き、使用の際は閉じて上写真の蛇腹状のフィルター部分から空気を取り入れた。

通常では困難な液冷エンジンへの換装が、容易に行なえたことも、他国の空冷エンジンには無い長所だった。

　ＢＭＷ８０１Ｃ／Ｄに組み合わされたプロペラは、Ａ－４までが金属製ＶＤＭ９－１２０６７Ａ　３翅（直径３．３００ｍ）、Ａ－５以降が同９－１２１７６Ａ　３翅（直径、形状ともにほぼ同じ）、減速比は１：０．54。Ａ－８／－９の後期、およびＢＭＷ８０１ＴＳ／ＴＵエンジンに換装したＦ－９は、プロペラを木製のＶＤＭ９－１２１５７Ｈ　３翅（直径３．５００ｍ）に組み換えた。

〔操縦室〕

　タンク技師、さらにはチーフ・テストパイロットのハンス・ザンダーのコンセプトが明快に表われ、機能的、且つ人間工学的にきわめて優れた仕上がりになったのが操縦室であろう。諸計器は、正面の上、下2枚のパネルに合理的に配置され（飛行関係は上方、動力関係は下方パネルに分けてある）。

↖↑Fw190A/F/Gシリーズ各型を通して用いられた、VDM社製の9-12067A、および9-12176Aと称した、金属製の可変ピッチ式プロペラ。上写真ではスピナーが外されており、複雑なハブまわりのディテールがよくわかる。上左写真では、手前に取り外されて裏返しに置かれており、スピナー基部の裏側が把握できる。ピッチの変更はコマンドゲレーテによる油圧を用いた自動制御の他、手動での電動油圧操作も可能。

←Fw190A-8,-9、F-8,-9の後期生産機が用いた、VDM社製9-12157H3と称した、木製の可変ピッチ式プロペラ。ブレード形状は金属製のそれと異なり幅も広く、ハブまわりの形状はまったく異なっている。

このメイン・パネルを覆うフードを貫いて、正面やや右寄りに射撃照準器（A－6まではRevi C12／D、それ以降はRevi16B）がセットされた。

　戦闘爆撃機、および戦闘偵察機型は、正面パネルの下方中央にそれぞれ爆弾投下スイッチ、カメラ操作スイッチを収めた追加パネルを取り付けた。

　左、右コンソールは、当時のレシプロ戦闘機とは思えないほど、スロットル・レバー以外、大きな突起物のない簡潔なレイアウトで、これは本機が各

Fw190A-3操縦室内全体

①エンジン始動およびタンク切換スイッチ、②FuGⅦ無線機音量調節＆スイッチ、③水平尾翼取付角度変更スイッチ、④"Kommandgerät"始動レバー、⑤水平尾翼取付角度表示計、⑥スロットル・レバー、⑦プロペラ・ピッチ手動変更スイッチ、⑧プロペラ・ピッチ手動、または自動選択スイッチ、⑨FuG25操作器、⑩ピトー管加熱表示計、⑪速度計、⑫各機銃弾残量ゲージ、⑬旋回計、⑭コンパス、⑮燃料＆潤滑油圧力計、⑯潤滑油温度計、⑰燃料切れ警告灯、⑱燃料計、⑲爆弾懸吊時ETC501接続線、⑳方向舵ペダル、㉑燃料タンク切替レバー、㉒電磁石スイッチ、㉓スロットル・レバー調節つまみ、㉔降着装置および着陸フラップ位置表示灯、㉕降着装置作動スイッチ、㉖着陸フラップ・スイッチ、㉗爆弾投下レバー、㉘MG17機銃サーキット・ブレーカー、㉙MG151/20機銃サーキット・ブレーカー、㉚航法灯、㉛主計器板照射灯、㉜ピトー管加熱スイッチ、㉝エンジン始動スイッチ・カバー、㉞発電機スイッチ、㉟マスター・スイッチ、㊱始動スイッチ・カバー、㊲～㊼配電盤カバー表示、㊽酸素吸引テスト・ボタン、㊾エンジン始動スイッチ、㊿無線機周波数選択スイッチ、51スライド風防飛散レバー、52スライド風防開閉ハンドル

Fw190A-3操縦室正面、および左サイド・コンソール

Fw190A-3操縦室右サイド・コンソール

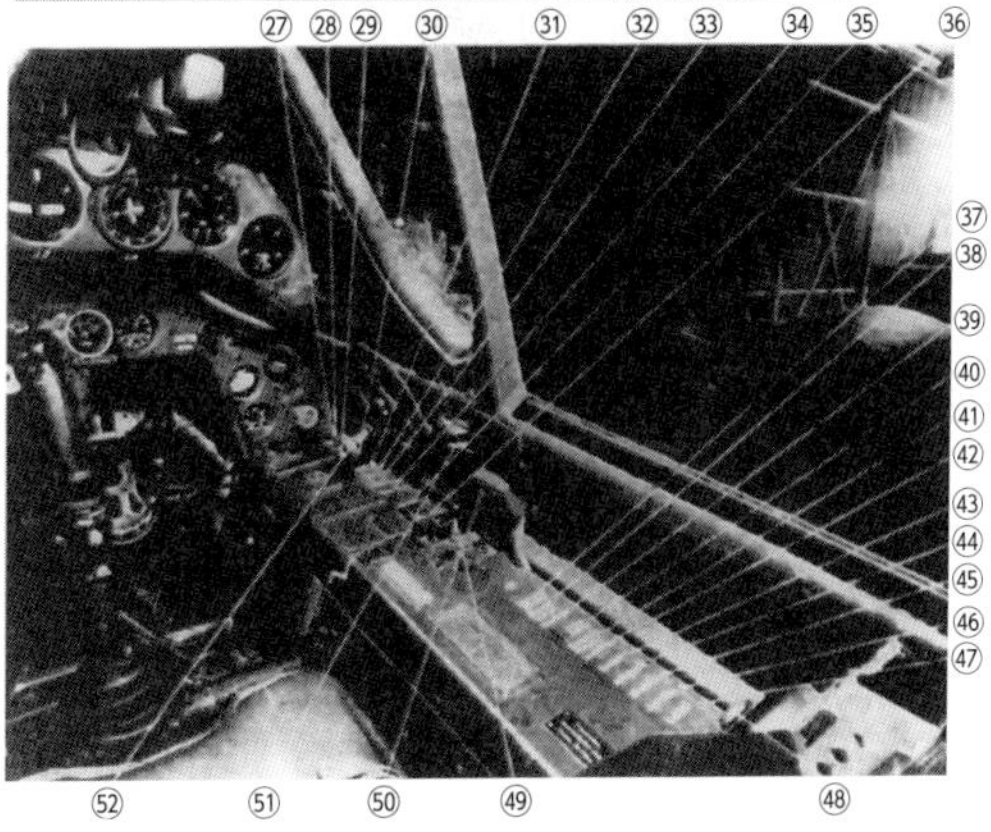

Fw190A-8の操縦室

①ヘッドホン接続部
②燃料ポンプ操作ハンドル
③音量調整およびスイッチ(FuG16ZY)
④受信機用ダイヤル調節つまみ(FuG16ZY)
⑤周波数調節つまみ(FuG16ZY)
⑥方向探知機スイッチ(FuG16ZY)
⑦水平尾翼角度調節スイッチ
⑧降着装置および着陸フラップ作動ボタン
⑨水平尾翼角度表示計
⑩降着装置および着陸フラップ位置表示計
⑪プロペラピッチ操作ボタン付スロットル・レバー
⑫計器盤用室内灯調光器
⑬停止栓操作レバー
⑭エンジン始動装置停止ボタン
⑮FuG25a操作器
⑯降着装置下げ手動ハンドル
⑰操縦室内換気装置用つまみ
⑱燃料タンク切換レバー
⑲高度計
⑳燃料および潤滑油圧力計
㉑ピトー管加熱灯
㉒胴体下兵装投下ハンドル
㉓潤滑油温度計
㉔速度計
㉕MG131機銃装填確認ランプ
㉖風防ガラス洗浄装置作動レバー
㉗BR21ロケット弾操作器
㉘水平儀
㉙機銃弾残量表示計および操作スイッチ
㉚Revi 16B射撃照準器
㉛昇降計

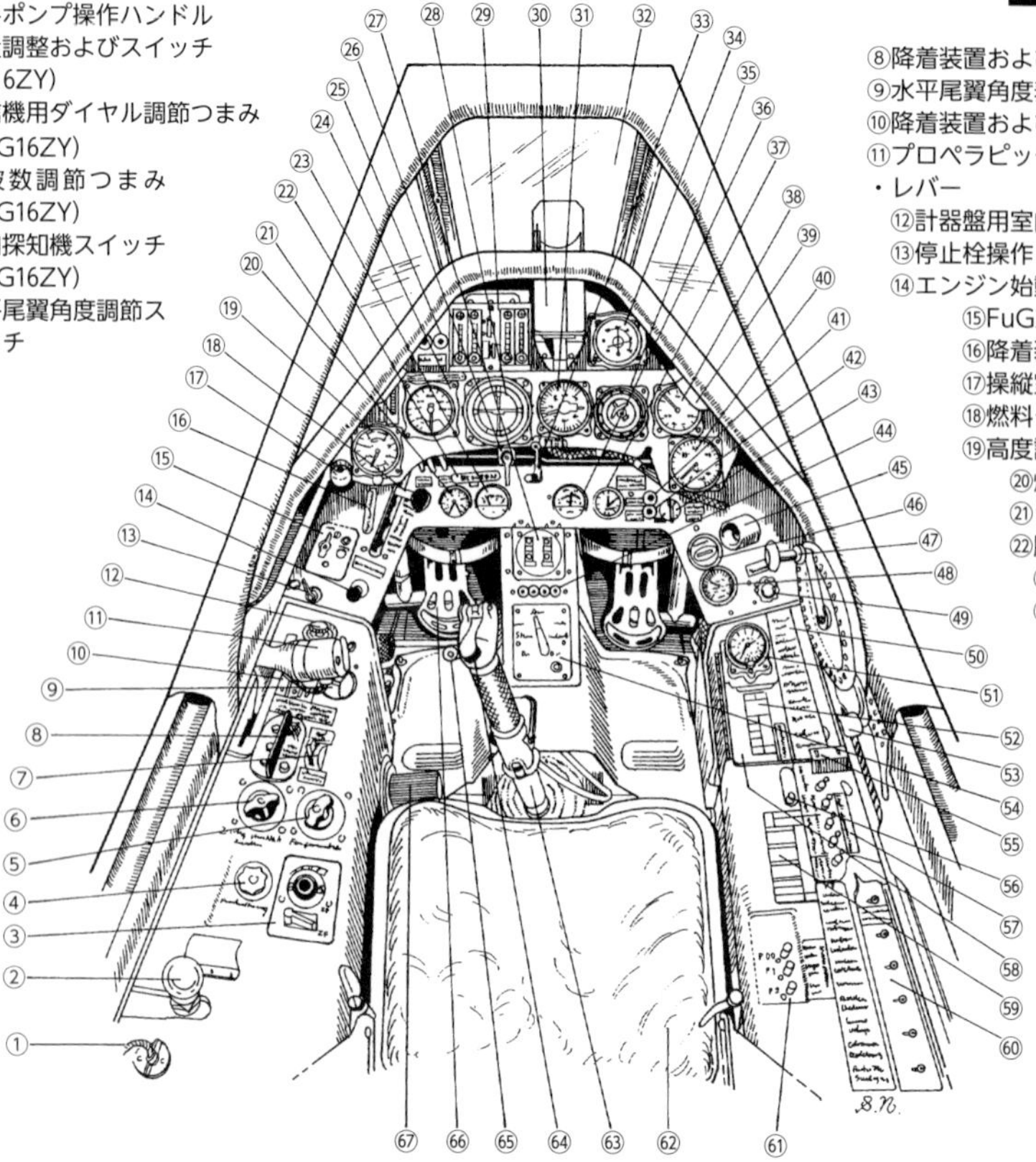

㉜正面防弾ガラス(50mm)
㉝エンジン冷却空気量調節シャッター操作レバー
㉞AFN 2方向計
㉟コンパス
㊱燃料計
㊲プロペラピッチ計
㊳過給器圧力計
㊴室内灯
㊵回転速度計
㊶燃料残量警告灯(赤)
㊷後部燃料タンク切換灯(白)
㊸燃料計スイッチ
㊹積載量表示灯
㊺信号弾発射筒
㊻酸素流量計
㊼風防開閉ハンドル
㊽酸素圧力計
㊾酸素供給弁
㊿サーキット・ブレーカー・パネルカバー
51航空時計
52飛行経路表示カード
53スライド風防飛散レバー
54爆弾信管作動装置
55スターター・スイッチ
56照明弾倉扉投下ボタン
57燃料ポンプ用サーキット・ブレーカー
58照明弾倉扉
59コンパス偏差表
60サーキット・ブレーカー・パネルカバー
61機銃用サーキット・ブレーカー
62パイロットシート・クッション
63操縦桿(KG13B)
64主翼機銃発射ボタン
65爆弾投下スイッチ
66方向舵ペダルおよびブレーキ
67スロットル調節つまみ

A-8主計器盤詳細

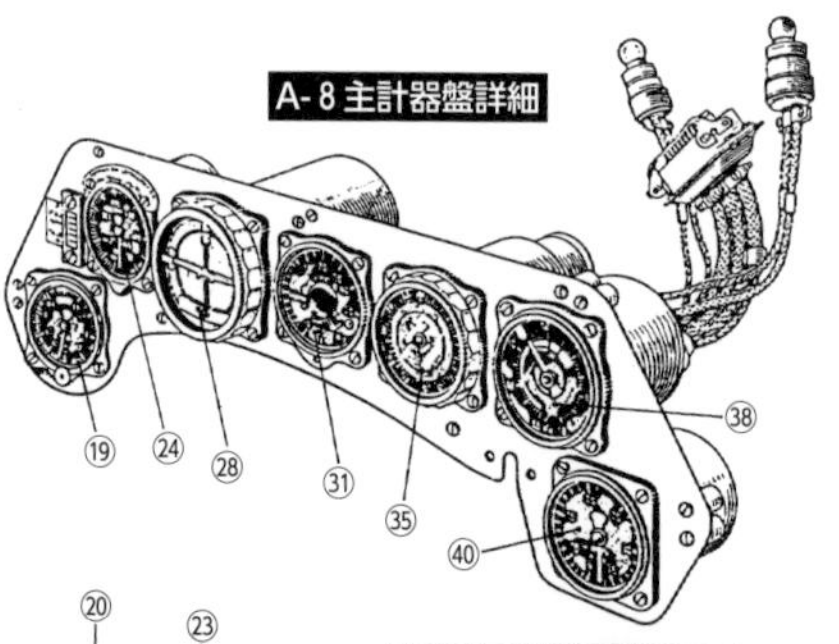

A-8主計器盤下部詳細

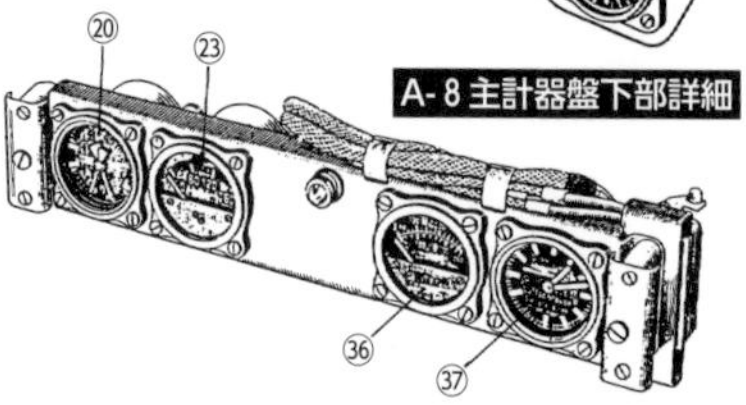

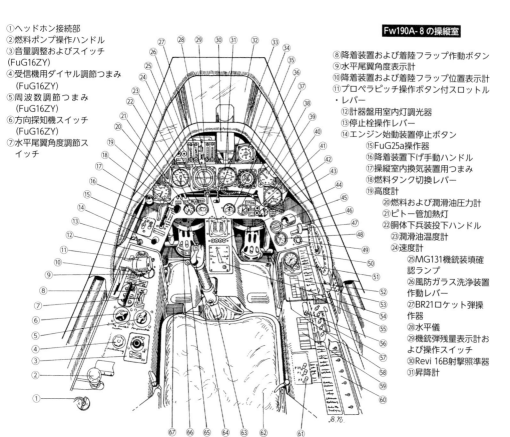

部操作に油圧を使わず（ブレーキのみ）、電動方式を採用した故で、かさばるレバー類を省略できたことによる。

左コンソールは、主としてプロペラ・ピッチ、フラップ、水平尾翼、降着装置、無線機などの各操作スイッチ、ダイヤル、右コンソールには兵装関係のサーキット・ブレーカーを配してある。

操縦室内の換気／冷房は、機首上部、前部キャノピー左下の小扉から外気を採り入れて行ない、暖房はエンジン熱を導いて行なった。

正面パネルの下奥に方向舵ペダルがあり、手前中央に操縦桿、その後ろに座席（背当部分は８㎜厚の装甲板を兼ねる）を配置した。座席の直後には、パイロットの身の回り品を収める雑具入れが設置されている。

Ｂｆ１０９ほど狭くはないが、余分なスペースは全くなく、テストした英空軍の報告書も、機能性を優先した快適な操縦室だと評している。

前部固定風防の正面ガラス（50㎜厚

スライド風防構成（A-4～）

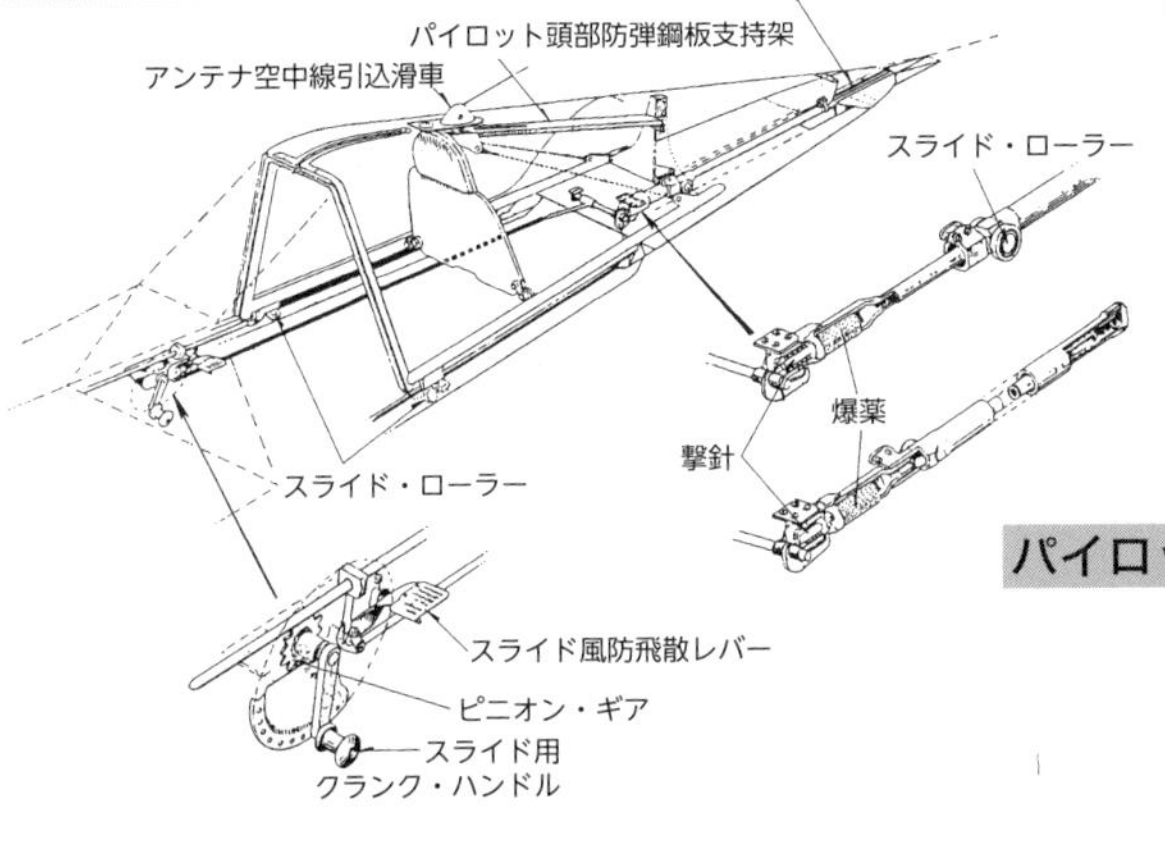

パイロット頭部防弾鋼板バリエーション

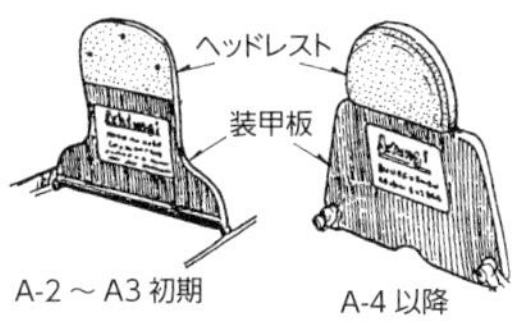

パイロット座席

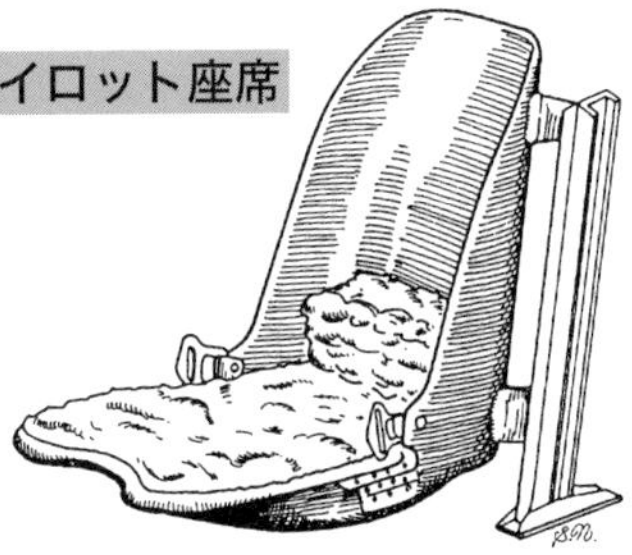

A-4以降のスライド風防

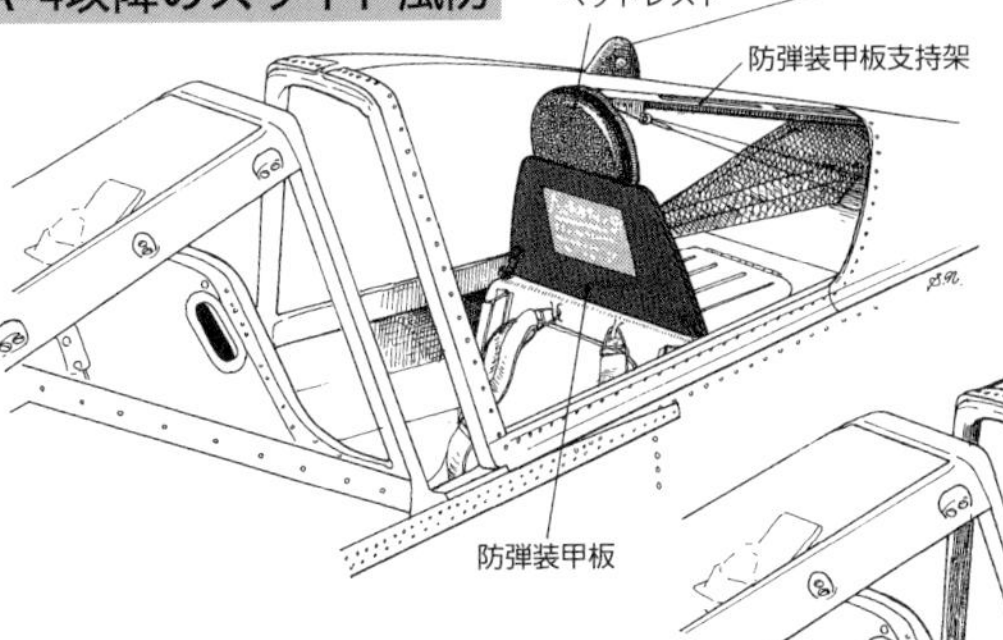

“ガーラント・ハウベ”

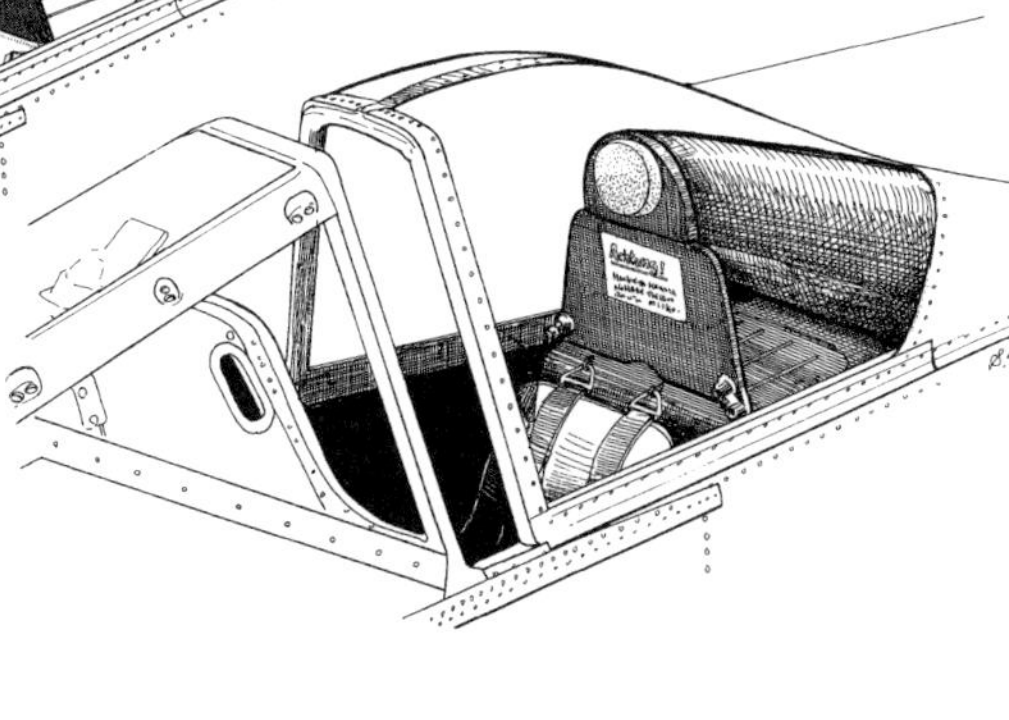

の防弾ガラス）が著しく後方に傾斜しており、メイン・パネルのフードが高く、大きいこともあって、本機の操縦室は視野が狭そうにみえるが、実際はそうでもない。確かに3点姿勢時の前方正面の視界は極端に悪いが、飛行状態では何ら問題なく、側方三角形ガラスが大きいこともあって前下方の視界は良い。そして、枠のないスライド風防が左右、上、後方向に最良の視界をもたらしている。

このスライド風防は、胴体上方の主縦通材、および操縦室後方上面デッキに掘られた溝に沿い、3ヵ所のボール・ベアリングに乗ってスライドした。操作は、操縦室内右前方に取り付けられたハンドルを廻して行なう。非常時には、このハンドルに付けられたレバーを押し、ハンドル歯車と風防連結部を切り離すと同時に、上部デッキ溝部分のローラー前部に埋め込んだ火薬が炸烈して、スライド風防全体を吹き飛ばす仕組みになっていた。

外部からスライド風防を開けるには、操作ハンドル部の外側に付けられたボタンを押し回す。すると、内側のハンドルとスライド風防連結部が離れフリーになった。

スライド風防内部には、パイロットの頭部を保護するための防弾鋼板（12mm厚）が取り付けられるが、その形状は全型式を通じて3種あった。この防弾鋼板の上部から、後方金属覆にかけて支持架が取り付けられる。プレキシ・ガラス上面には、アンテナ空中線引込用滑車が取り付けられ、スライド風防がいかなる位置にあっても、空中線は一定の緊張を保つようになっていた。

突撃戦闘機型A－8／R2、R8は、前部固定風防、スライド風防両側に30mm厚防弾ガラスを追加した。

1944年後半には、このスライド風防のプレキシ・ガラス部分を、上方に大きく膨らませて視界をより向上させた、通称〝ガーラント・ハウベ〟が導入され、それに伴なって防弾鋼板支持架も、フード状に改修された。

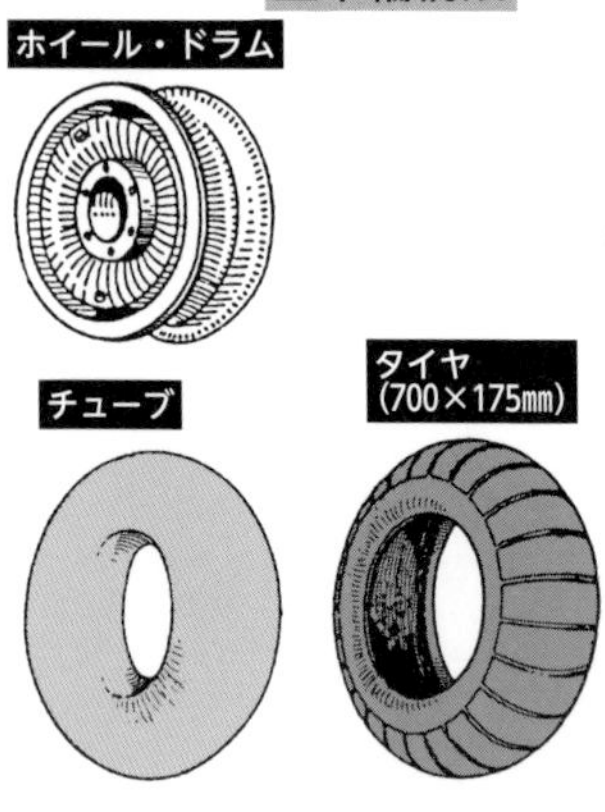

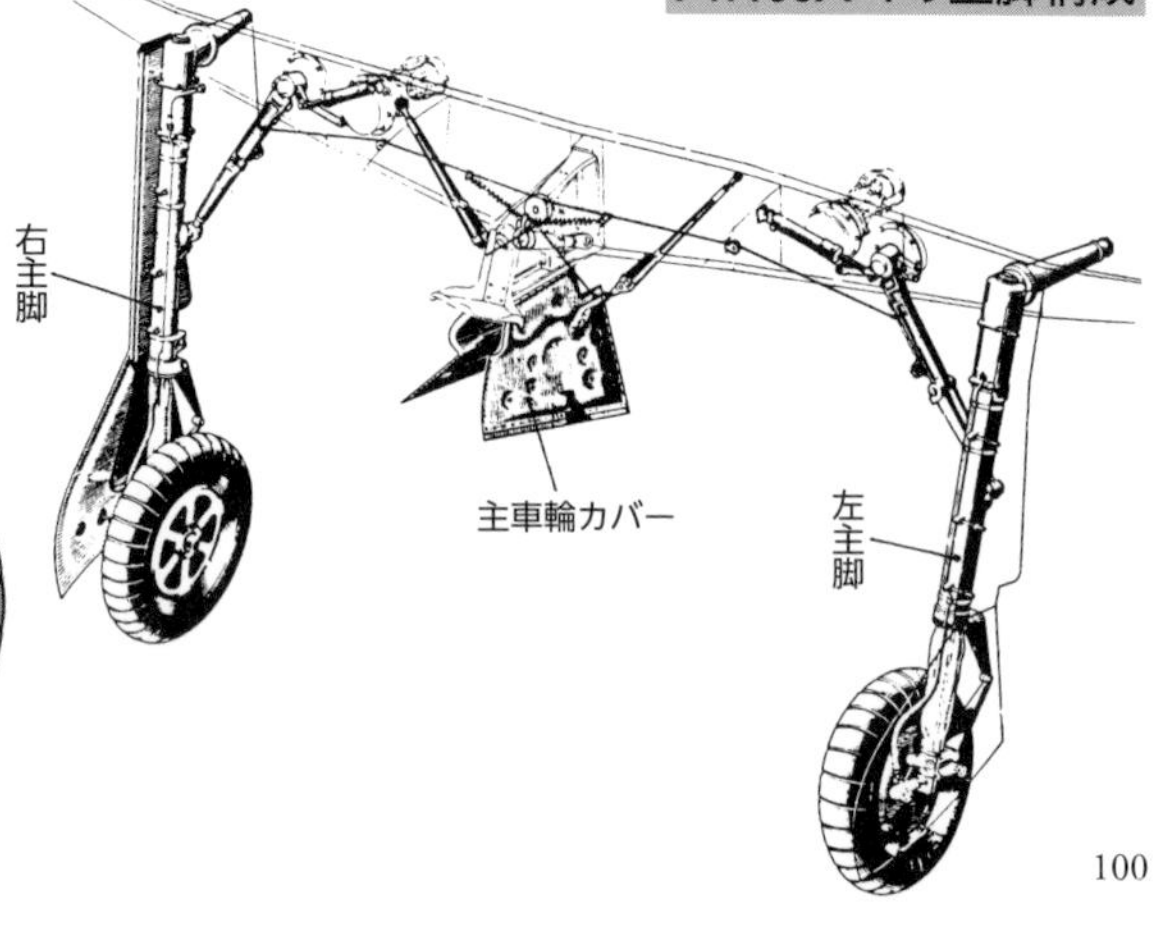

〔降着装置〕

Bf109の、不安定な主脚につきまとう事故を、つぶさに見聞していたタンク技師が、意図的に強度、安定感を重視して設計したのが主脚である。

常識的な内方引込式で、トレッド（左、右主車輪間隔）はBf109の2.06mに比べ1.7倍も広い3.5m。これだけをみても、Fw190がBf109に対して、いかに安定感を強調しているかが分かる。

脚柱はオレオ緩衝機構をもつ1本支柱で、同部分にねじれ止めのアームが付く。当初から重量増加を見込んで設計しただけに、造りはゴツく頑丈で、後にA／F／G後期型の総重量が、原型機の倍近い5トンに達しても、この主脚柱自体はほとんど原型のままで済んだ。

脚柱回転基部は主翼の主桁に取り付けられ、脚柱中央部後方に連結した、引込み用アームを使って出し入れされる。作動は電気モーターにより行なわれ、引込み用アームの基部が、主桁前

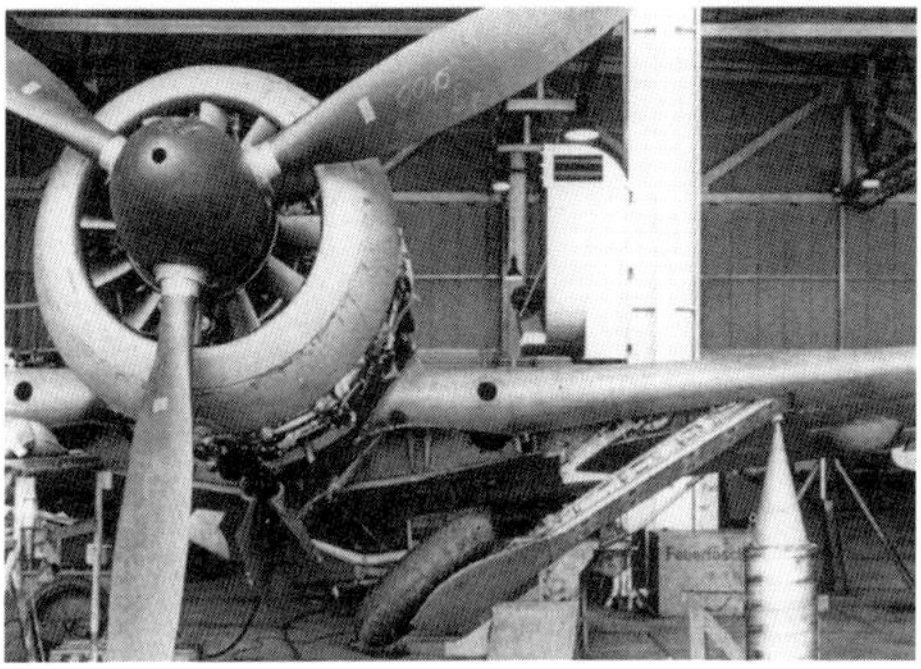

↑主車輪カバー付A-2の主脚収納内部

←左主脚収納テスト中のA-0、W.Nr0015。引込アームの作動状況、ジャッキ・ポイントなどがよくわかる。

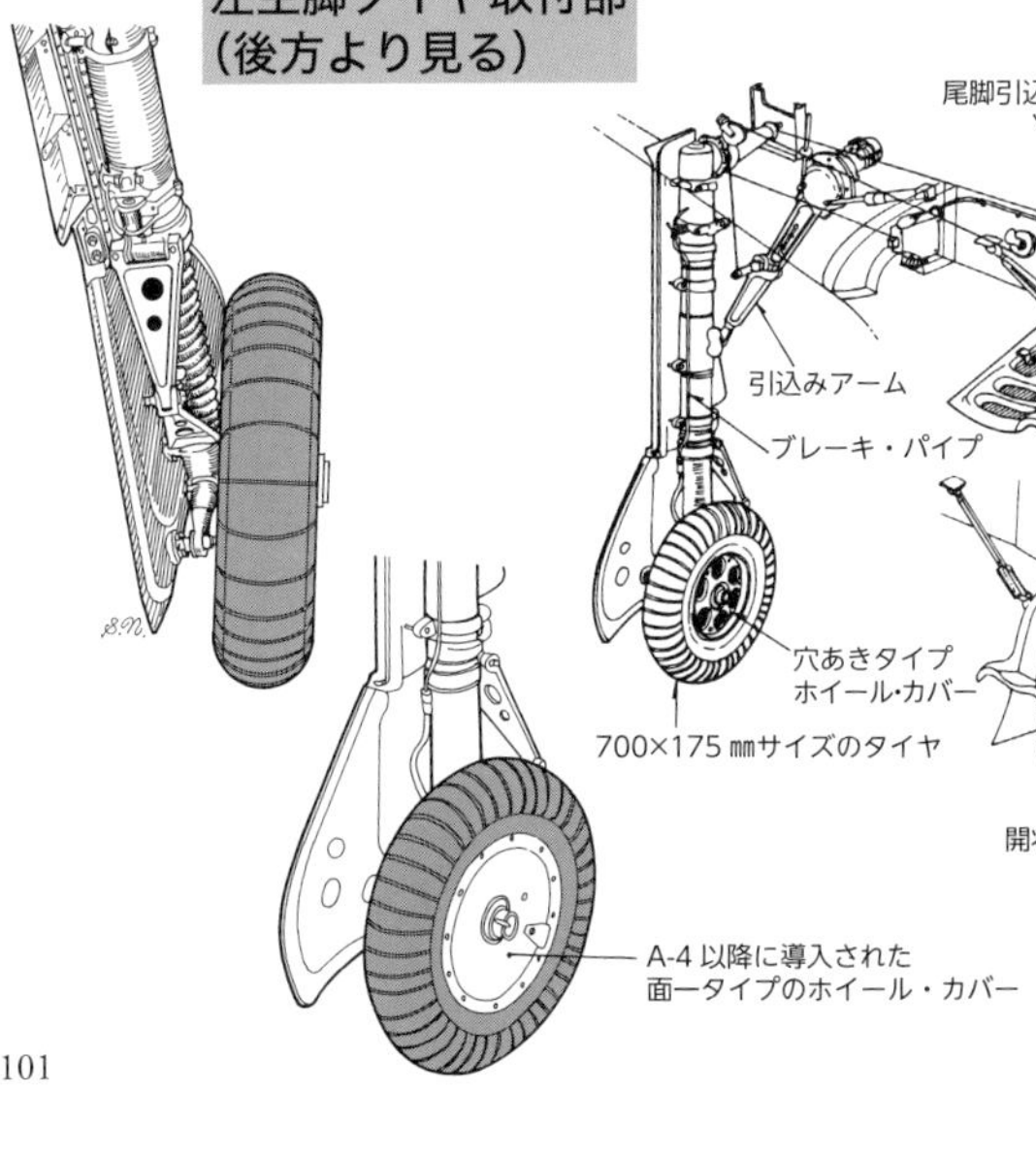

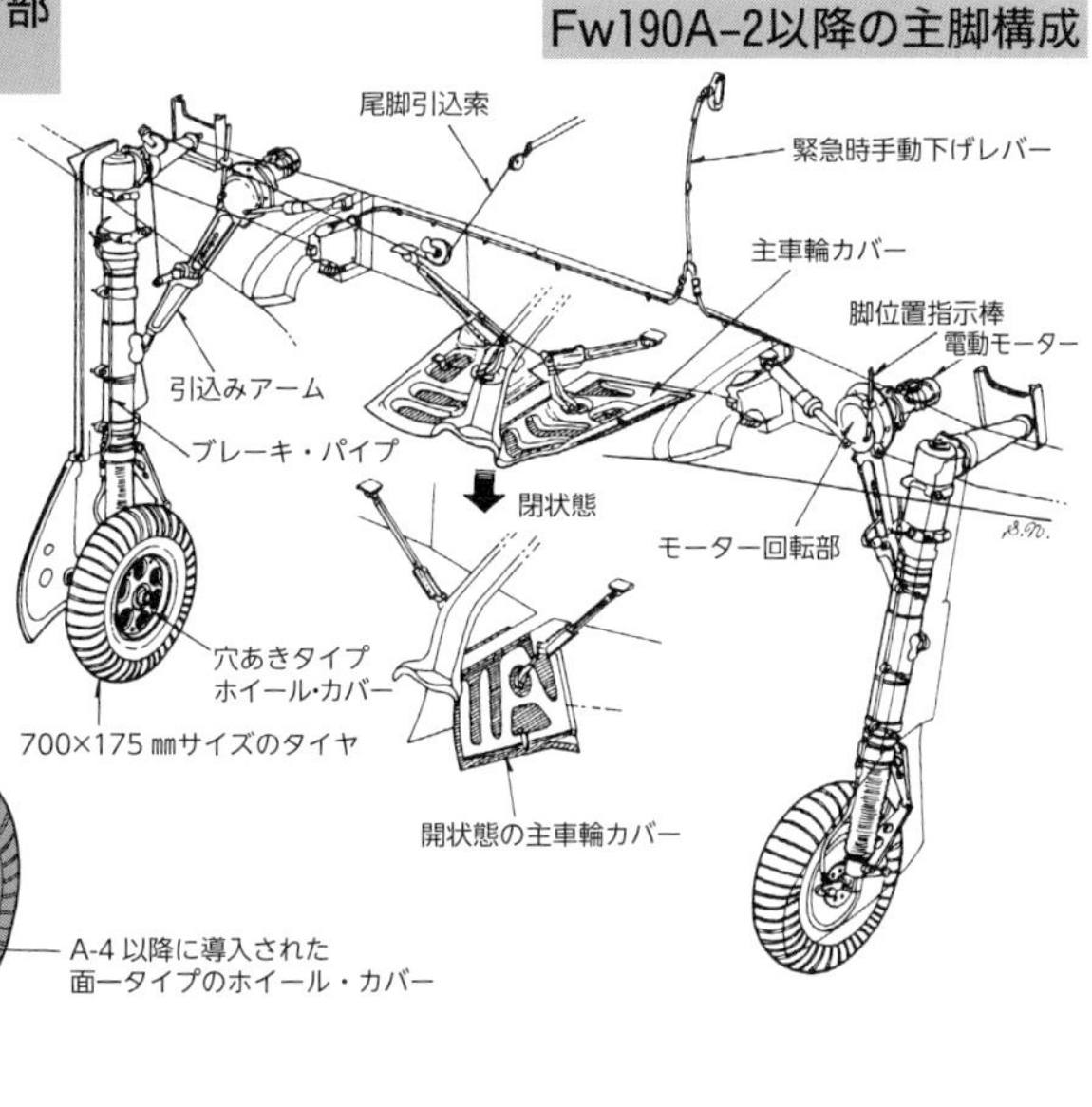

面に装備されたモーター回転部へと接続している。

脚カバーは3部分から成り、脚柱上部カバーは脚柱にボルト止め、同下部カバーは、主車輪外側ハブから突き出た支持架に取り付けられる。主車輪カバーは、左右収納孔の間に装備され、脚収納時はタイヤが上部ストラットを押し上げて閉まるようになっていた。ただし、主車輪カバーは地上においては、手動で閉状態にしておくのが普通だった。

脚柱上部カバー後縁には、オレオ伸縮目盛が記入され、同下部カバー後方に付けられた、三角状フェアリングの指示マークが、どこを指すかによって、危険な搭載量オーバーにならないようにしていた。

各カバー内側の処理はA－1とそれ以降の型では異なり、A－4の途中からは、主車輪ホイール・ハブ内側が穴あきタイプから、面一パネル・タイプに変更された。このホイール・ハブ内に本機唯一の油圧作動であるブレーキ

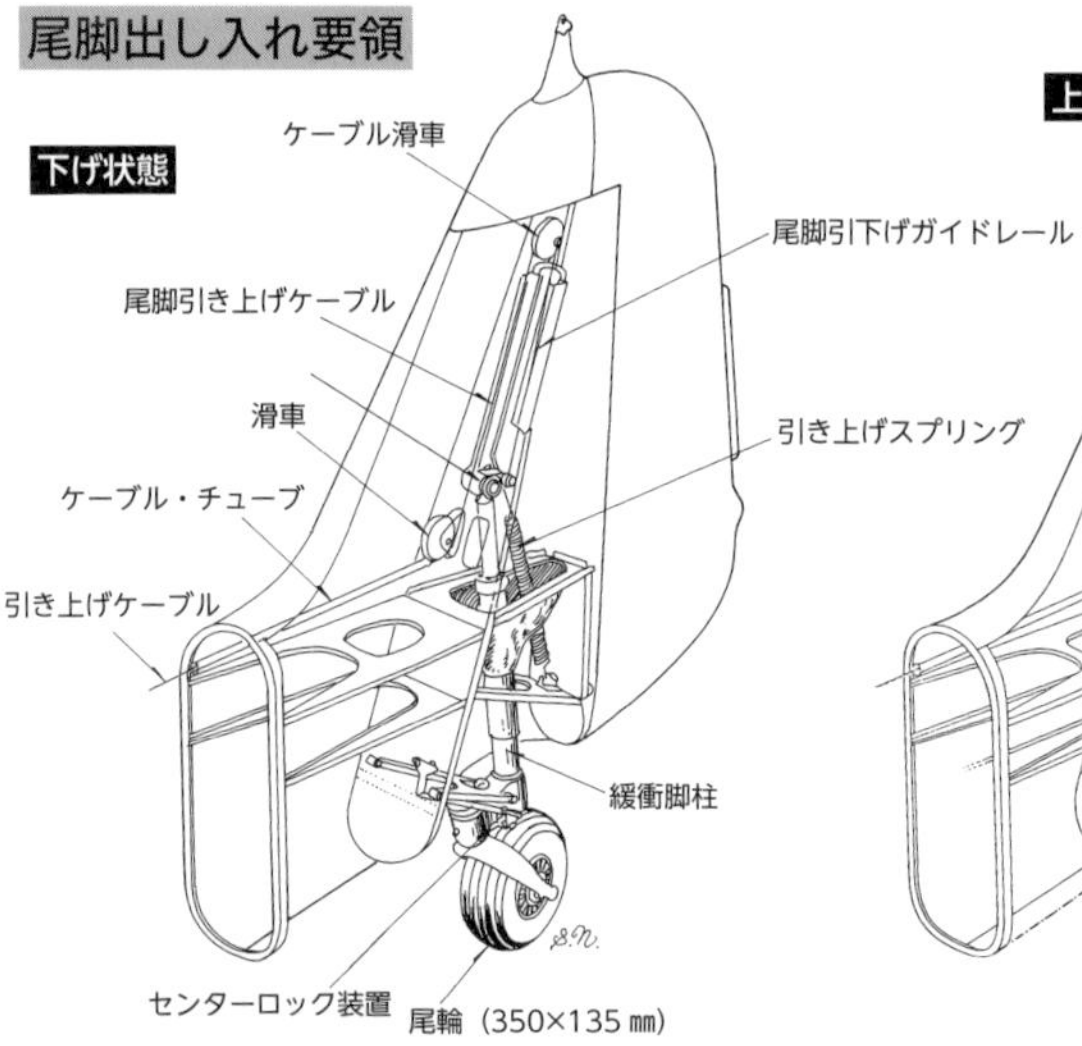

↑Fw190A-8の尾脚を後下方から仰ぎ見たショット。

が内蔵される。

　ＥＴＣ５０１ラックを取り付けた機体は、主車輪カバーを取り外し、脚柱下部カバー下縁、および左右収納孔間に小片を追加して、排気熱からタイヤを保護した。

　タイヤはＶ１、Ｖ２が６５０×１８０㎜、それ以外は７００×１７５㎜サイズに統一され、内圧は５．５気圧。

　尾脚は、右主脚引込用アームに直結する策で結ばれ、主脚の出し入れと連動して上、下方向に動き、出し入れした。やはり頑丈なつくりで、ドラグ・ヨーク、緩衝脚柱とも垂直尾翼内の斜桁に取り付けられる。

　出し入れ時の運動範囲は上、下50.８㎝であるが、車輪（３５０×１３５㎜サイズ）は収納時でも完全に機内に収まらず、下半分が露出した。

　車輪は３６０度回転するが、自動求心装置はなく、操縦桿を引くと、マウント・アームにロッキング・ボルトが挿入され、ロックがかかるようになっていた。

各動翼操作系統

①補助翼操作槓桿②方向舵ペダル③操縦桿④方向舵操作槓桿⑤方向舵操作索⑥昇降舵操作槓桿⑦昇降舵差動装置⑧フラップ作動電気モーター

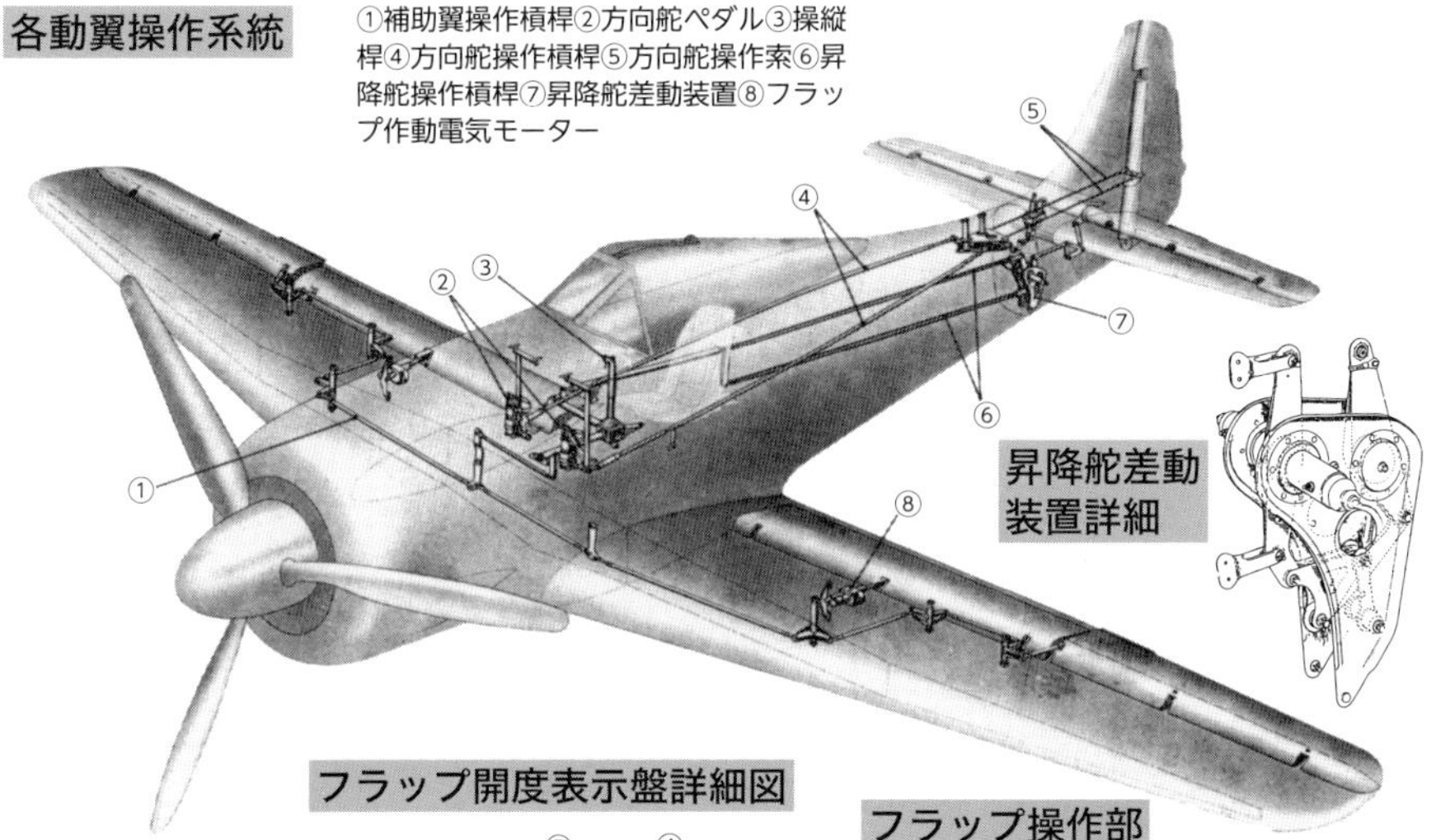

昇降舵差動装置詳細

フラップ開度表示盤詳細図

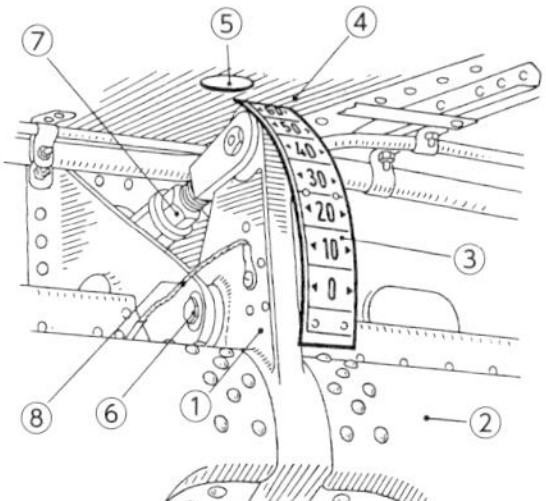

①フラップ中央取付部②フラップ③フラップ開度目盛盤④主翼上面外皮⑤目盛盤視認窓⑥フラップ取付ボルト⑦フラップ作動桿⑧地絡線（アース）

方向舵ペダル詳細図

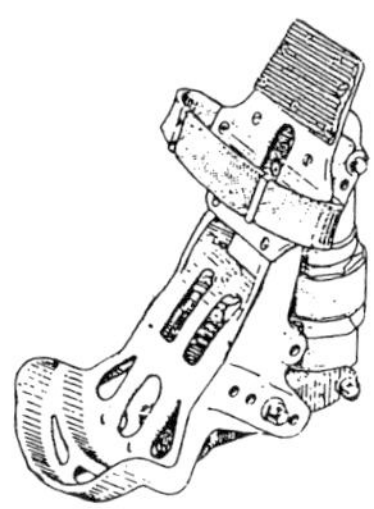

フラップ操作部

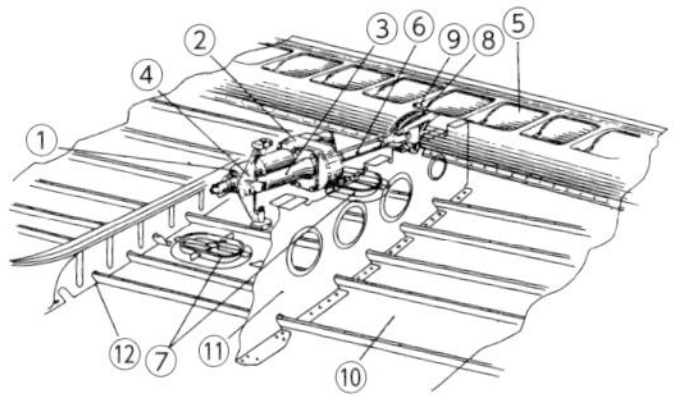

①電気モーター②歯車室③スクリュー・ジャッキ④作動部固定金具⑤フラップ⑥フラップ作動桿⑦点検用着脱パネル⑧フラップ開度目盛⑨目盛視認窓⑩主翼下面外皮⑪リブNo. 6 L⑫リブNo. 4 L

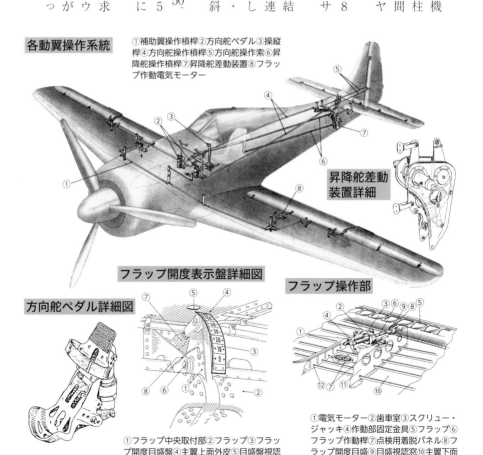

〔諸装置〕

●操舵系統

Ｆｗ１９０の、定評ある俊敏な操舵感覚を実現するのに貢献したのは、各動翼操作系統にケーブルを使わず、すべて強固なロッド（槓桿）を用いたことである。ケーブルのように伸びがないので、操縦桿の動きは各動翼に敏感に反応した。とくに補助翼操作に有効で、他機にない優れたロール（横転）率はこれによってもたらされた。

昇降舵、方向舵は、補助翼ほどの俊敏な動きは要求されないが、やはり差動装置を介して操作するようにしてあり、パイロットの負担を軽減している。作動角は昇降舵が＋31度、－26度、方向舵が左右各16度。

各舵面にバランス・タブはなく、すべて地上で調整する固定タブが付いているだけである。各機体固有のクセはこれで調整し、飛行中の燃料、弾薬、爆弾などの消費によって変化する重心位置の調整は、前述の取付角度変更式水平尾翼で行なった。この水平尾翼は＋4度から－1度の範囲内で可動し、通常は＋2度の状態にセットされている。

着陸フラップは、主脚と同様に電動で操作され、左、右それぞれ独立したモーターが取り付けられている。

なおＧ－3、およびＡ－8以降に装備されたＰＫＳ 12自動操縦装置は、併載図のように方向舵をコントロールするだけの簡単なものだったが、それでも当時の他の単発戦闘機にはない進歩的な装置だった。操縦桿横のスイッチを回すことで中立（直進）、左、右旋回（1°／sec、2°／sec）の5種のうちどれかを選ぶことができた。

PKS12自動操縦装置構成

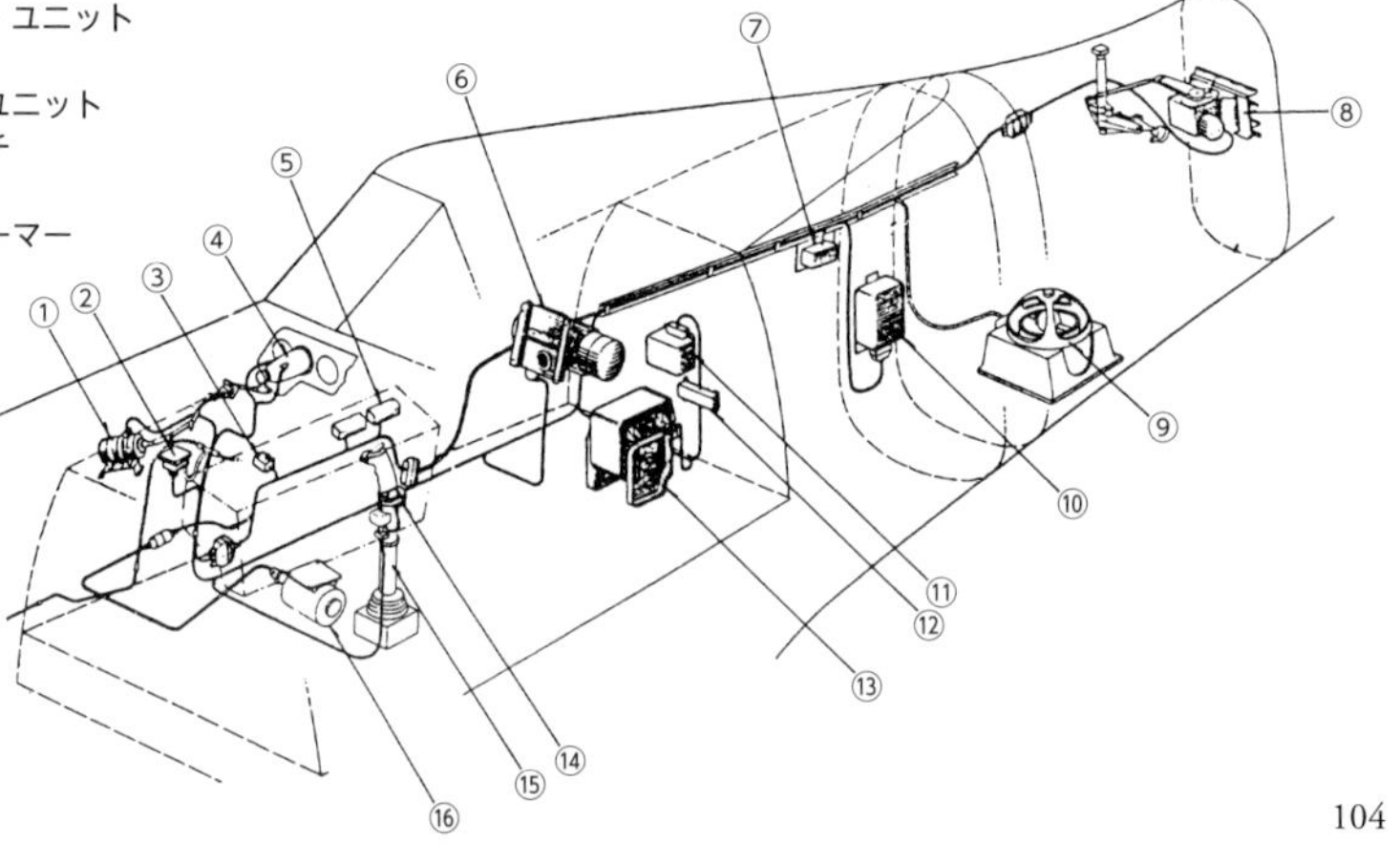

①コース・モーター
②ダンピング・レギュレーター
③システム・サーキット・ブレーカー
④リピーター・コンパス（主計器盤）
⑤ネガティブ・ディストリビューター
⑥レオナード・トランスフォーマー
⑦ネガティブ・ディストリビューター
⑧方向舵ドライブ・ユニット
⑨マスター・コンパス
⑩ポジション・インテグレーション・ユニット
⑪インピーダンス・ユニット
⑫接続ボックス
⑬ステアリング・ユニット
⑭ターン・スイッチ
⑮操縦桿
⑯トランス・フォーマー

●燃料系統

Ｆｗ１９０の燃料タンクは、胴体内部の前、後2個（２３２ℓ、２９２ℓ）が基本で、Ａ－８以降の操縦室後方に燃料、もしくはパワー・ブーストシステム用の増設タンク（１１５ℓ）を追加した。これらは、いずれも自動防漏式（セルフ・シーリング）となっている。また、任務に応じて胴体下面に１個、長距離戦闘爆撃機型は両翼下面に３００ℓ入増槽各1個を懸吊した。

因みに、ＢＭＷ８０１Ｄエンジンの標準使用燃料は、１００オクタンの「Ｃ３」だった。

胴体内タンクは前、後ともそれぞれ独立した注入口、エンジンへの供給系路をもち、ボッシュ製直接燃料噴射器によって、各シリンダーへ供給された。増槽内燃料は、過給器からの圧縮空気とポンプによって、いったん胴体内後方タンクに送られ、そこからエンジンへ供給されるようになっている。

Ａ－８以降の増設タンクも、燃料タンクとして使う場合は、同様にポンプ

燃料系統図（A-8）

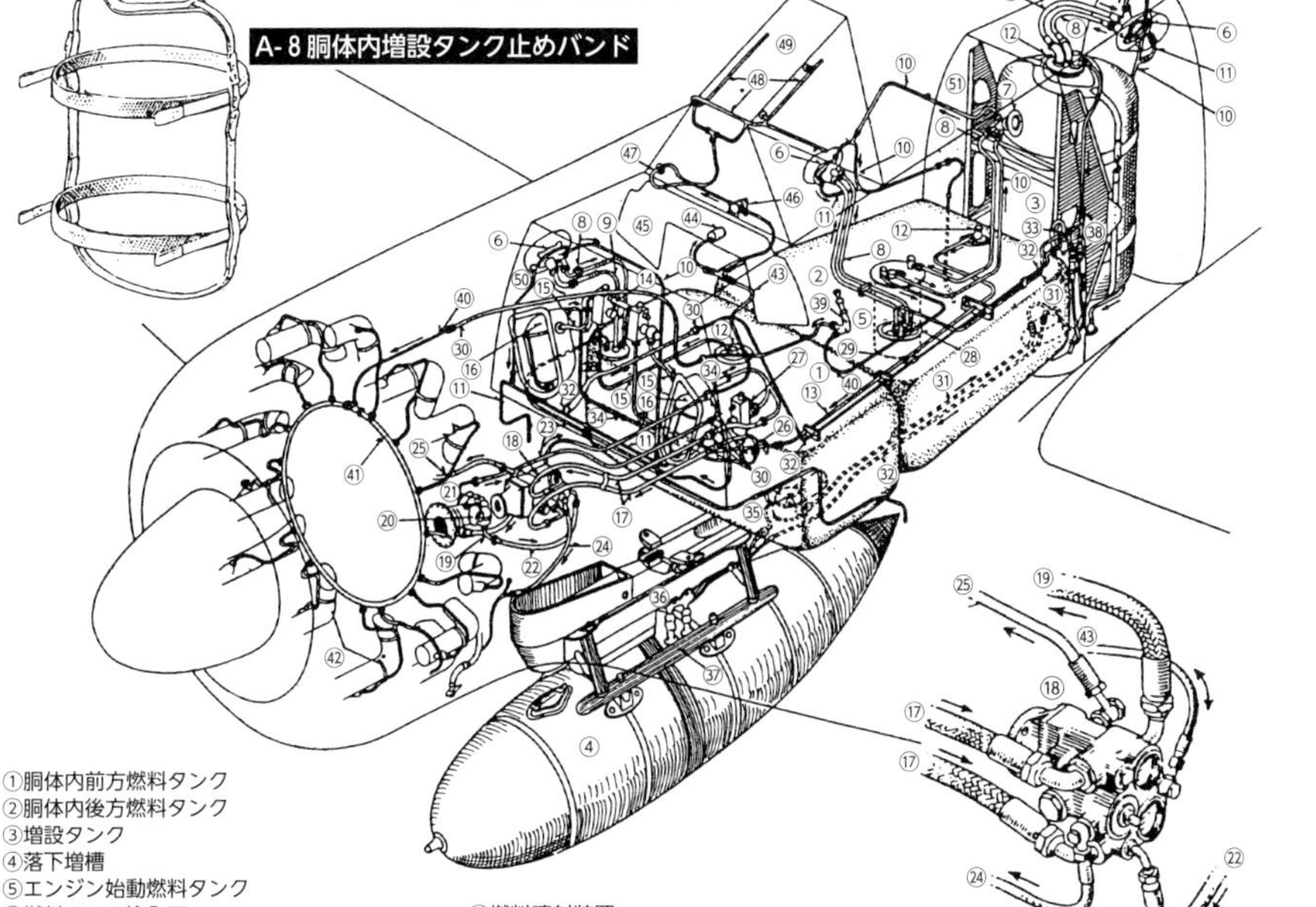

①胴体内前方燃料タンク
②胴体内後方燃料タンク
③増設タンク
④落下増槽
⑤エンジン始動燃料タンク
⑥燃料タンク注入口
⑦エンジン始動燃料タンク注入口
⑧給油パイプ
⑨満タン時排油パイプ
⑩タンク換気パイプ
⑪排油パイプ
⑫燃料ポンプ装置
⑬燃料パイプ（タンク～バルブ）
⑭燃料パイプ
⑮燃料パイプ（バルブ～フィルター）
⑯燃料フィルター
⑰燃料パイプ（注入口～ポンプ）
⑱エンジン燃料ポンプ
⑲燃料ポンプ（ポンプ～噴射装置）
⑳燃料噴射装置
㉑ボッシュ社製空気分散器
㉒燃料戻しパイプ
㉓空気抜きパイプ
㉔燃料ポンプ排出パイプ
㉕寒冷時始動燃料パイプ
㉖燃料集積接続パイプ
㉗パイプ遮断弁
㉘後方タンク燃料ポンプ
㉙燃料流量調節スイッチ
㉚燃料パイプ分岐点
㉛燃料パイプ（増設タンク～後方タンク）
㉜圧縮空気パイプ
㉝空気圧抜きバルブ
㉞チェック・バルブ
㉟EP-IE型燃料ポンプ
㊱ETC501
㊲落下増槽振れ止め用スペーサー・バー
㊳増設タンク取付架
㊴SUMエンジン始動燃料ポンプ
㊵エンジン始動燃料パイプ
㊶燃料噴射パイプ
㊷過給器空気パイプ
㊸燃料圧力計接続パイプ
㊹燃料圧力計
㊺主計器盤
㊻風防洗浄装置作動レバー
㊼燃料パイプ
㊽洗浄スプレー・チューブ
㊾前部固定風防
㊿第１隔壁
(51)第８隔壁

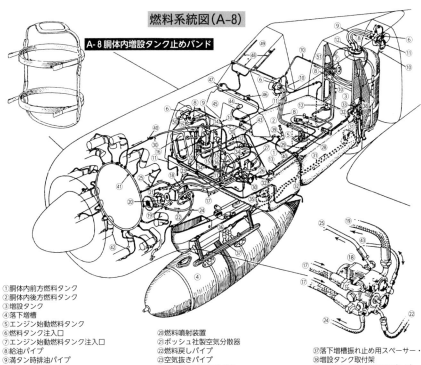

胴体内燃料タンク詳細図

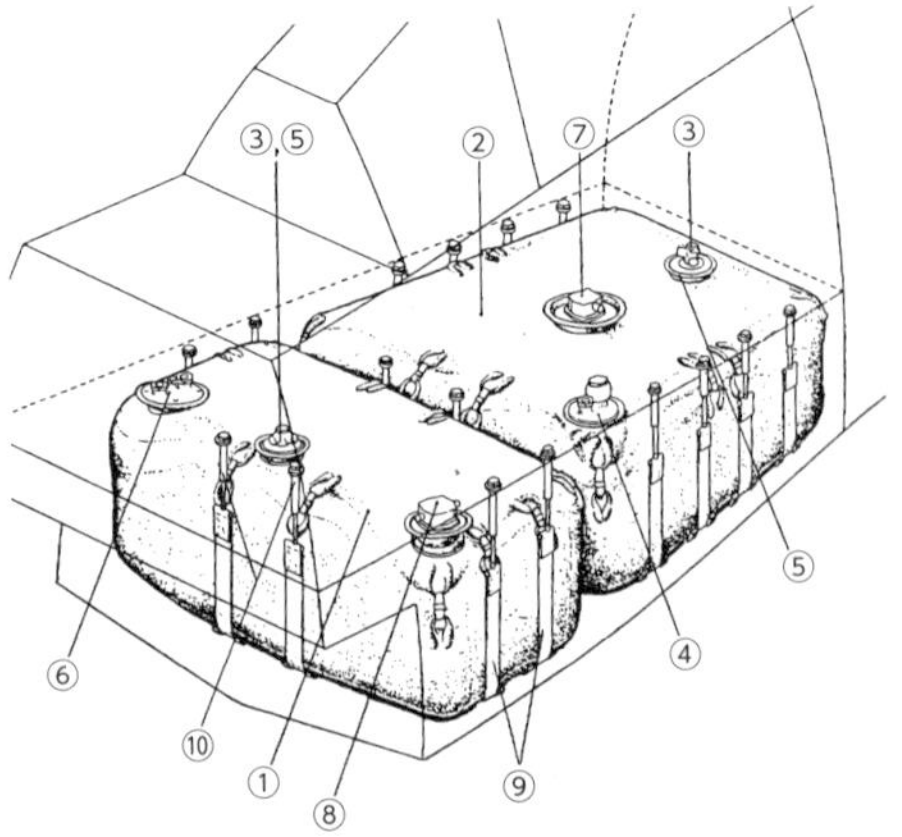

1.前方タンク（232ℓ）2.後方タンク（292ℓ）3.電動ポンプ 4.燃料注入口蓋（燃料送り用リミット・スイッチ付）5.タンク・フランジ取付部 6.前方タンク注入口蓋 7.後方タンク燃料残量計測器 8.前方タンク燃料残量計測器 9.タンク懸吊バンド 10.懸吊バンド取付ボルト

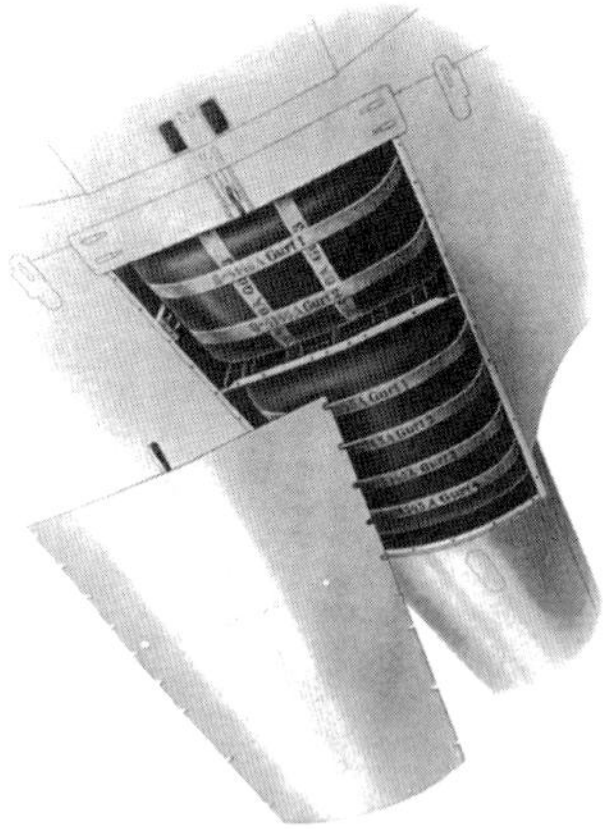

↖←左のイラスト2枚は燃料タンク部分を下方から仰ぎ見たもので、上は下面の着脱パネルを外した状態。タンクを懸吊する布製バンドの巻き付け方が、前、後で異なることに注目。下はタンクを外した状態。

↑後部下面を平滑にして中央に溝を入れ地上とのクリアランスを広くした後期タイプの増槽。便宜上300ℓ入としておくが、厳密には当然容量は減少しており、300ℓはない。

落下増槽のバリエーション

標準タイプ

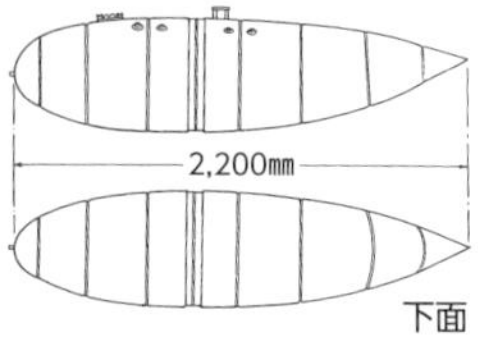

後期タイプ

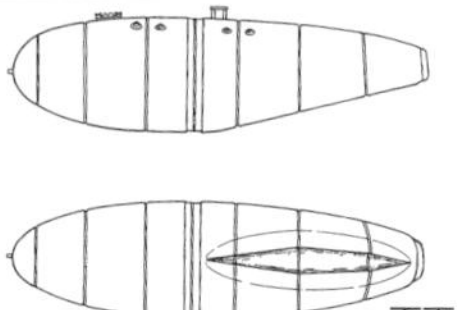

後期の上、下2分割構造タイプ

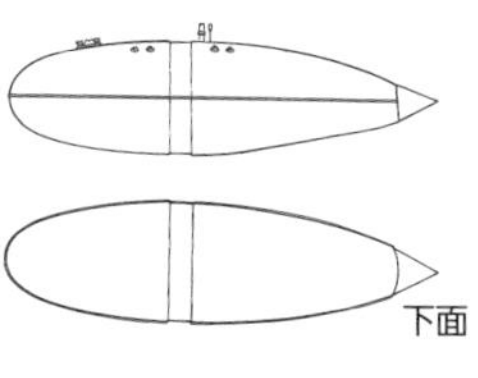

↑Fw190A-5/U8（のちのG-2）の左主翼下面ユンカース式ラックに懸吊された、標準型落下増槽。

↑これもFw190A-5/U8の左主翼下面に懸吊された後期型増槽だが、ラックはメッサーシュミット式。

↑Fw190G-3の左主翼下面フォッケウルフ式ラックに懸吊された、標準型の増槽。

Fw190G“Jabo-Rei”の主翼下面増槽懸吊架バリエーション

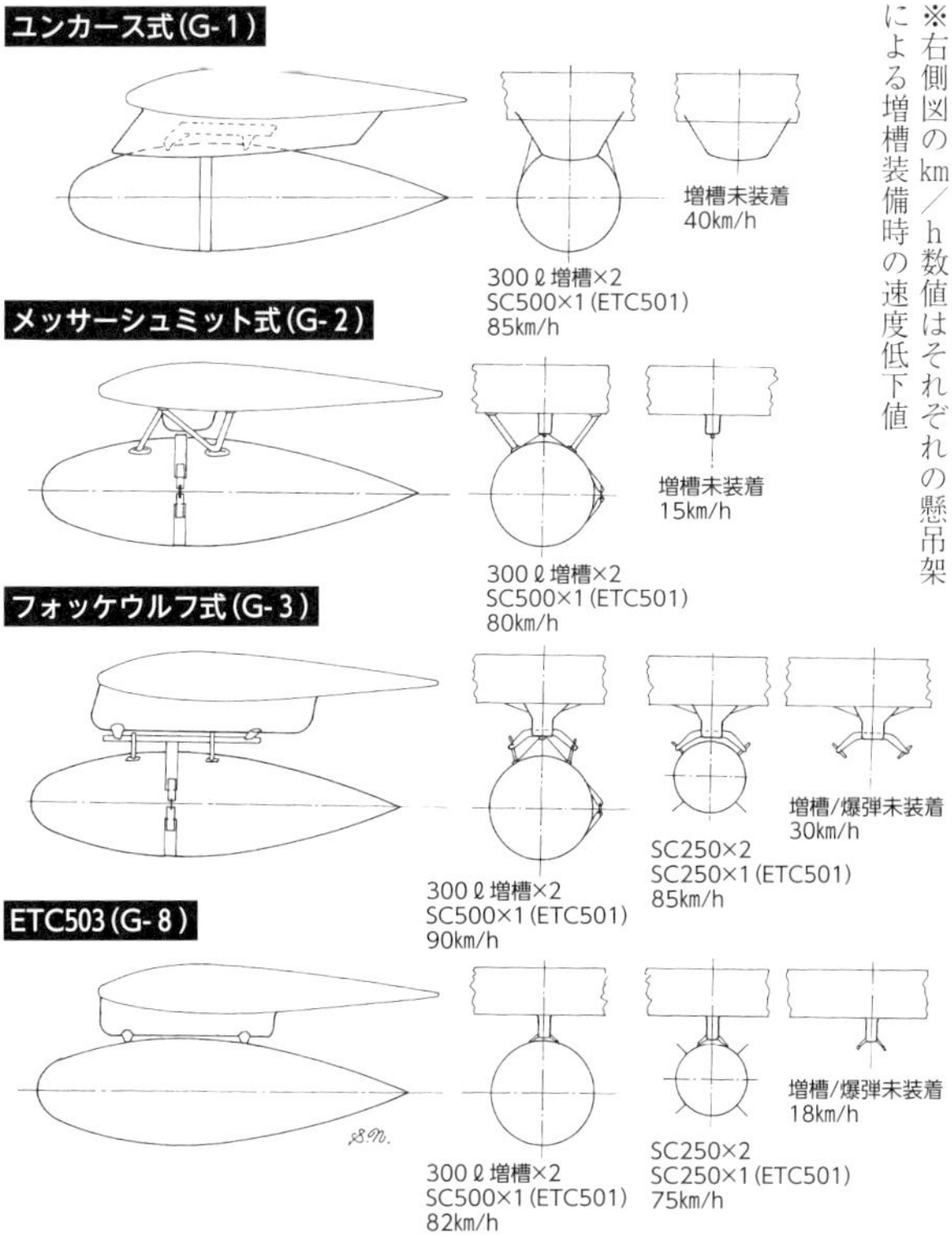

※右側図のkm／h数値はそれぞれの懸吊架による増槽装備時の速度低下値

↑Fw190G-3の右主翼フォッケウルフ式増槽懸吊架を、正面下方より仰ぎ見る。左右に、懸吊時の増槽のブレを防止するためのバーを用いる点は、胴体下面ETC501ラックのそれと同じ。

て胴体内後方タンクに送られるが、パワーブースト・システム用亜酸化窒素、もしくは水メタノール液タンクとして用いる場合は、別の独立した系統により過給器へ送ることができる。

●潤滑油系統

一般構造の項でも触れたが、本機の潤滑油タンクは、カウリング前部のリング・アーマーの中に、冷却器ともども組み込むという、空冷エンジン機としては他にみられない独創的な配置を採っており、通常のように機首周辺に冷却空気取入れ用の突出部はない。

タンクは容量55ℓで、このタンクの内側に蜂の巣型冷却器が組み込まれている。カウリング前面から強制冷却ファンを介して取入れられた空気は、いったん逆流して冷却器後面から入り、カウリング先端のリング・アーマーとのわずかな隙間から機外へ排出するという、実に凝ったシステムだった。

●酸素供給装置

操縦室直後の胴体内に3組の圧搾酸素ボトルが備えられており、供給装置

潤滑油系統図

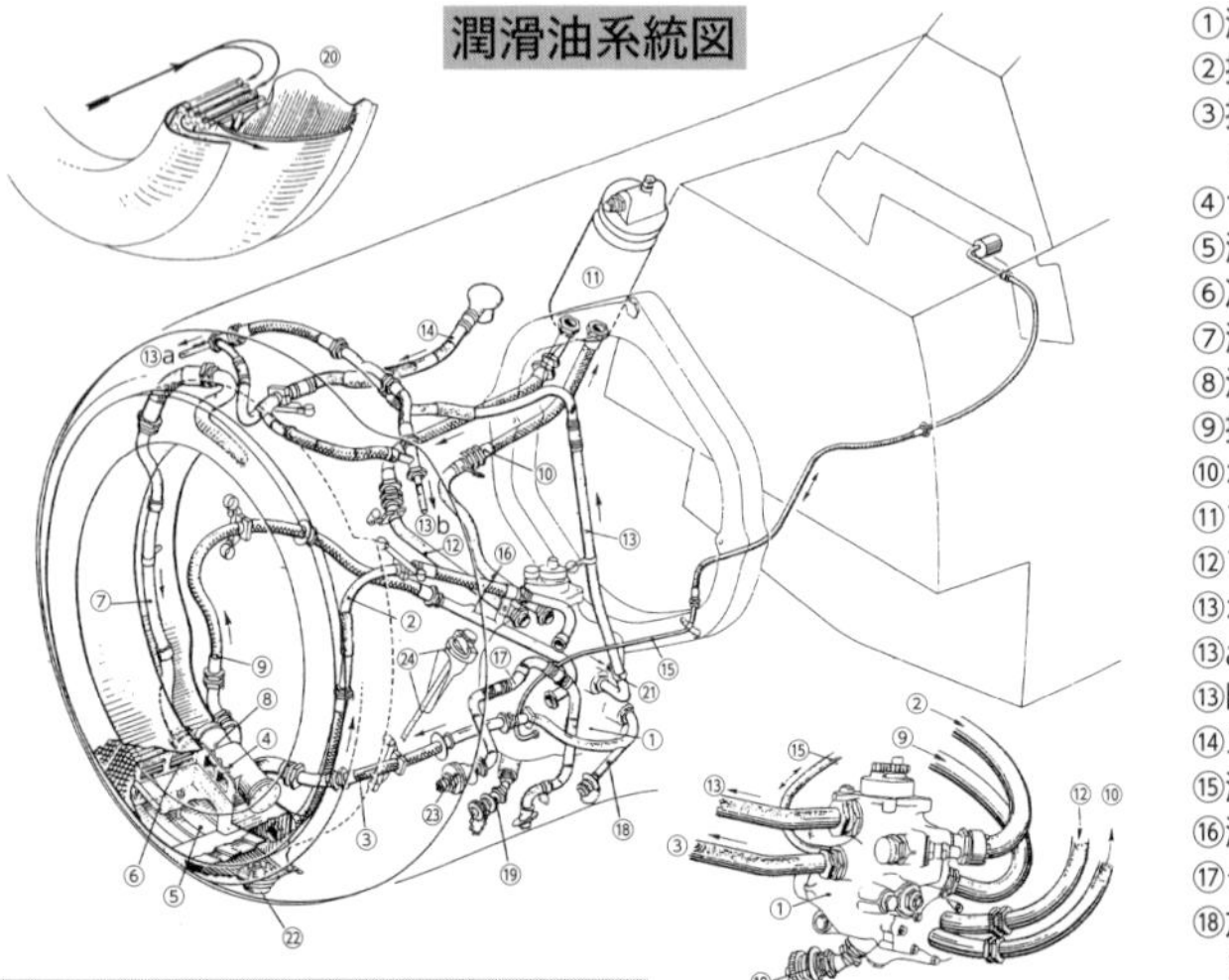

①潤滑油ポンプ
②挿入パイプ（タンク～ポンプ）
③排出パイプ（ポンプ～サーモスタット）
④サーモスタット
⑤潤滑油暖油室
⑥冷却器
⑦潤滑油温度計測パイプ
⑧温度計測部
⑨挿入パイプ（プローブ～ポンプ）
⑩ポンプ～フィルターへのポンプ
⑪フィルター
⑫フィルター～ポンプへのパイプ
⑬ポンプ～タンクへのライン
⑬aタンク挿入パイプ
⑬bタンク挿入パイプ
⑭エンジン換気パイプ
⑮潤滑油圧力計接続パイプ
⑯潤滑油温度計測パイプ
⑰タンク換気パイプ
⑱加熱潤滑油注入口（クーラー/タンク）
⑲加熱潤滑油注入口（エンジン）
⑳潤滑油冷却空気流路
㉑ミキシング・ノズル
㉒排油バルブ
㉓換気バルブ
㉔タンク容量点検棒

潤滑油タンク/冷却器部断面図

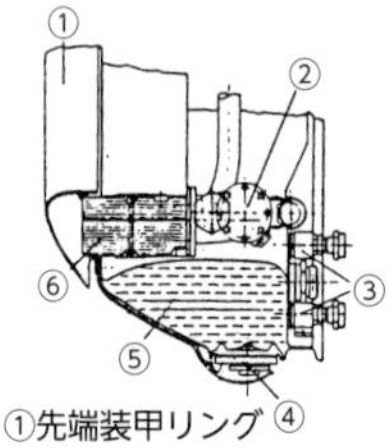

①先端装甲リング
②サーモスタット
③取付金具
④排油バルブ
⑤潤滑油タンク
⑥冷却器

潤滑油タンク/冷却器構成

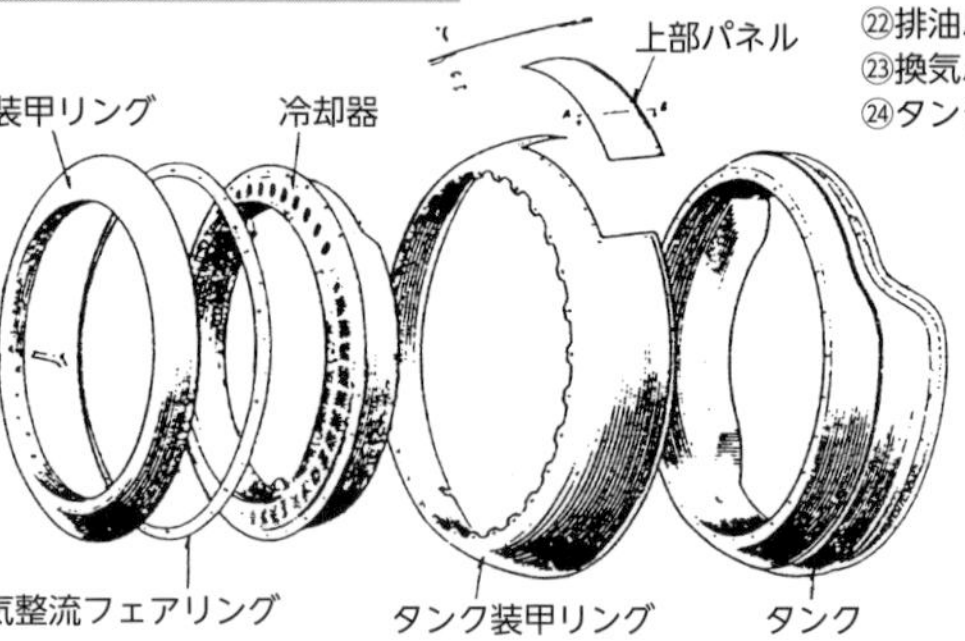

を介してパイロットの酸素マスク・ホースに接続された。酸素の流量、圧力を示す計器は、操縦室内正面下方パネル右端に配置されている。ボトルへの供給は、胴体右側にあるハッチを開けて行なう。

●風防洗浄装置

被弾、故障時などに、潤滑油が機外に漏れ、前部固定風防ガラス面に附着して、視界を妨げないようにするためのシステム。正面ガラス下縁、側面ガラスの縁に沿ってスプレー管が取り付けられ、燃料タンクから導かれたガソリンを噴出して洗浄した。

〔兵装〕

●射撃兵装

Fw190が、A／F／G各型を通じて使用した機銃／機関砲は、MG17 7.92mm、MG131 13mm、MGFF 20mm、MG151／20 20mm、MK108 30mm、MK103 30mmの6種。

A-2～A-6、F-1～F-3の機首上部に装備されたMG17は、初速905m／秒、発射速度毎分1,200発、圧搾空気装填方式で、銃本体の重量12.5kg、全長121.4cm。2挺の両側に設けられた弾倉に各850発携行した。

A-7以降から機首上面に装備されたMG131は、初速790m／秒、発射速度毎分900発、重量18.16kg、全長116.8cm。MG17と同じ形の

風防洗浄システム(A-8)

①洗浄液(ガソリン)スプレーチューブ、②燃料パイプ、③操作レバー、④燃料パイプ、⑤燃料圧力計

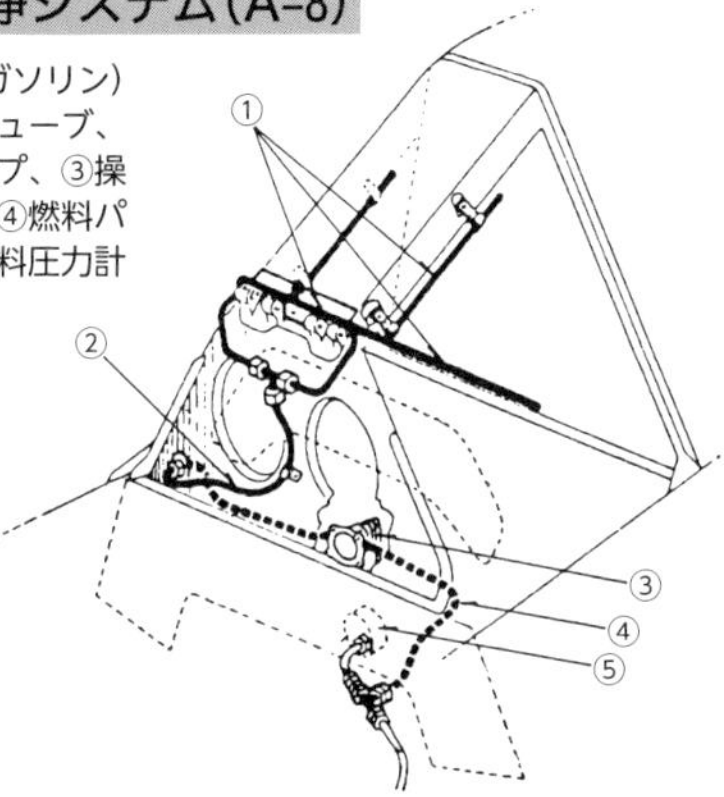

酸素供給システム(A-8)

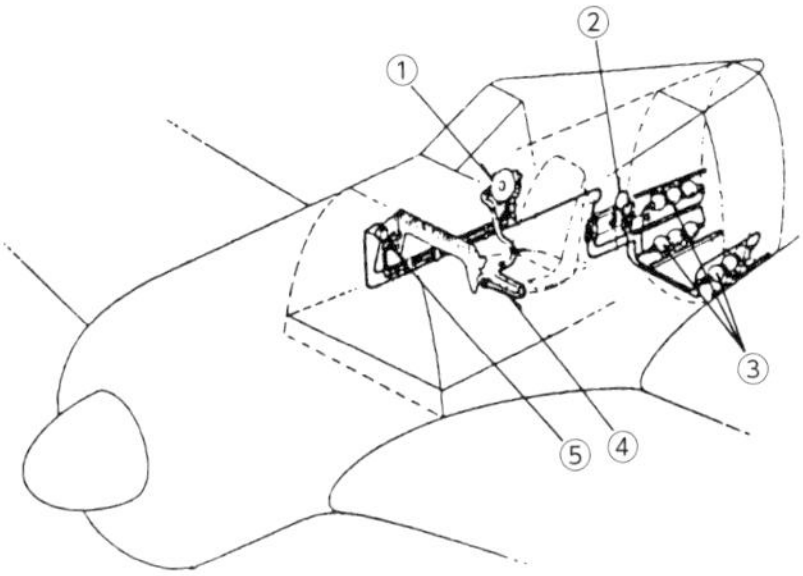

①流量調節器、②外部補給口、③ボトル、④ホース、⑤酸素圧力計

速度計測システム(A-8)

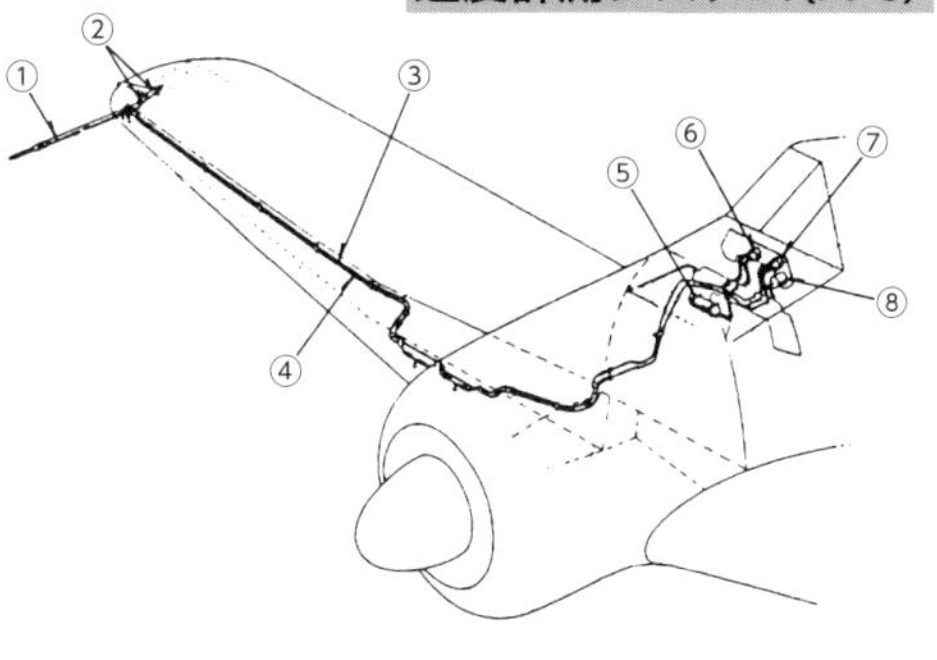

①ピトー管、②ピトー管電熱パイプ、③動圧パイプ、④静圧パイプ、⑤差圧空気チェンバー、⑥昇降計、⑦速度計、⑧気圧高度計

Fw190A-1の射撃兵装システム

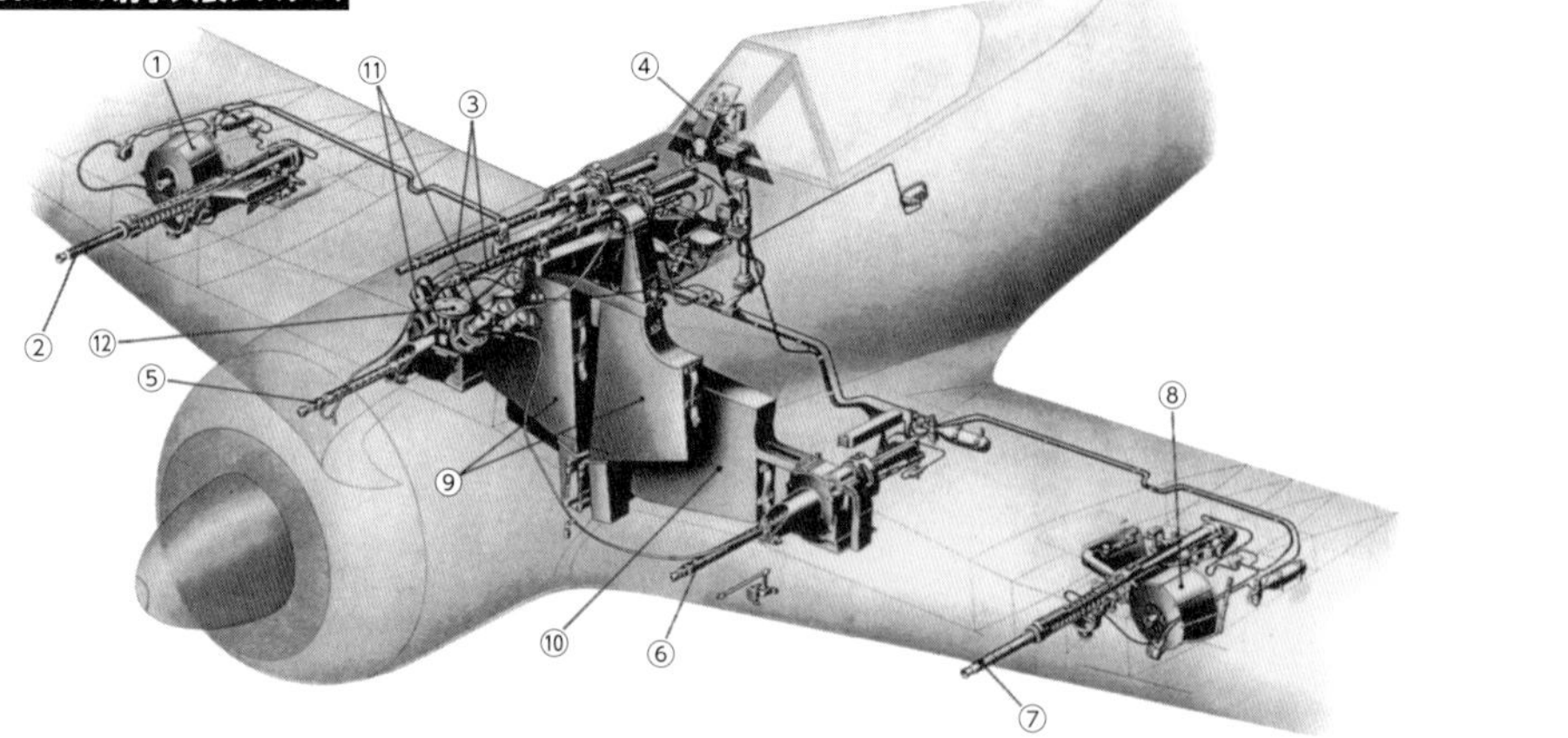

①右外翼MGFF 20㎜機銃 ドラム弾倉（55発入）
②右外翼MGFF 20㎜機銃
③機首上部MG17 7.92㎜機銃
④Revi C12/D光像式射撃照準器
⑤右主翼付根MG17 7.92㎜機銃
⑥左主翼付根MG17 7.92㎜機銃
⑦左外翼MGFF 20㎜機銃
⑧左外翼MGFF 20㎜機銃 ドラム弾倉（55発入）
⑨機首上部MG17 7.92㎜機銃弾倉（850発入）
⑩左主翼付根MG17 7.92㎜機銃弾倉（〃）
⑪機首上部MG17/プロペラ同調装置
⑫主翼付根MG17/プロペラ同調装置

←A-1の機首上部MG17 7.92㎜機銃覆を開けた状態。開口部中央に縦に仕切っているのが弾薬供給筒、その左にみえるのがプロペラとの同調装置である。

①右主翼付根MG151/20 20㎜機銃②主翼付根MG151/20とプロペラの同調装置③右主翼付根MG151/20弾倉④左主翼付根MG151/20 20㎜機銃⑤左主翼付根MG151/20弾倉

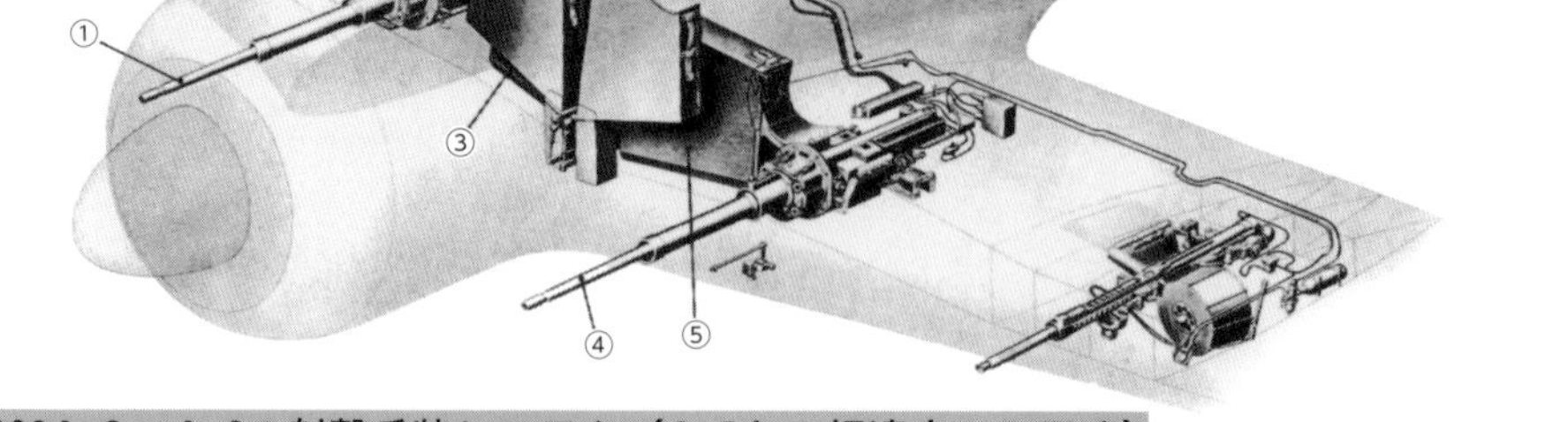

Fw190A-2～A-6の射撃兵装システム（A-1との相違点のみ示す）

弾倉に各４７５発携行した。

Ａ－１～Ａ－５までの外翼武装として用いられたＭＧＦＦは、スイスのエリコン社が開発したものをベースにしており、初速６００ｍ／秒、発射速度毎分５５０発、重量25㎏。口径はともかくとして、後述するＭＧ１５１／20に比較すると初速、発射速度ともかなり劣り、圧搾空気装填、バネ駆動給弾方式の旧式仕様に加え、かさばるドラム型弾倉にわずか55発しか携行できないなど、不満もあった。

これに対し、Ａ－２以降の主翼付根、およびＡ－６以降の外翼に装備されたＭＧ１５１／20は、Ｆｗ１９０に限らず、第二次大戦中のドイツのほとんどの戦闘機、爆撃機などに装備された主力20㎜機銃で、初速６９５～８００ｍ／秒、発射速度毎分７２０発、重量42.4㎏、全長１７６．５㎝。

電気装填式で、銃身が非常に長いのが特徴。弾丸は炸裂信管をつけた榴弾、焼夷榴弾などを用い、主翼付根に装備した場合は、胴体側の弾倉に各２５０発携行できた。外翼部に装備した場合の携行弾数は１４０発である。

〝Ｒ１〟仕様に指定されたＭＧ１５１／20を２挺パック装備のＷＢ１５１／20ガン・パックは、１挺につき１２５発携行する。

〝Ｒ２〟仕様に指定され、外翼内に装備したＭＫ１０８ 30㎜機関砲も、大戦中のドイツ大口径機関砲の中心兵器であった。特徴的なのは、部品の80％がプレス加工品で、安価／大量生産向きに設計されていたこと。反面、性能はやや低く、初速５３０ｍ／秒、発射速度毎分４５０発であった。重量は60㎏、全長１１２．５㎝でＭＧ１３１とほぼ同じ大きさ。

ブローバック作動方式を採り、着火は電気式だが、引鉄操作と弾丸装填には圧搾空気を用いるというユニークな構造だった。外翼部に装備したときの携行弾数は55発。

Ａ－５／Ｕ11と、Ａ－８、Ｆ－８の一部に〝Ｒ３〟仕様として用いられた長砲身ＭＫ１０３ 30㎜機関砲は、初

ラインメタル・ボルジヒMG131 13㎜機銃

ラインメタル・ボルジヒ MGFF 20㎜機銃

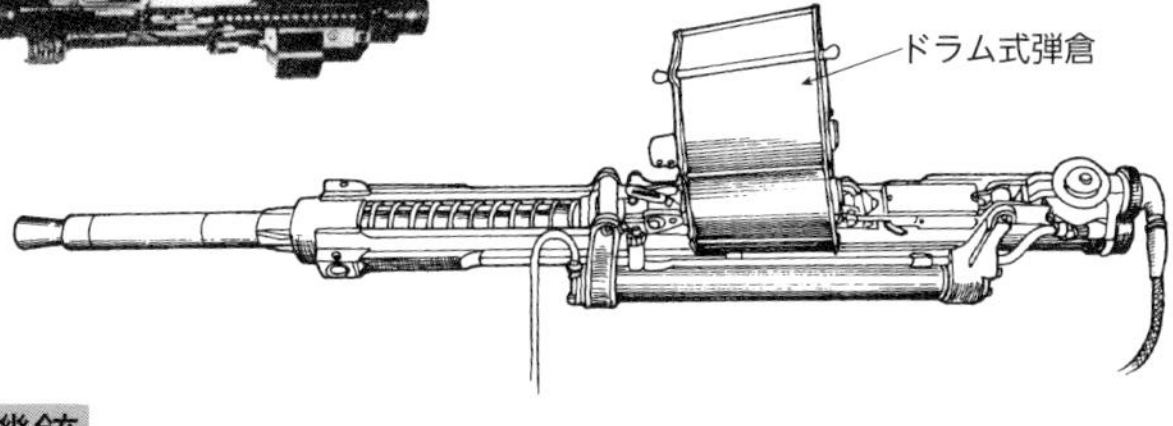

モーゼルMG151/20 20㎜機銃

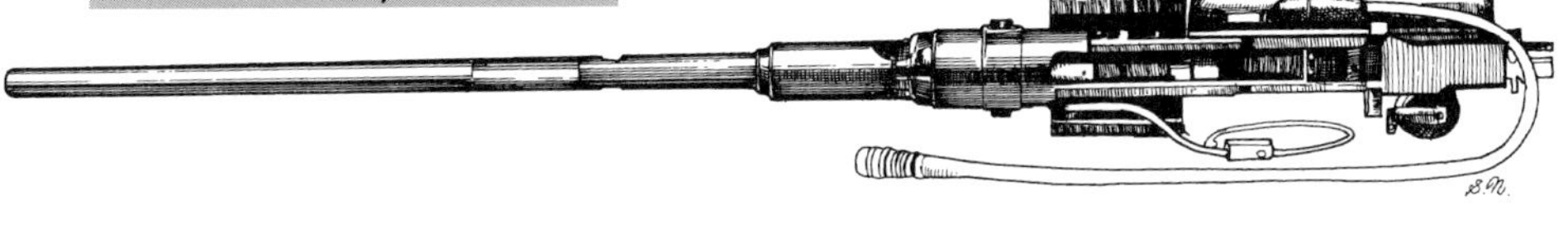

Fw190A-8、A-8/R1の射撃兵装システム

①右外翼MG151/20 20mm機銃
②弾薬供給筒
③弾倉(125発入)
④弾倉後部取付金具
⑤機首上部MG131 13mm機銃
⑥MG131取付金具
⑦弾薬供給筒

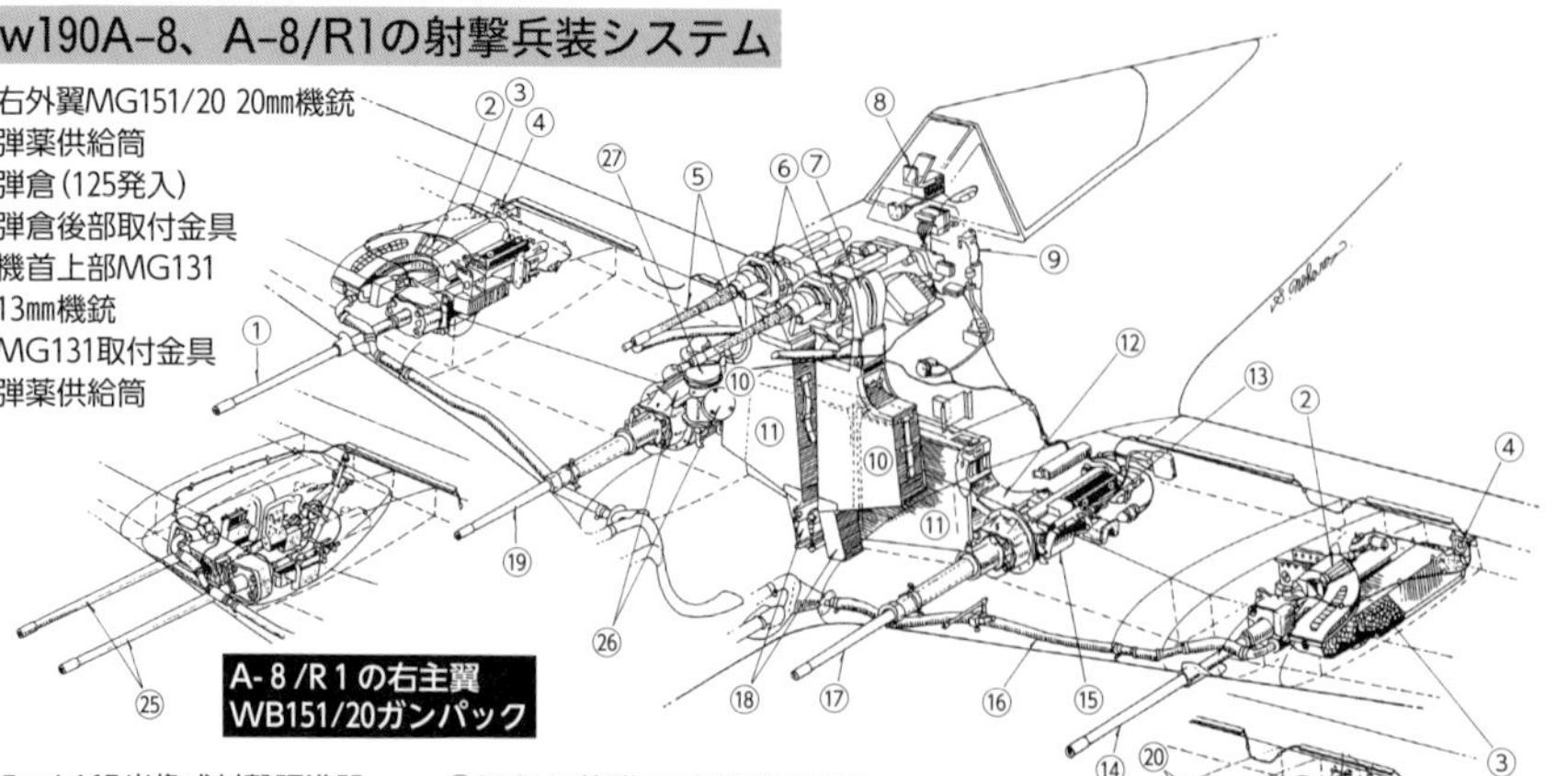

A-8/R1の右主翼

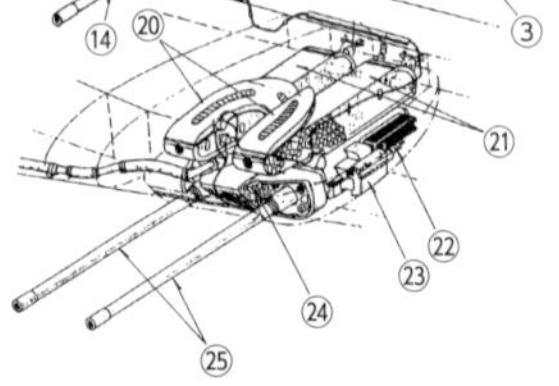

A-8/R1の左主翼W151/20ガンパック

⑧Revi 16B光像式射撃照準器
⑨KG13B操縦桿
⑩13mm機銃弾倉（400発入）
⑪20mm機銃弾倉（250発入）
⑫弾薬供給筒
⑬MG151/20後部取付金具
⑭左外翼MG151/20 20mm機銃
⑮装弾子/空薬莢排出筒
⑯機関銃暖房空気パイプ
⑰左主翼付根MG151/20 20mm機銃
⑱MG131装弾子/空薬莢排出筒
⑲右主翼付根MG151/20 20mm機銃
⑳弾薬供給筒
㉑20mm機銃弾倉（各125発入）
㉒ガン・パック後方取付金具
㉓装弾子/空薬莢排出筒
㉔ガン・パック前方取付金具
㉕MG151/20 20mm機銃
㉖MG131/プロペラとの同調装置
㉗主翼付根MG151/20/プロペラとの同調装置

A-8の各機銃弾道図（平面）

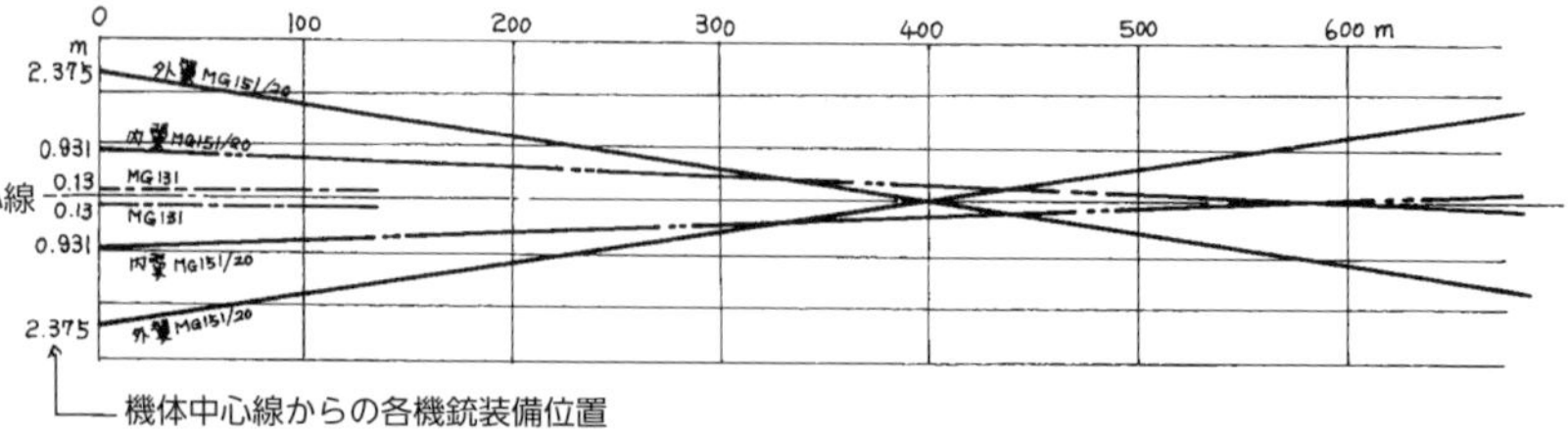

ラインメタル・ボルジヒMK108 30mm機関砲

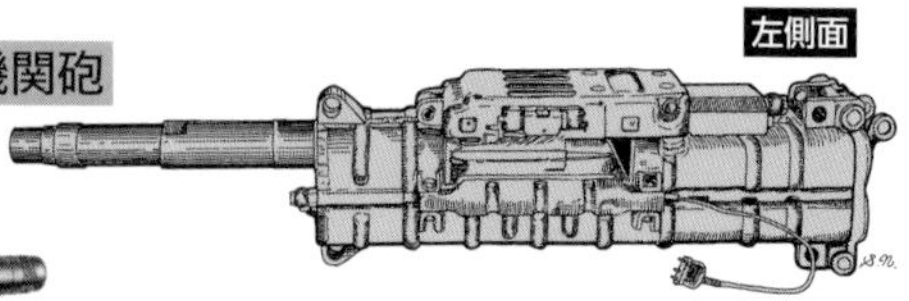

左側面

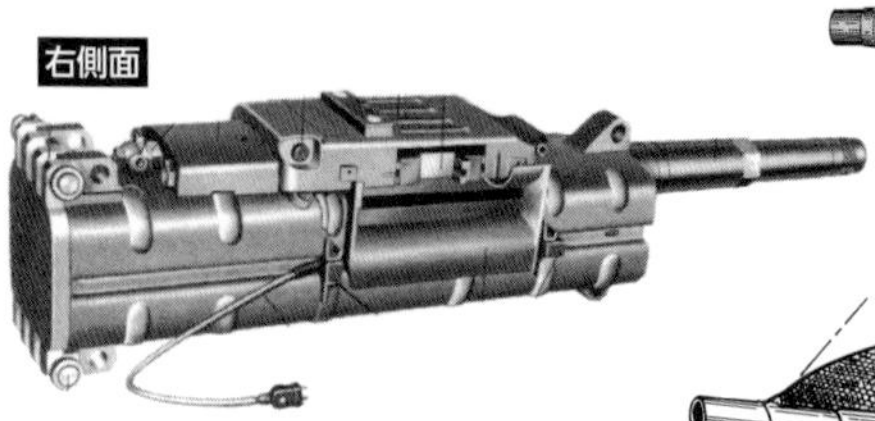

右側面

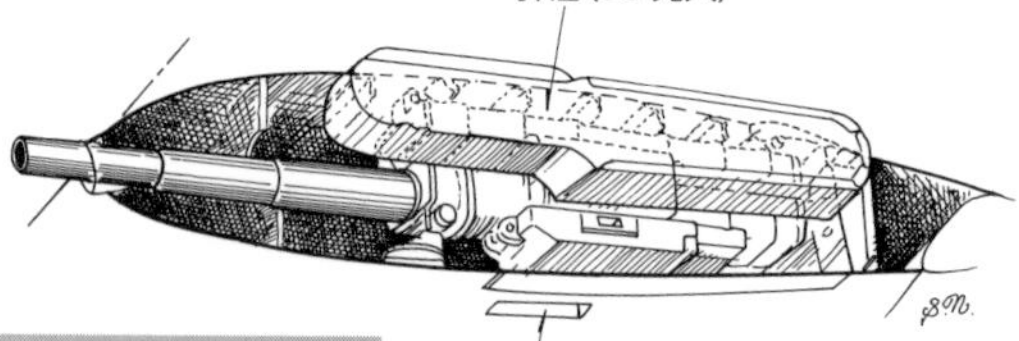

外翼MK108 30mm機関砲装備状態（A-8/R2）

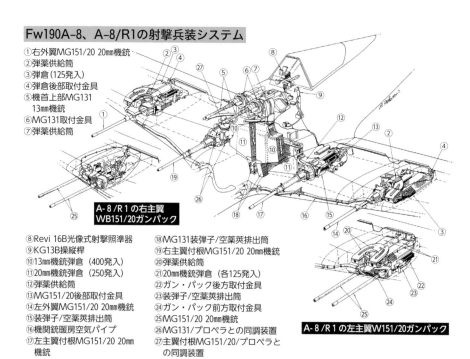

速940m／秒、発射速度毎分420発と、MK108よりかなり威力ある砲だったが、外翼下面に装備した場合の振動などが問題となって、一般的に普及しなかった。重量145kg、全長200cmと図体も大きく重く、さすがにタフなFw190も、これをもてあましたというのが実情のようだ。砲身反動装塡、電気着火方式を採っていた。

●射撃照準器

前述した各種射撃兵装と密接に関わるのが、その命中精度を左右する照準器である。古くから光学機器の開発技術に長けていたドイツのこととて、すでに第一次世界大戦末期の段階で、初歩的な光像式照準器をモノにしていた。

第二次世界大戦勃発時において、Bf109Eなどが標準装備していたのが、カールツァイス社製ReviC／12Dで、機構的にも優れておりFw190Aシリーズも装備した。

そして1943年中期以降は、ReviC／12Dの機構を簡略化してコンパクト、かつ量産性を向上させたRevi16に更新。Fw190も最後まで本器を標準装備で通した。

大戦末期、Me262ジェット戦闘機の一部は、革新的なジャイロ・コンピューティング方式のEZ42照準器を装備したが、Fw190はDシリーズ、Ta152も含め、装備には至らなかった。

Revi C/12D光像式射撃照準器詳細

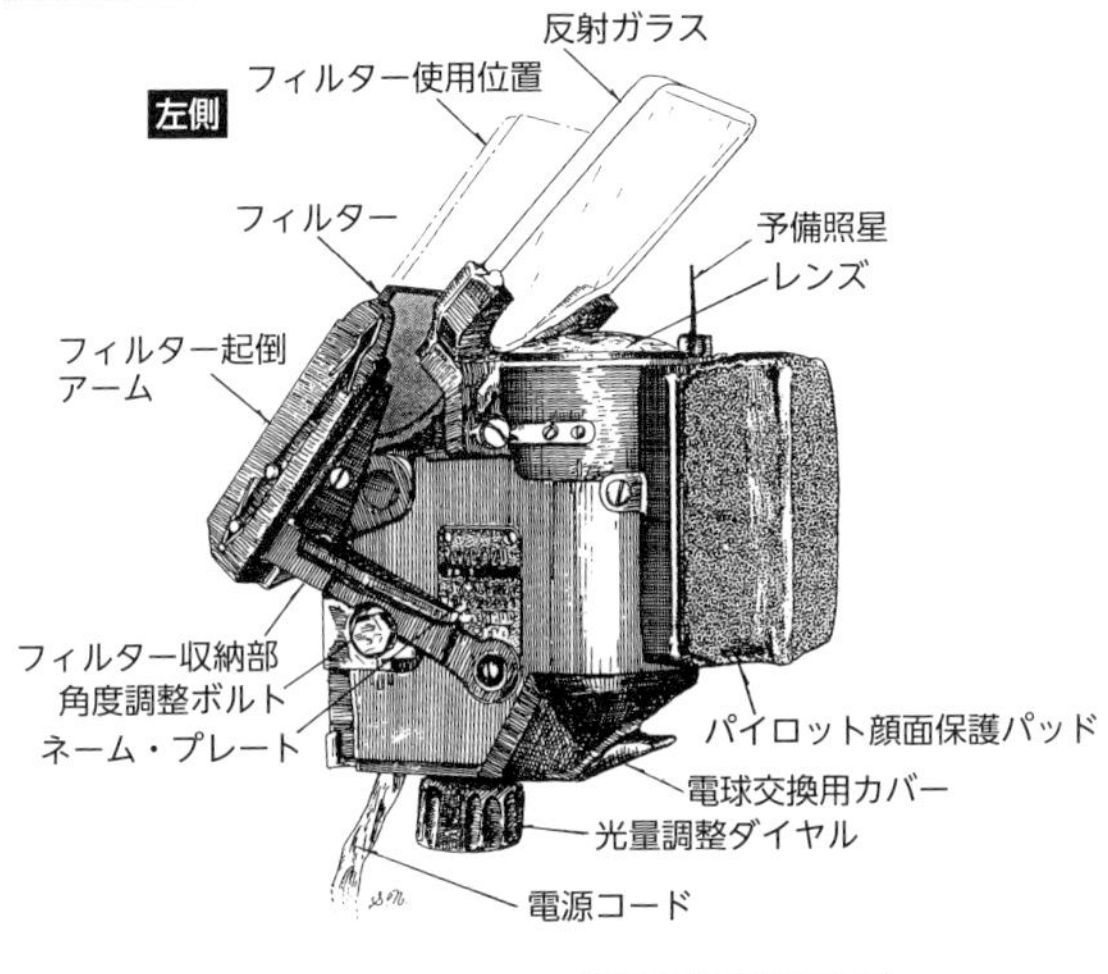

Revi 16B照準器

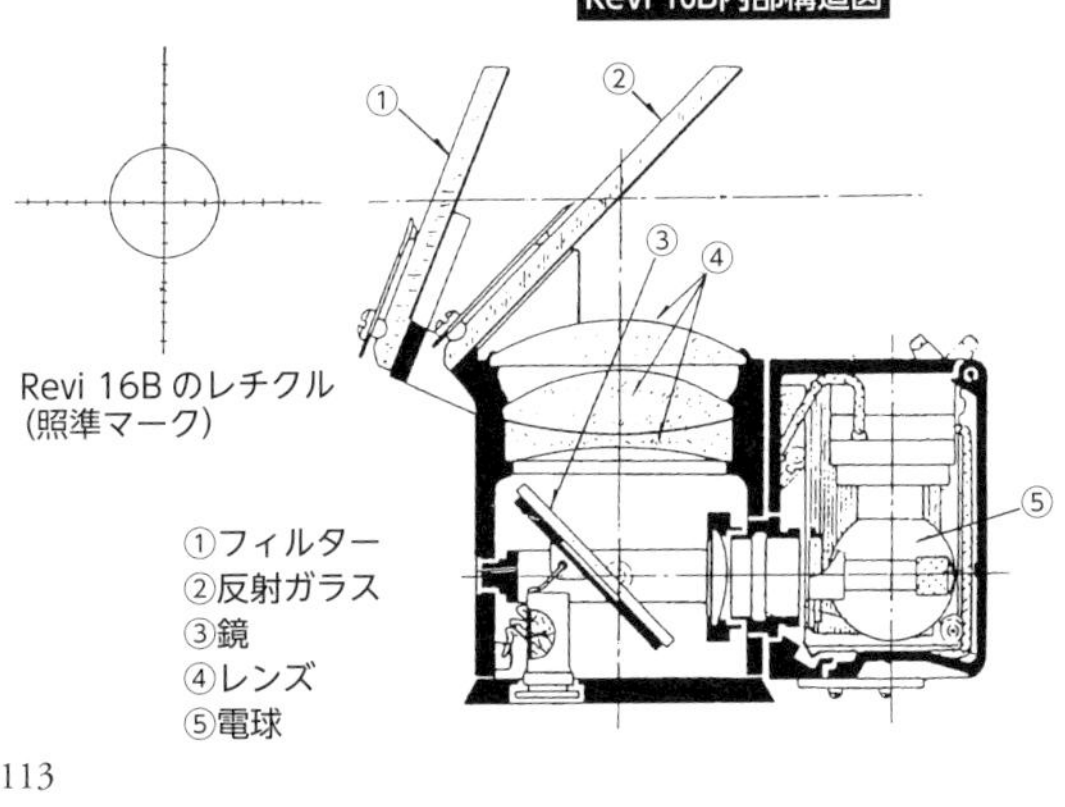

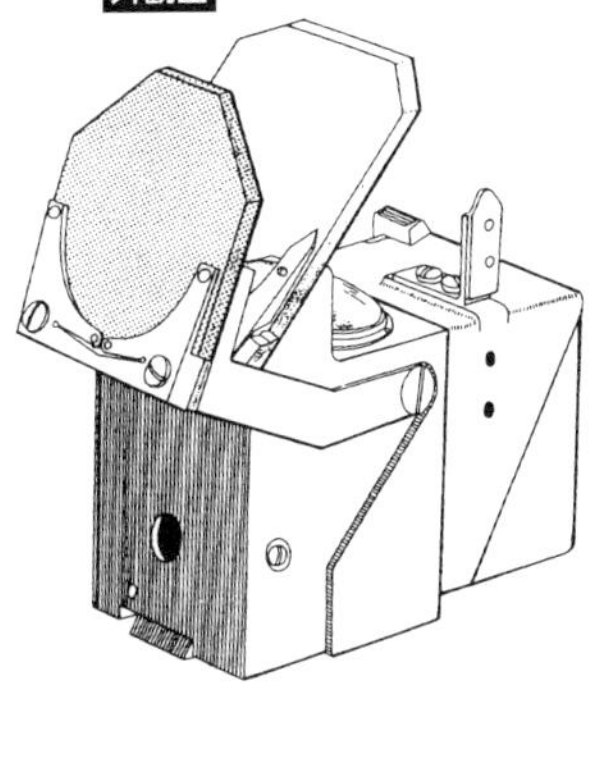

●防弾装備

最初の生産型A－1の就役が、大戦初期の1941年夏になったこともあり、Fw190は当初から防弾装備には十分配慮しており、下図に示す如くカウリング先端の潤滑油タンク／冷却器まわり、操縦席周囲を装甲板、防弾ガラスで防護していた。

また、戦闘爆撃機型のFシリーズは、対空砲火の被弾に備え、カウリング下面と燃料タンク下面パネルを6、5㎜厚の装甲板とし、タンク後面にも8㎜厚の装甲板を追加するなど、対策の徹底を図っていた。

1943年秋に登場した、本土防空任務の〝突撃機〟仕様は、B－17、－24両四発重爆の強力な防御武装から身を守るため、下図に示した如く操縦室周囲の追加防弾ガラス、装甲板に加え、MK108 30㎜砲装備のA－8／R2は、その弾倉の前、側、下面に4㎜厚の装甲板を取り付けて、被弾のリスクに備えていた。

防弾装備

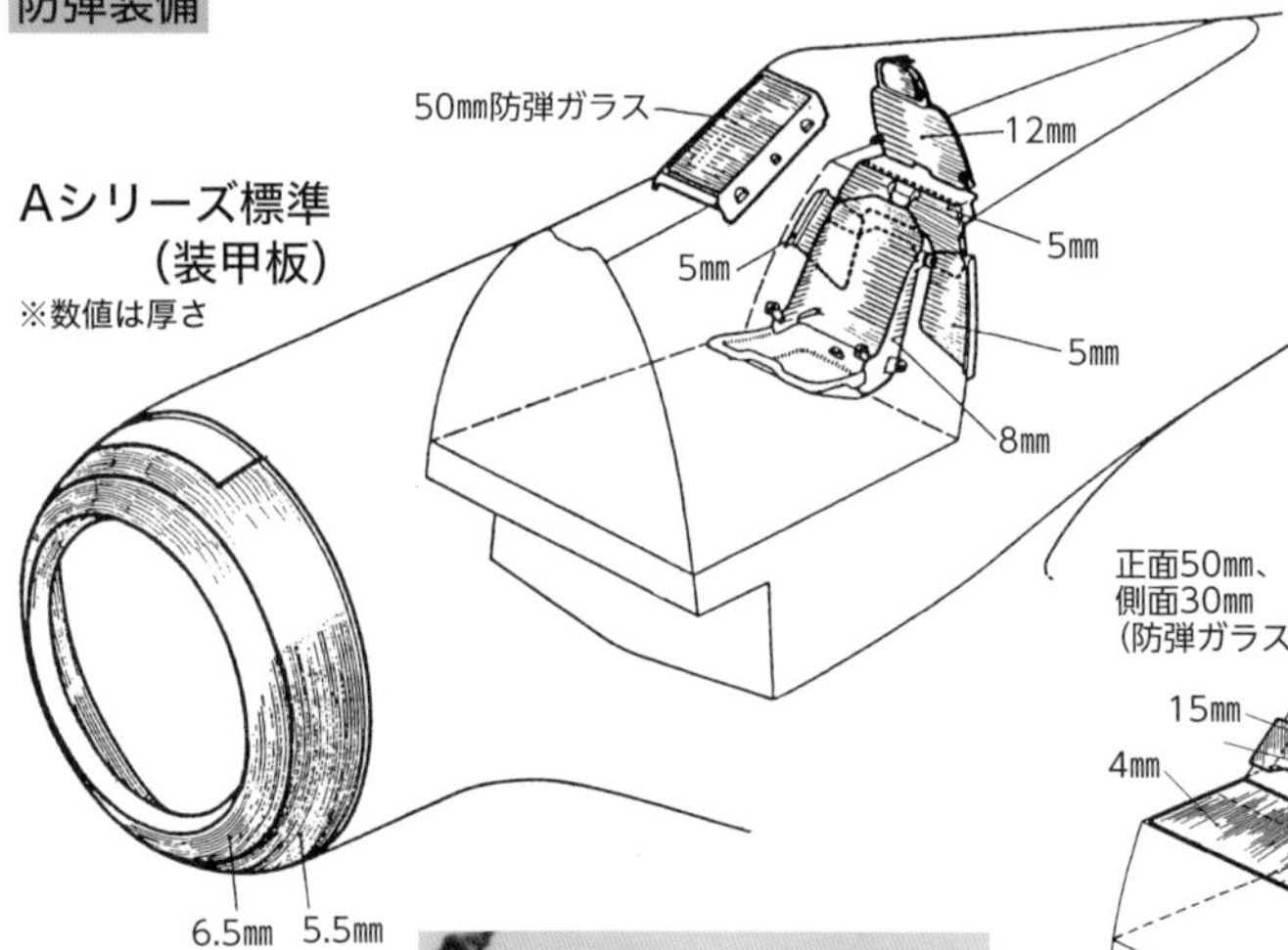

A-6、A-7、および
A-8/R2突撃戦闘機

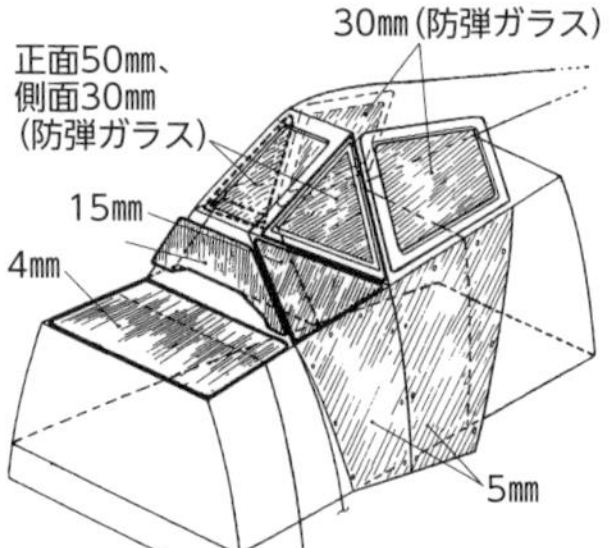

→A-8/R2の側面防弾ガラス装着状況

A-8/R2の外翼MK108周囲装甲板

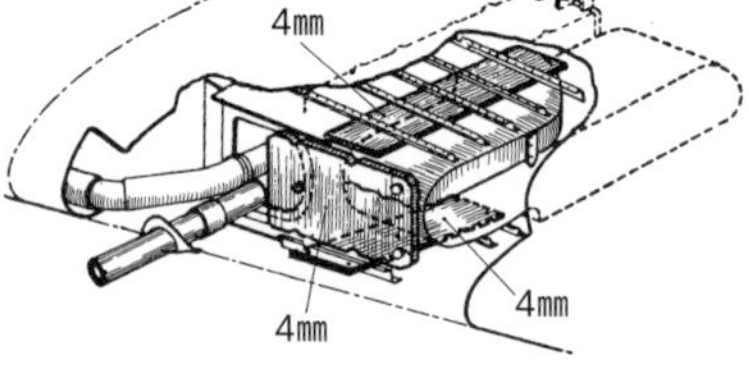

Fw190Fシリーズの防弾装甲板配置

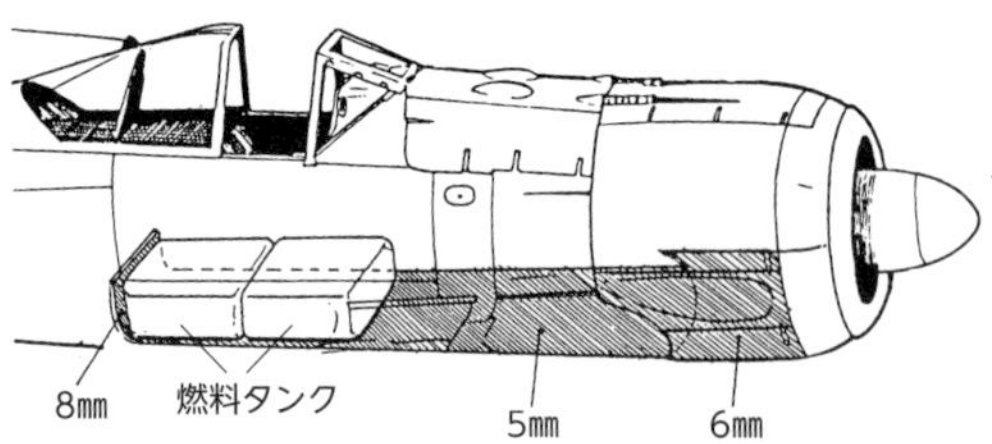

●爆弾／魚雷

本格的な対地攻撃機型が造られたこともあって、Ｆｗ１９０が使用した爆弾類は非常に豊富だが、弾種そのものはＳＣ——通常爆弾、ＰＣ——徹甲爆弾、ＳＤ——破片爆弾、ＡＢ——親子爆弾の４種である。併載図のごとくそれぞれが重量別に何種かあったが、通常１個のラックに懸吊できるのは５００kgまで。

これらの懸吊具として主用されたのが、胴体下面のＥＴＣ５０１である。ＥＴＣは〝Ｅｌｅｋｔｒｉｓｃｈｅ Ｔｒäｇｅｒｖｏｒｒｉｃｈｔｕｎｇ ｆüｒ Ｃｙｌｉｎｄｅｒｂｏｍｂｅｎ〟の略で「電気作動式円筒型爆弾懸吊具」の略。５０１は型式番号。その懸吊要領は併載図を参照されたい。

マニュアルの注意事項として、このＥＴＣ５０１をセットする前に、あらかじめ機首上面ＭＧ17またはＭＧ１３１、主翼付根ＭＧ１５１／20の各弾倉には補給を済ませておくことと記されている。というのも、ＥＴＣ５０１本

爆弾投下システム

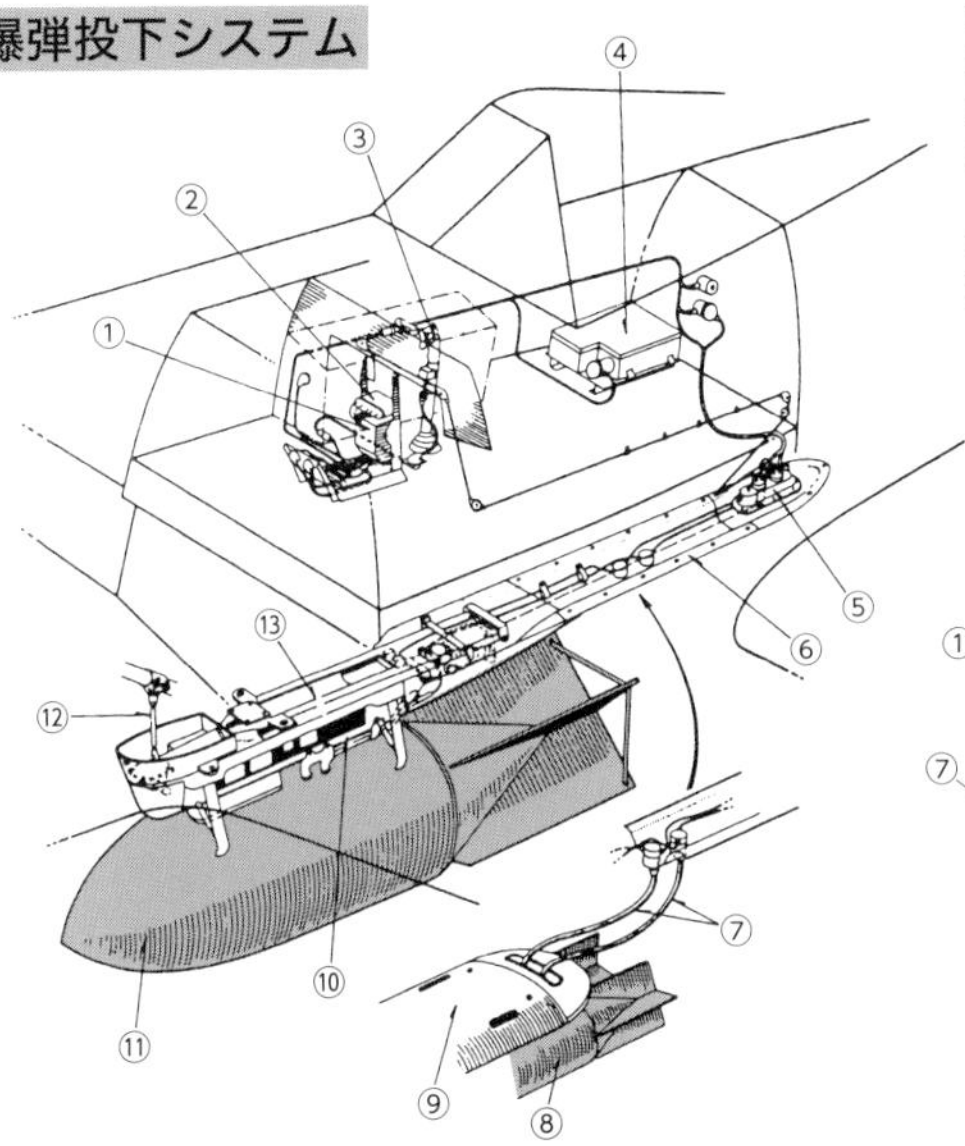

ETC501懸吊具部品構成

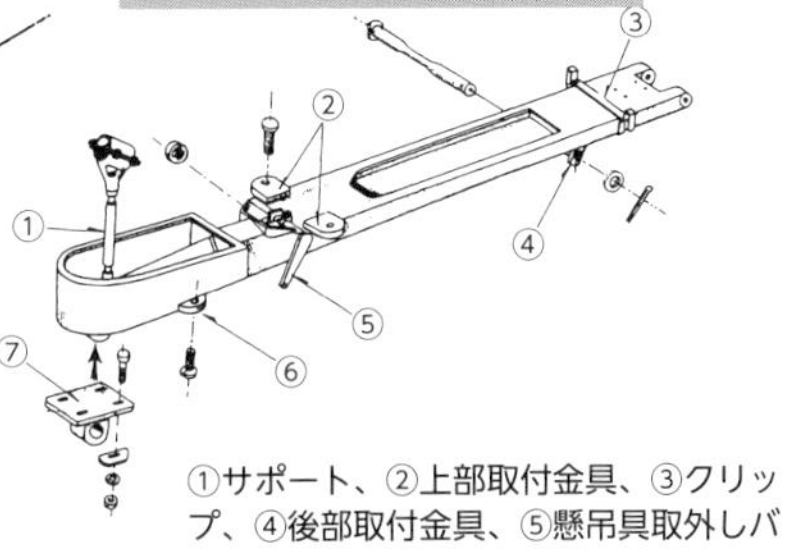

①サポート、②上部取付金具、③クリップ、④後部取付金具、⑤懸吊具取外しバネ、⑥下部取付金具、⑦前部取付金具

ETC501取付位置（各派生型含む）

A-7までのETC501取付位置

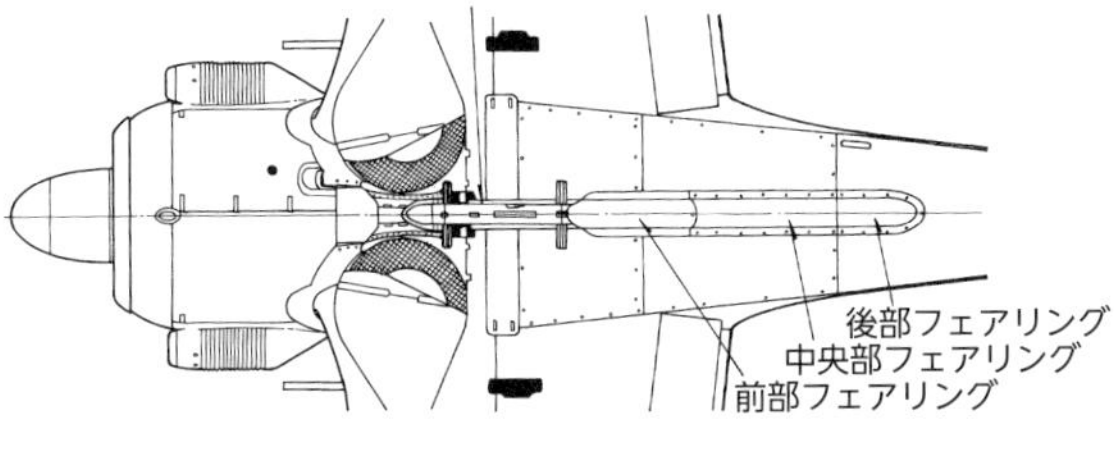

A-8以降のETC501取付位置

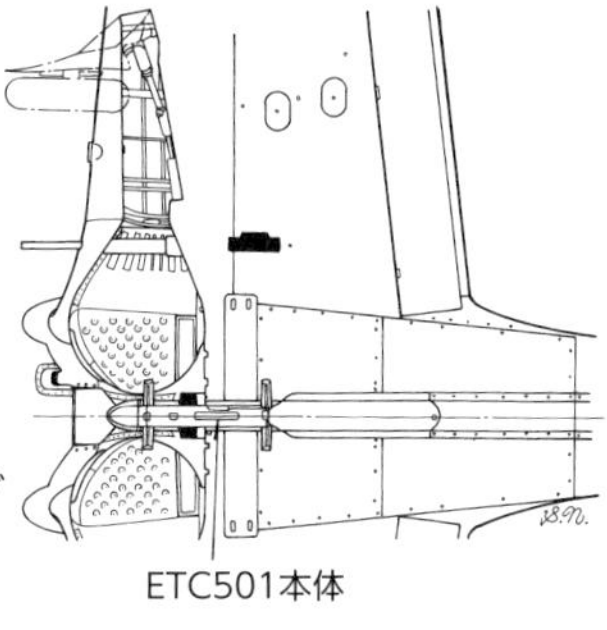

体が、ちょうど主翼下面の弾倉着脱パネルにオーバー・ラップしているからである。ETC501本体は、その際、後部を基点に下方へ折り曲げられる。

F－8／R15、R16で使用、または使用される予定だった魚雷型爆弾（目標手前の海中に投下し、水面下の部分に激突させる対艦船用爆弾）〝BT〟は、BT200、400、700、1400の4種（それぞれの数字は重量－kgを示す）あったが、BT1400のみは、専用のETC502ラックでないと懸吊できない。

A－5／U14、F－8／R14に使用されたLT F5bは、ドイツが大戦中に実用した唯一の航空魚雷で、重量は750kg。当時の日本海軍が使用していた九一式航空魚雷などに比べると、性能、威力ともに低かったが、大西洋、地中海方面でJu88、He111などに懸吊され、一定の戦果を記録した。しかし、Fw190は実戦使用するまでには至らなかった。LT F5bも、ETC502ラックに懸吊した。

Fw190が用いた各種爆弾、魚雷（同率スケール）

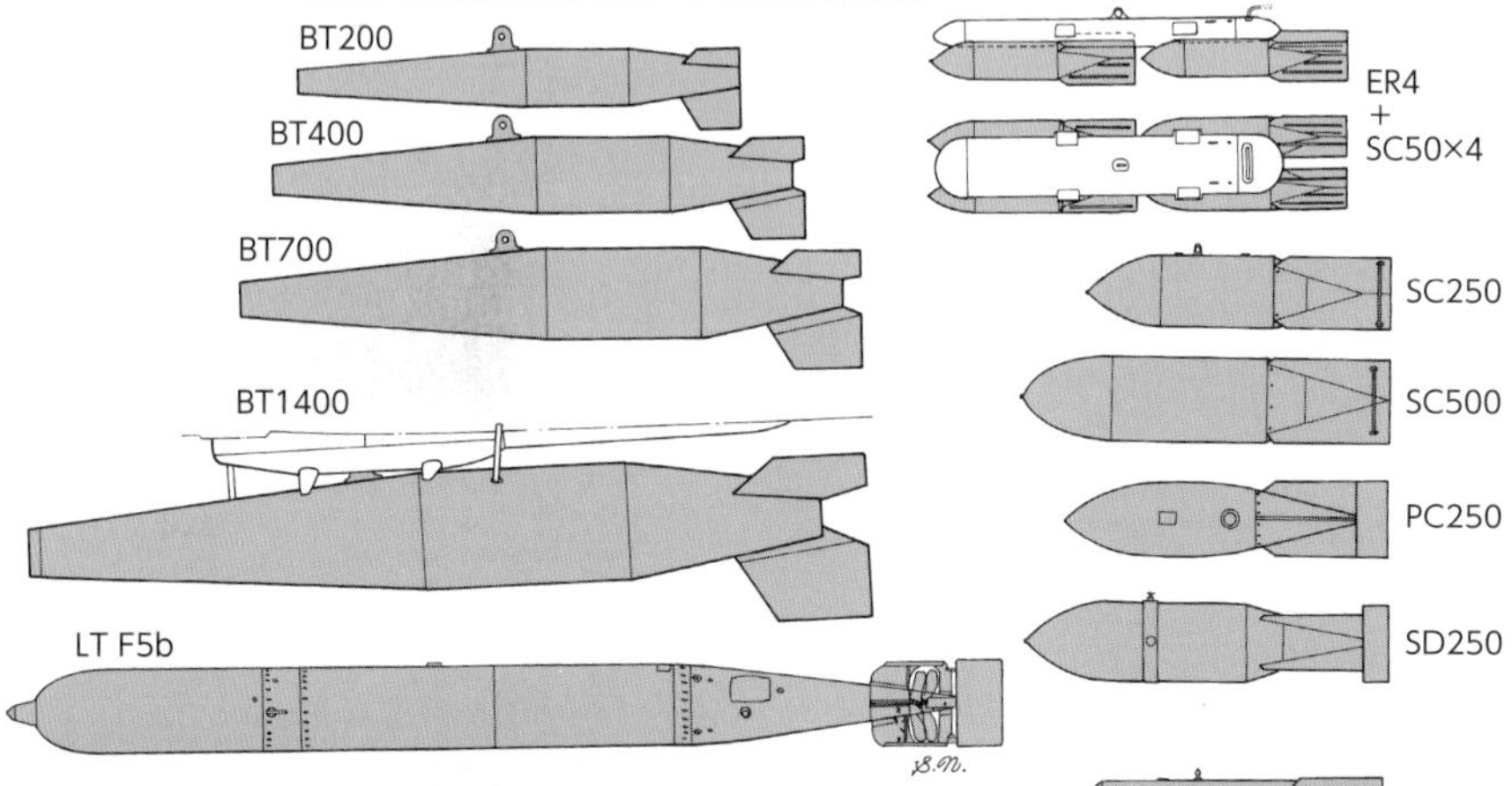

↑Fw190F-3/R1/TropのETC501ラックに懸吊された、AB250クラスター型爆弾。

→Fw190A-4/JaboのETC501ラックに懸吊された、SD250破片爆弾。

●「BR21」（W・Gr21）

　Ｆｗ１９０に限らず、本土防空任務に服したＢｆ１０９、Ｂｆ１１０、Ｍｅ４１０なども使用した、対四発爆撃機用空対空ロケット弾。接頭記号のＢＲは〝Ｂｏｒｄｒａｋｅｔｅ《ボルトラケーテ》〟の略で、固定ロケットの意。陸軍が使用していた〝Ｎｅｂｅｌｗｅｒｆｅｒ42〟と称するロケット臼砲を、空対空用に改造したもの。型式名の21は弾体直径21cmを示す。弾頭重量41kg、重量１１２.５kgと大型で、時限信管を用いて発射地点より５００～１，０００ｍの間で爆発するようにセットされた。

　炸裂中心点を基準に30ｍ範囲内の敵機を破壊することができたが、発射速度が３１０ｍ／秒と遅く、安定ヒレなどもないため直進性が悪く、発射距離判定の困難さなどが原因で、決定的兵器とはなり得なかった。

　発射筒（ランチャー）は、両翼下面に各１本ずつ懸吊されるが、単純な筒内に３条の軌道を設けただけの簡単な構造だった。１本のフックで吊り下げ

Fw190Fの主翼下面小型爆弾/ロケット弾架

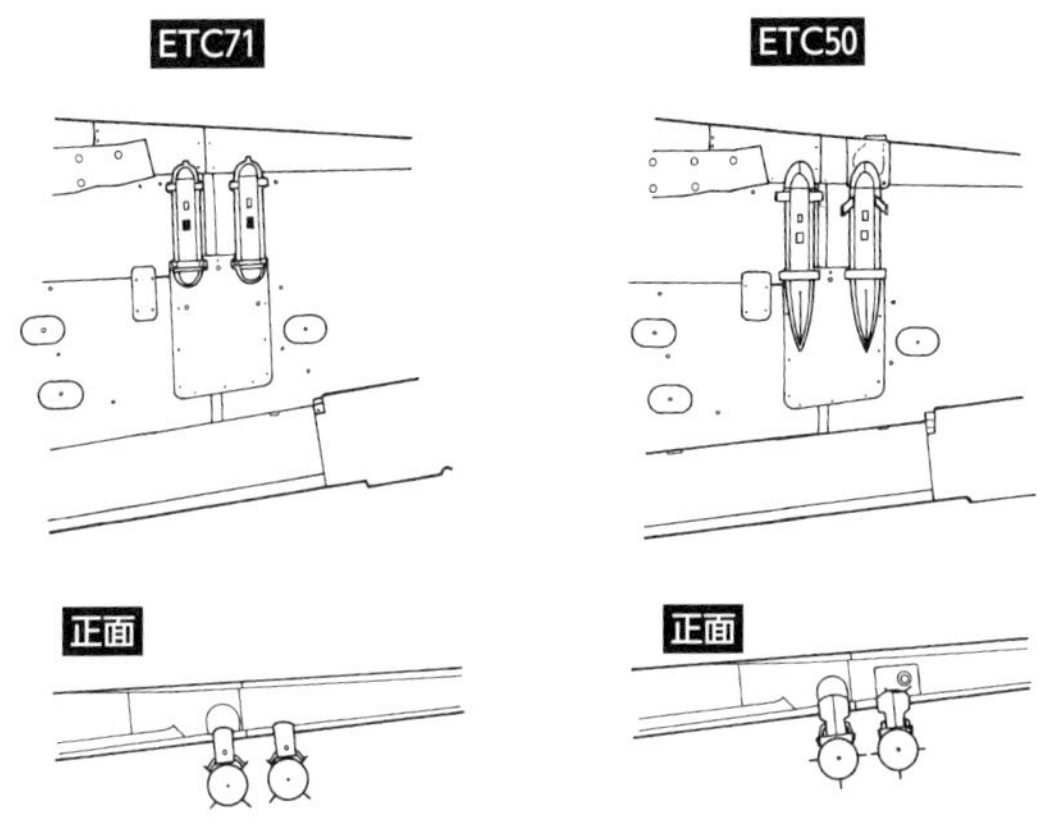

↑A各型Jabo、F、Gシリーズの操縦室内主計器板中央下に設置された爆弾投下操作パネル。ダイヤルの位置を動かして降下爆撃、水平爆撃、遅延信管、または瞬発信管を選択する。そして、投下されてラックが空になると、その上にある4個のライトが順に点灯した。この装置一体をZSK224Aとしてキット化したわけである。

←チュニジア方面で連合軍側に鹵獲された第2地上攻撃航空団所属のG-3/Trop。ETC501にはER-4アダプター（初期型）を取付けている。初期のER-4は、前、後端が三角状（正面よりみて）に整形されていた。

られ、前、後、左、右4ヵ所の支柱で固定された。筒後方に着火コードが接続する。

　発射筒は、直進性の悪さを考慮し、胴体基準線に対してかなり上向きに懸吊されるため、空気抵抗も大きく、飛行性能に小さからぬ悪影響をおよぼした。Bf109ほどではないにしろ、Fw190も装備時には、高度5，000mにてノーマル状態に比べて約40～50㎞の速度低下をもたらし、離着陸時も慎重さを要求された。

　なお、発射操作は操縦桿上部の爆弾投下ボタンを押して行なった。

　兵装の項に附随すべき射撃照準器、装甲板、機銃弾道などは併載の図を参照されたい。

〔無線機、レーダー〕

　Fw190が使用した空対空、空対地交信用のVHF無線機は、A-3までがFuG Ⅶ、A-4以降がFuG16Z系で、ZEおよびZYは方向探知能力を有し、そのためのD／Fループ

BR21(W.Gr21)21㎝ロケット弾装備図

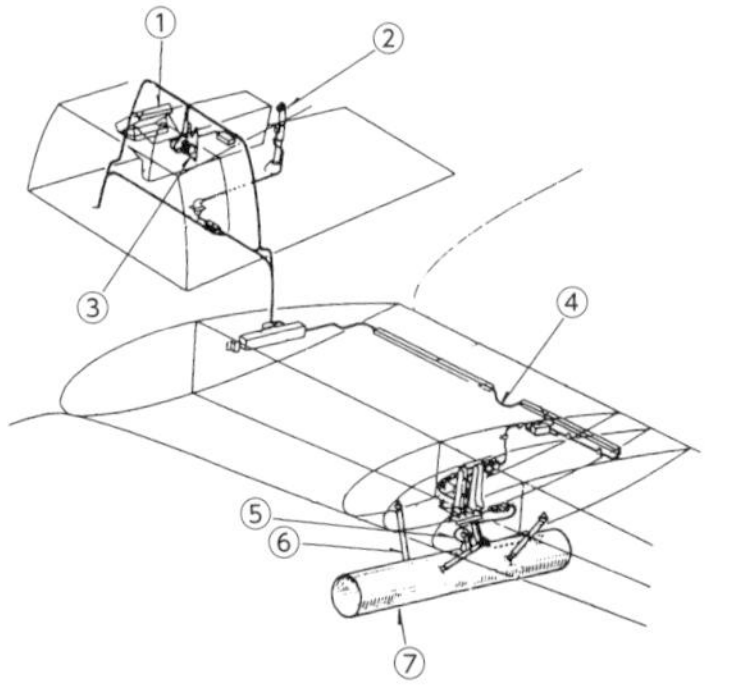

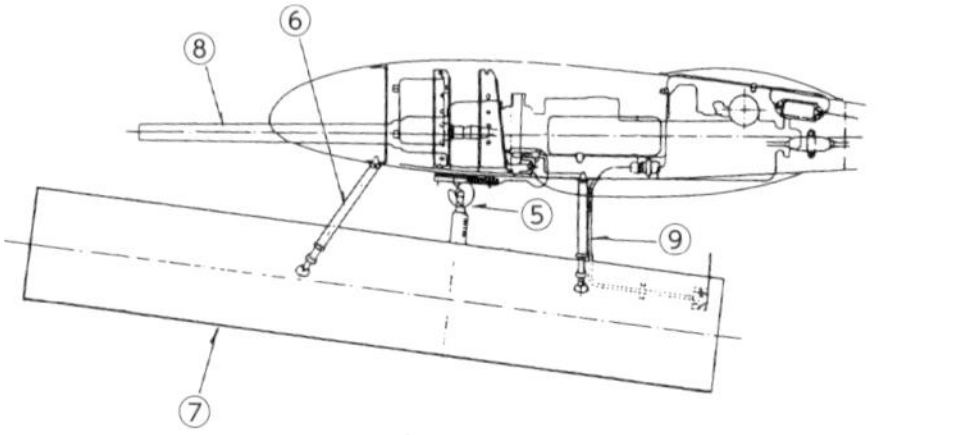

①ヒューズ接続器、②発射ボタン、③アーマメント・スイッチP-802、④電路、⑤ランチャー懸吊フック、⑥ランチャー支持架、⑦ランチャー、⑧外翼MG151/20、⑨着火コード

←1944年 春、JG26航空団本部小隊(Stab/JG26)所属の、Fw190A-8/R6の左主翼下面ランチャーに、BR21ロケット弾を装填中の地上員。重量が112kgもあるBR21をランチャーに装填するには、数名の地上員を必要とした。ランチャーの正確な装備位置に関しては、第一章P.45の図を参照されたい。

・アンテナを胴体下面に追加した。また、地上管制局からの指示を受信するためのモラーネ・アンテナを左翼付根下面に装備し、とくに〝ZY〟はトータルな地上管制システム〝Yシステム〟に適合させ、操縦室内操作部の4つの切換えチャンネルを使い、状況に応じた通話、受信が可能となった。

味方識別装置として用いたFuG25は、〝Erstling《エルストリング》〟（最初の出生）の名で呼ばれたゲマ社の製品で、本体はBG25、VK25、WK25、SE25aロータリー・インバーター、AAG25の各ユニットから成る。受信シグナルは123～128MHz、送信は150～160MHzの周波数域内で行なった。FuG25は地上警戒レーダー〝フライア〟との連係使用も可能で、有効探知距離は268km。胴体下面にロッド・アンテナを付けた。A-8以降は改良型のFuG25aに更新されている。

A-1～-3とA-8の各無線機器配置を下図に示す。なお、〝FuG〟

A-1～A-3の無線機システム

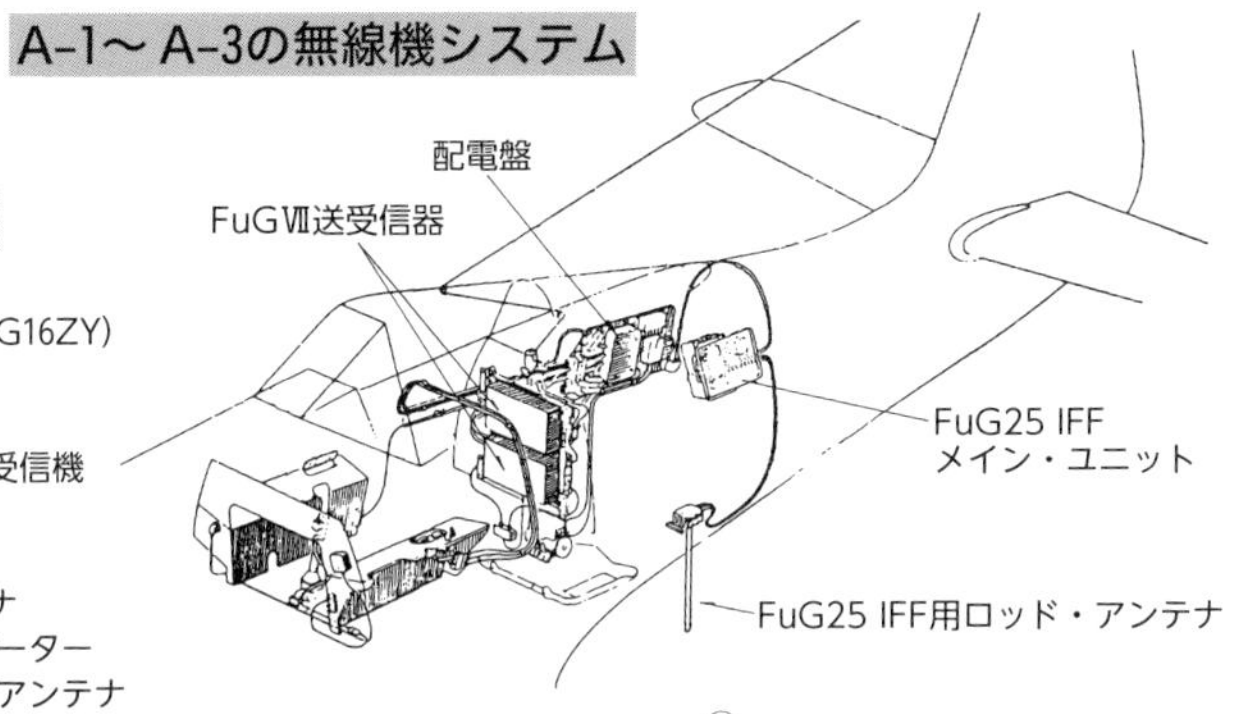

A-8の無線機システム

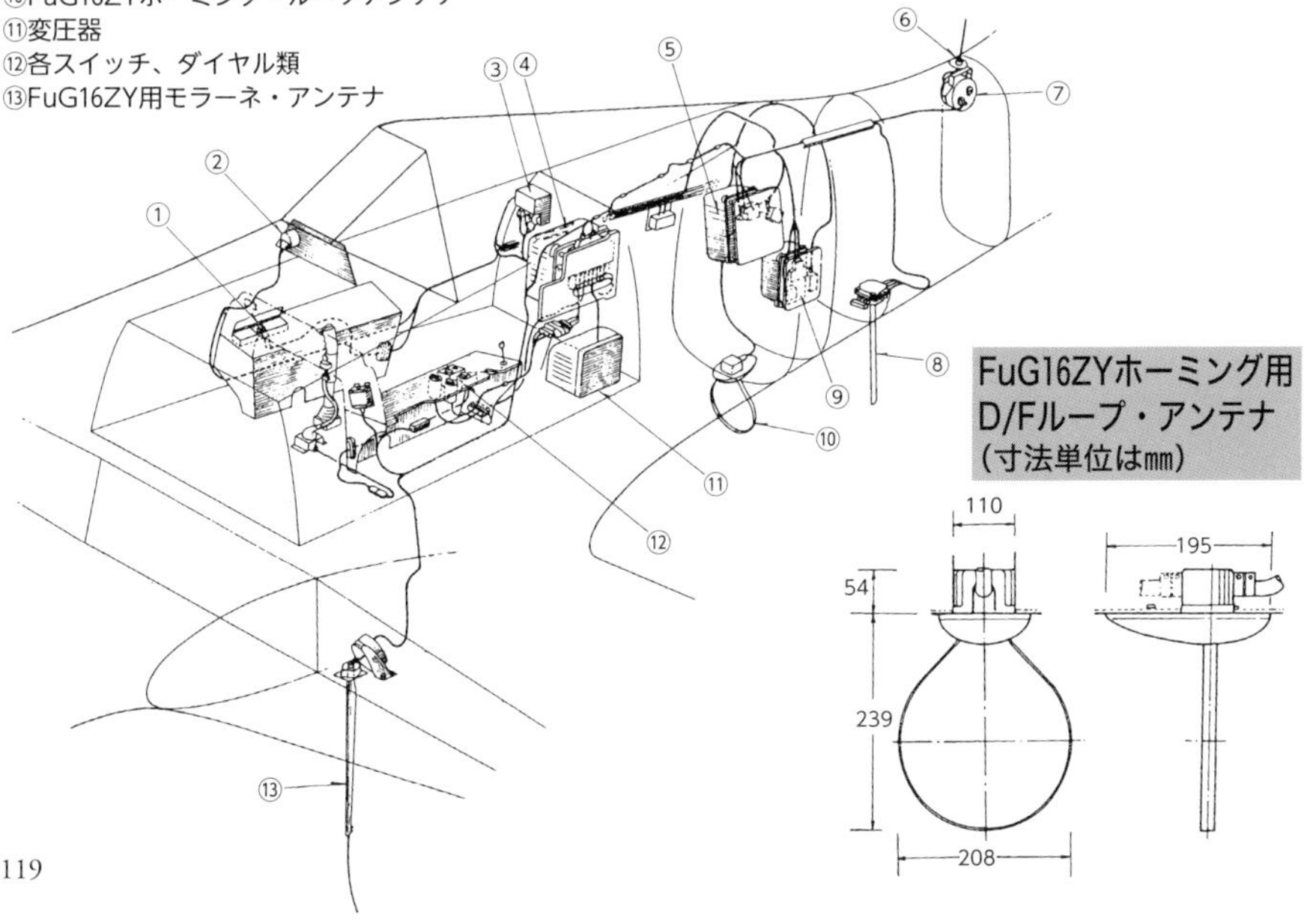

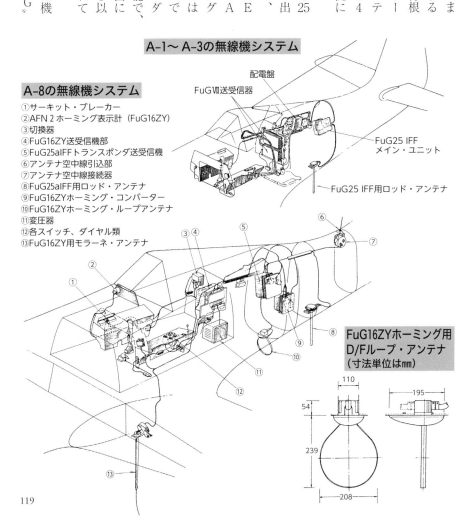

とは〝Funkgerät《フンクゲレート》〟(Radio or Rader Set)の略で無線、電子機器を示す接頭記号。

A－5、－6、－8の各夜間戦闘機型が用いた機上レーダーは、FuG216、217、218の〝Neptun《ネプツーン》〟(海神)各型で、それぞれ単発機用を用いた。

FuG216の単座機用は〝Neptun V〟と称し、周波数125MHz、〝有効探知距離は3,500m～500m、胴体前、後上面、両主翼付根上、下面に3～4本ずつの発、受信用ロッド・アンテナを付けた。

FuG217の単座機用は〝Neptun J－2〟と称し、周波数158～187MHz、有効探知距離4,000m～400m、アンテナの取付状況はFuG216と同じ。

FuG218はA－8に用いられたレーダーで、単座機用は〝Neptun J－3〟と称する。周波数はFuG217と同じだが、アンテナが八木タイプに変わり、左右主翼前縁に取り

Neptunレーダー

FuG216"Neptun V"およびFuG217"Neptun J-2"の主翼上面ロッド・アンテナ

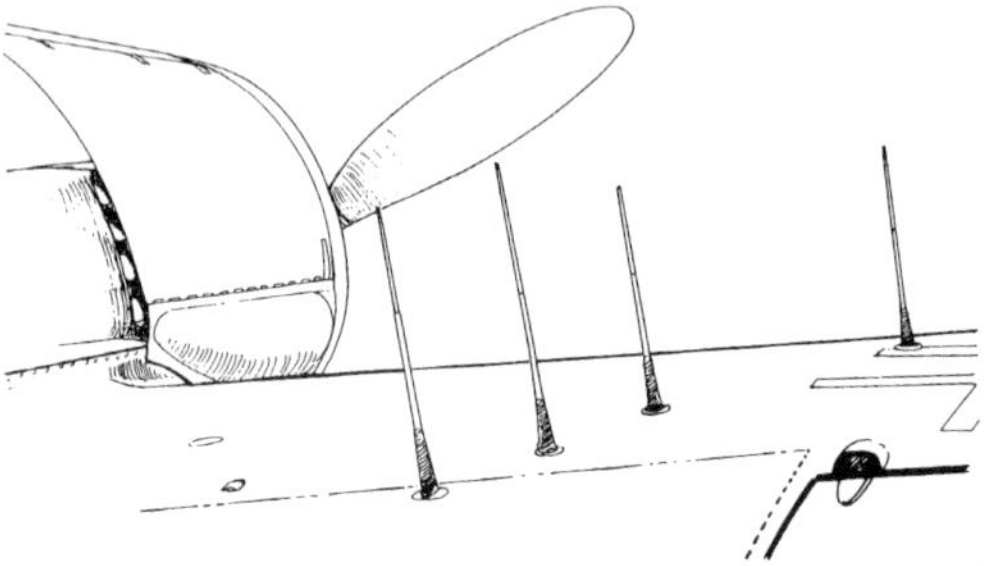

FuG216、217、218用レーダー・スコープ

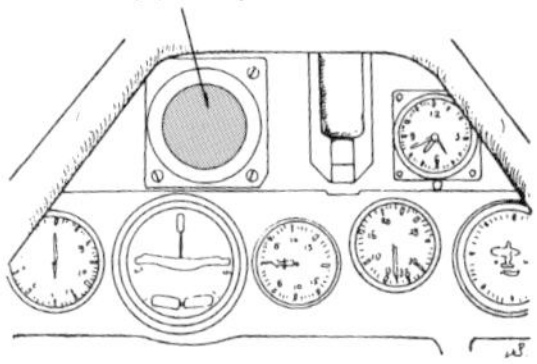

FuG218"NeptunJ-3"用八木アンテナ

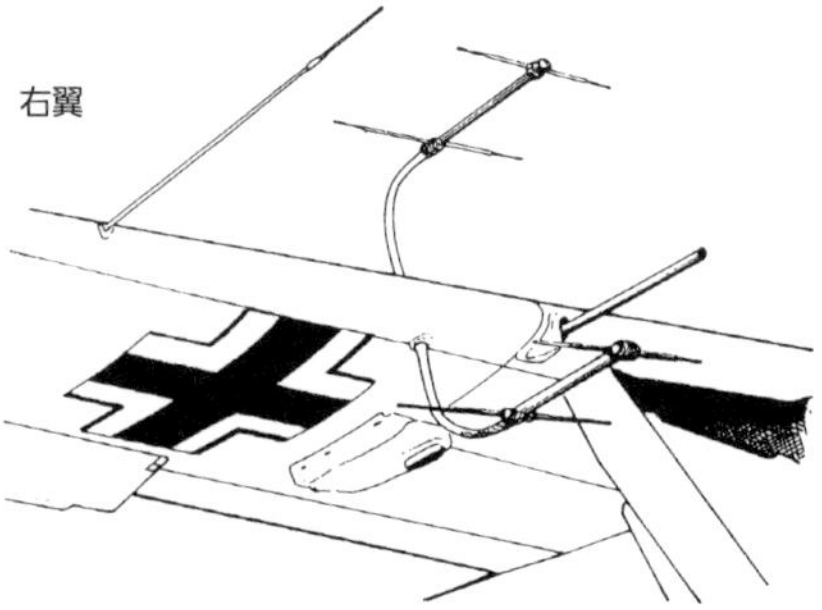

A-8夜戦用FuG218"NeptunJ-3"用八木式アンテナ取付位置(図は試験機を示す。実用機は取付基部の支柱が板状となる。

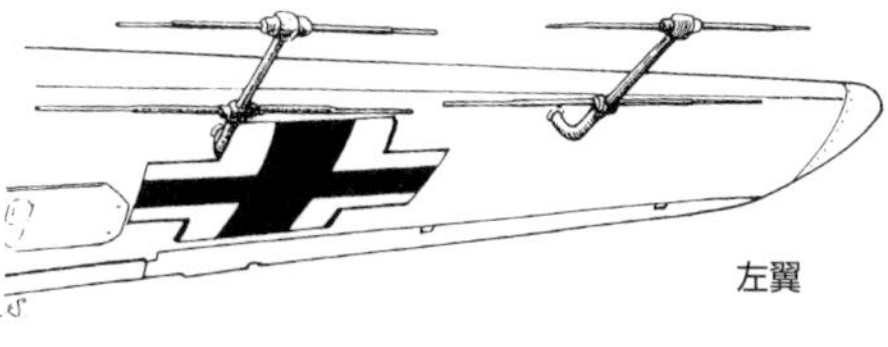

→F-8、G-8両戦闘爆撃機型の一部が使用したFuG101電波高度計用アンテナ。夜間、悪天候時の低空飛行を安全に行なうためのもので、2本のアンテナは送、受信用。左翼下面を反射板として利用していた。

付け法を変えて装備した。

これらの機上レーダーは、いずれもメートル波長を用い、今日のPPI方式と呼ばれる表示法ではなく、スコープの中の3本の陰極線管に現われる、ジグザグ模様の輝線を見て敵機の方位、距離を知るものだった。

スコープは、操縦室内正面パネルの左上、もと機銃弾残量ゲージのあった場所に取り付けられた。とにかく、1人でレーダーを操作し、解析し、なおかつ空戦も行なうという、単座夜戦乗りは、通常の昼間戦闘機乗りに比べて、また別の才能を要求された。

〔カメラ装備〕

A－3、A－4の戦闘偵察機型が用いた航空カメラは、いずれもBf109が使用したのと同じ、ネガ・サイズ30×30cmの大型がRb50/30、またはRb75/30、同7×9cmサイズがRb12.5/7×9である。しかし、戦闘爆撃機としてのほうの需要が高く、Bf109ほどは多くの戦闘偵察機型は

Bf109G/Kを例にした各カメラ装備要領

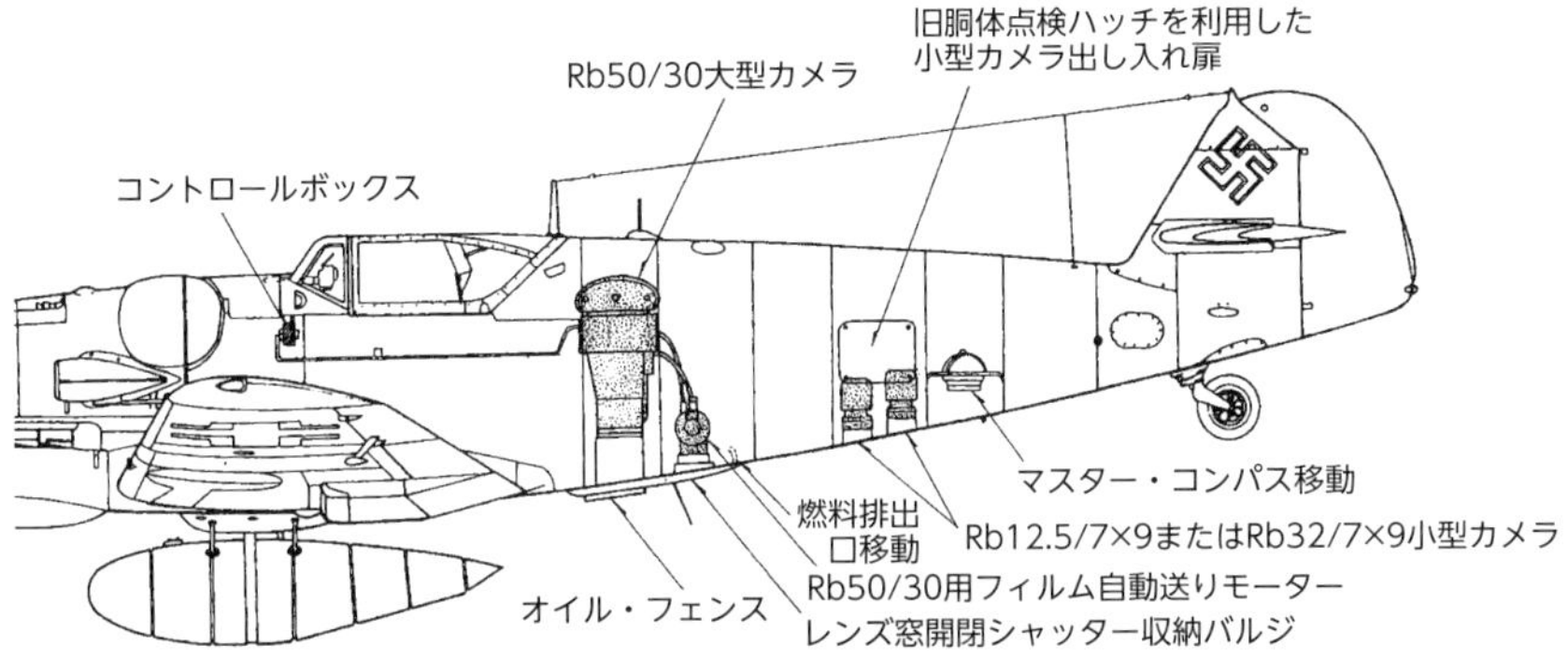

Rb50/30航空カメラ撮影窓詳細

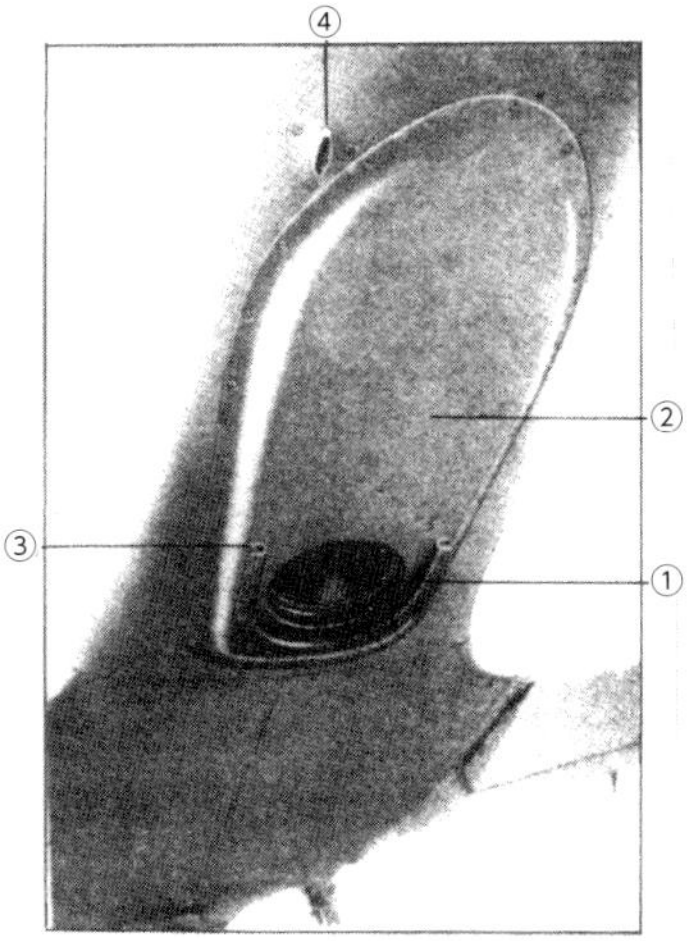

レンズ窓用オイル・フェンスおよび開閉シャッター収納部。①レンズ窓、②レンズ窓開閉シャッター収納部、③オイル・フェンス、④燃料排出口。

Rb50/30航空カメラ構成図

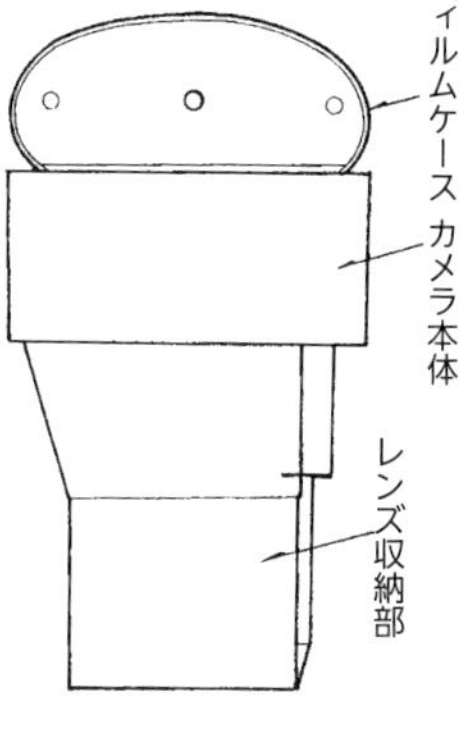

造られなかった。

Fw190へのRb50／30、またはRb75／30の搭載法は具体的な資料がなく不詳。恐らくBf109G／Kの場合とさして変わらないと思われる。

Rb12.5／7×9は、ちょうど胴体左側点検パネルが着脱パネルとなり、その部分の胴体内に、前、後に角度を違えて装備された。撮影窓を保護するため、胴体下面には開閉シャッターのバルジが張り出しているので識別は容易。カメラの操作盤は、操縦室内正面計器盤の、中央下に取り付けられる。

戦闘爆撃機型はA－4以降、戦闘機型はA－5以降から導入した、戦果確認用のEK16〝RobotⅡ〟ミニ・カメラ、およびBSK16ガン・カメラの取り付け法は、併載図を参照されたい。

当初は左外翼前縁に装備されたが、A－6以降は左内翼前縁が定位置となった。取付台、撮影窓は双方とも共通。

BSK16ガン・カメラは、射撃時の連続撮影が可能であり戦闘機型に、EK16はワン・ショットのみで、戦闘爆撃機型を中心に装備された。いずれも、操縦桿上部の機銃発射ボタンを押すと連動して作動するようになっていた。

↑↓わずか12機しかつくられなかった、最初の戦闘偵察機型Fw190A-3/U4の、第2訓練航空団第Ⅲ飛行隊第9（近距離偵察）中隊(9.(Aufkl.)/LG2)における貴重な写真。下写真は上写真の奥に写っている機体からRb12.5/7×9カメラの着脱シーン。

↑Fw190A-3/U4のRb12.5/7×9カメラの装備状態。

BSK16ガン・カメラ操作系統図

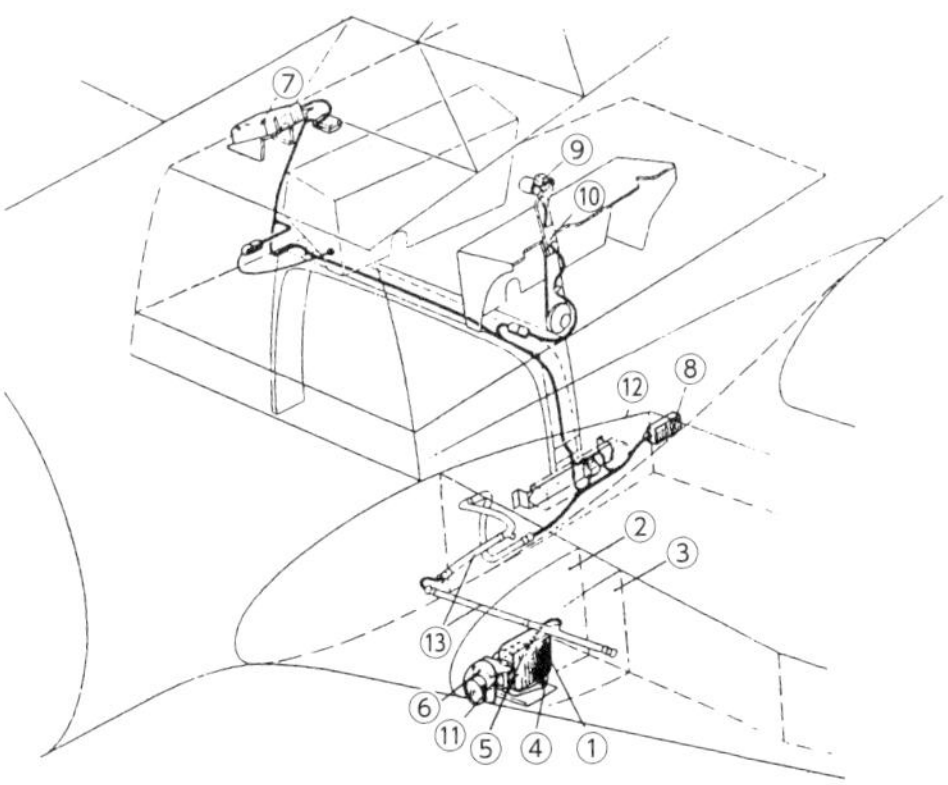

①BSK16ガン・カメラ②主翼リブNo. 3 b③主翼リブNo. 4④カメラ取付台⑤電気系統接続部⑥撮影窓⑦電気系統制御部⑧マグネチック・スイッチ⑨カメラ・スイッチ⑩スロットル・レバー⑪照準イメージ投影器⑫電気回路分岐部⑬ワイヤ導管

BSK16ガン・カメラ装備図

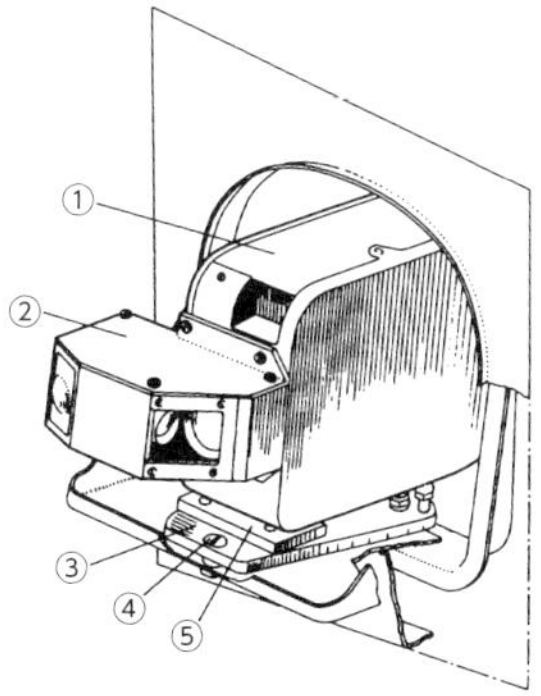

①BSK16ガン・カメラ②照準イメージ投影器③調整台④取付台前方固定部⑤カメラ前部固定部

EK16“ロボットⅡ”ミニ・カメラ操作系統図

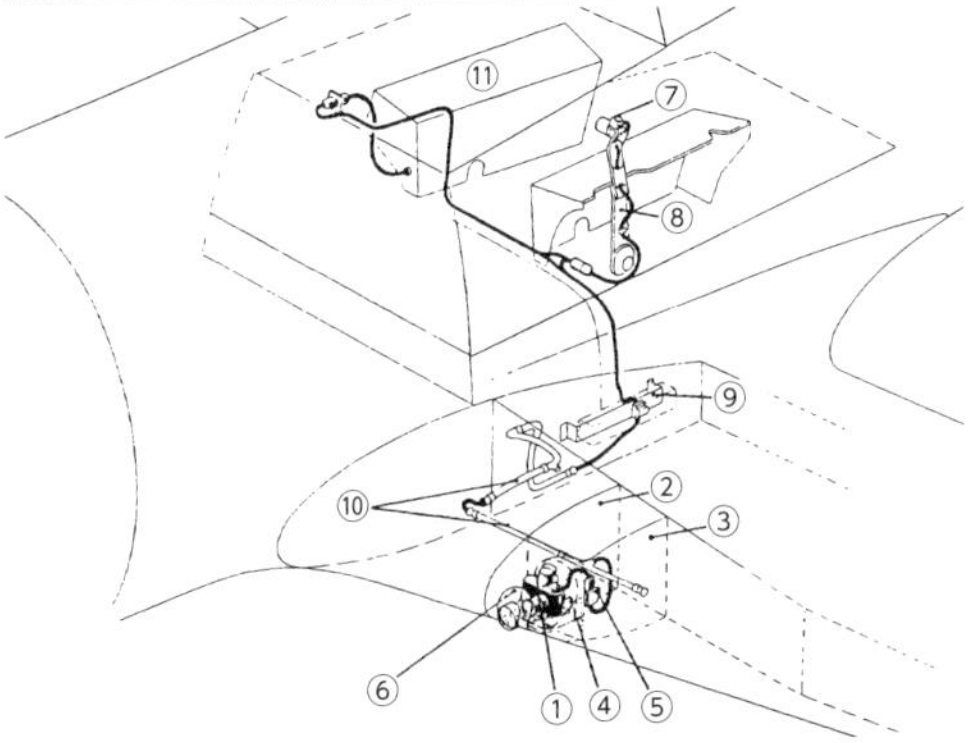

①EK16“ロボットⅡ”ミニ・カメラ②主翼リブNo. 3 b③主翼リブNo. 4④カメラ取付台⑤電気系統接続部⑥撮影窓⑦カメラ・スイッチ⑧スロットル・レバー⑨電気回路分岐部⑩ワイヤ導管⑪右サイド・コンソール

EK16“ロボットⅡ”ミニ・カメラ装備図

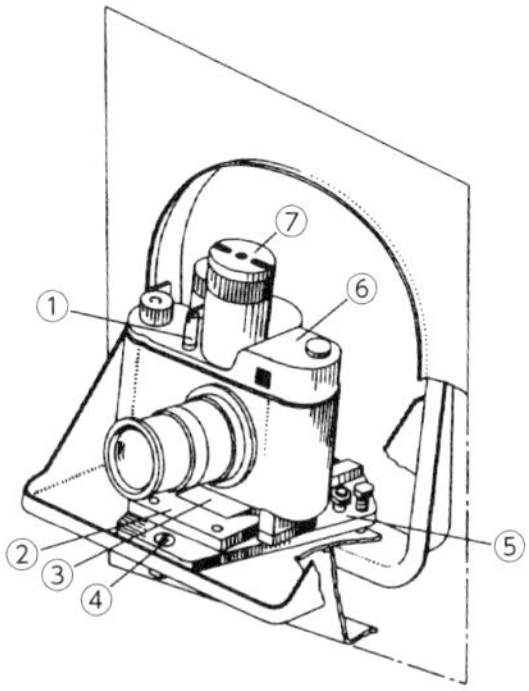

①シャッター・リリース②カメラ前方固定部③カメラ取付台④取付台前方固定部⑤調整台⑥“ロボットⅡ”ミニ・カメラ

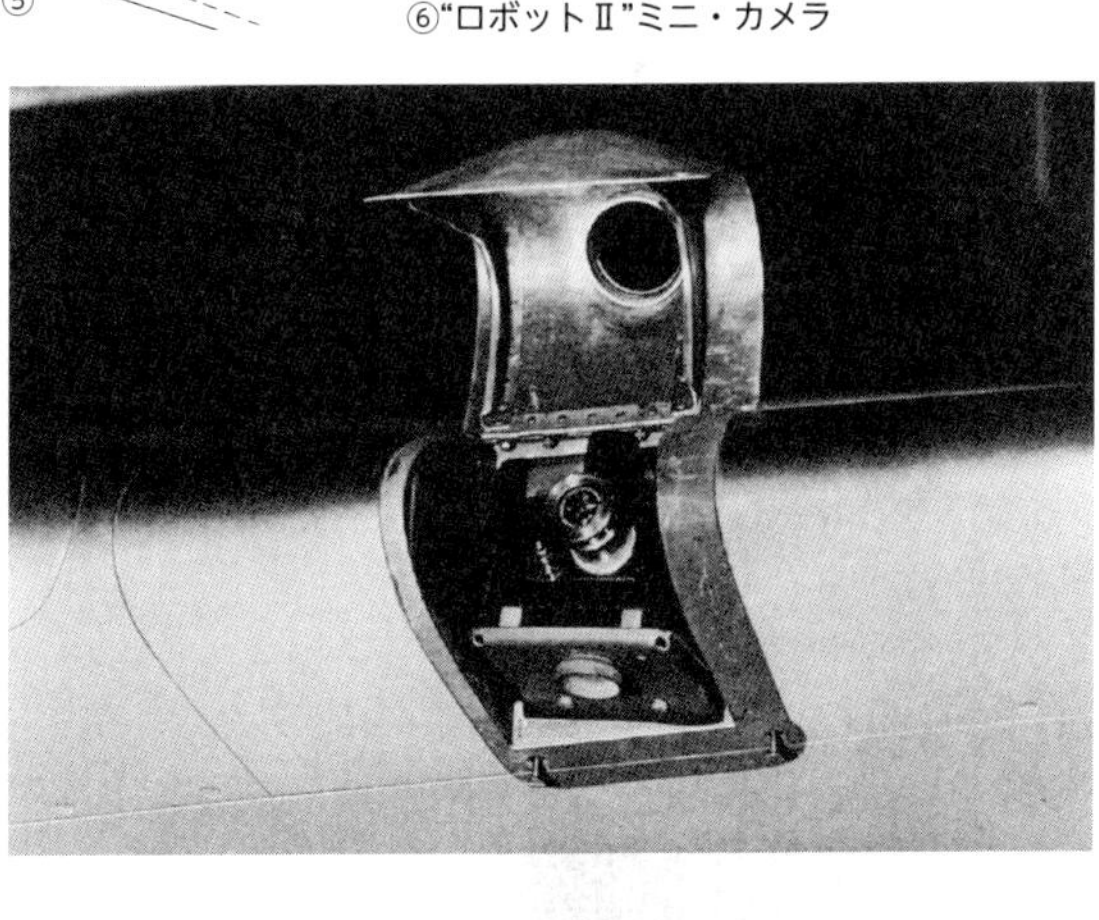

→EK16“ロボットⅡ”ミニ・カメラの着脱、および撮影窓のパネルを上方に開いた状態。BSK16装備の場合も同様。ただし、この写真は上の図と異なり、外翼に装備した例を示す。

Fw190A/F/G主要各型諸元性能表

項目＼型式	A-1	A-3	A-5	A-6	A-8	F-3/R1	F-8/R1	G-3	G-8
全幅(m)	10,500	10,500	10,500	10,500	10,500	10,500	10,500	10,500	10,500
全長(m)	8,850	8,850	9,000	9,000	9,000	9,000	9,000	9,000	9,000
全高(m)	3,950	3,950	3,950	3,950	3,950	3,950	3,950	3,950	3,950
重量(kg)	–	3,225	3,230	3,426	3,470	–	–	–	–
全備重量(kg)	3,400	3,855	4,063	4,145	4,460	5,000	5,400	4,800	5,200
エンジン	BMW801C-1	BMW801D-2	BMW801D-2	BMW801D-2	BMW801D-2 またはTS	BMW801D-2	BMW801D-2	BMW801D-2	BMW801D-2
出力(hp)	1,560	1,700	1,700	1,700	1700 2,000（TS）	1,700	1,700	1,700	1,700
最大速度(km/h)	590	615	670	660	640	525	520	460	450
巡航速度(km/h)	–	447	495	–	470	450	445	–	–
実用上昇限度(m)	9,600	10,600	10,600	10,500	10,400	7,250	7,250	7,500	7,500
航続距離(km)	1,030	800	850	1,350 (300ℓ増槽付)	1,450 (300ℓ増槽付)	615	775	1,125	1,125
武装	MG17×4 MGFF×2	MG17×2 MG151/20×2 MGFF×2	MG17×2 MG151/20×2 MGFF×2 爆弾500kgまで	MG17×2 MG151/20×4 爆弾500kgまで	MG131×2 MG151/20×4 爆弾500kgまで	MG17×2 MG151/20×2 爆弾700kgまで	MG131×2 MG151/20×2 爆弾700kgまで	MG151/20×2 爆弾500kgまで	MG151/20×2 爆弾500kgまで

第三章

Ｆｗ１９０Ａ／Ｆ／Ｇの戦歴

第二次世界大戦ヨーロッパ戦域要図

①ドイツ、②イギリス、③オランダ、④ベルギー、⑤フランス、⑥ポーランド、⑦チェコスロバキア（ドイツに併合）、⑧オーストリア（ドイツに併合）、⑨スイス、⑩イタリア、⑪ユーゴスラビア、⑫ハンガリー、⑬ルーマニア、⑭ブルガリア、⑮スペイン、⑯ポルトガル、⑰アルジェリア、⑱チュニジア、⑲リビア（戦前はイタリアの植民地）、⑳エジプト、㉑トルコ、㉒ギリシャ、㉓アルバニア、㉔デンマーク、㉕ノルウェー、㉖フィンランド、㉗アイスランド、㉘ソビエト連邦

〝欧州のモズ〟現わる

原型機Ｖ１の初飛行から２年余、Ｆｗ１９０が当初の各種トラブルをどうにかクリアし、最初の生産型Ａ－１の実戦配備開始にこぎつけたのは１９４１年７月。その最初の配備部隊に選ばれたのは、西部戦線のドイツ占領下にあったベルギーのモールゼーレに駐留していた、第26戦闘航空団第Ⅱ飛行隊（Ⅱ．／ＪＧ26）である。

同月末、そのⅡ．／ＪＧ26飛行隊長の職にあった、ヴァルター・アドルフ大尉が、最初に乗機として受領したのに続き、Ｂｆ１０９Ｅ－７を装備していた隷下３個中隊のうち、第６中隊（6.／ＪＧ26）を皮切りに、占領下のフランス・パリ郊外のル・ブールジェ飛行場に所在した、「第１９０実験隊」に赴きＦｗ１９０Ａ－１への慣熟訓練、並びに機種改変を行なった。

そして８月末までには、Ⅱ.／ＪＧ26の３個中隊全てが機種改変を終了し、ベルギー領内モールゼーレ、およびヴェーフェルゲム両飛行場に展開して実戦態勢を整えた。

初陣の日はすぐ到来し、９月上旬のある日、フランス北東部沿岸ダンケルク上空を哨戒中の、6.／ＪＧ26のＦｗ１９０Ａ－１「シュヴァルム」（４機の基本編隊構成）は、高度約４，０００ｍを飛行中のイギリス空軍スピットファイアＭｋ.Ｖ編隊を発見。太陽を背にした理想的な降下攻撃を加え、瞬時に３機を撃墜してＦｗ１９０による公式な初戦果を記録した。

高速に加え、その俊敏な横転機動と加速性能の素晴らしさで、スピットファイアＭｋ.Ｖを圧倒できることに満足したパイロットたちから、のちに〝Ｗüｒｇｅｒ〟《ヴュルガー》（鳥のモズの意）の非公式愛称を奉られるＦｗ１９０の、鮮烈な実戦デビューだった。

もっとも、良いことばかりではなく、９月18日にはスペイン内乱にも参加したベテランで、28機撃墜の騎士鉄十字章受章者でもあったⅡ.／ＪＧ26飛行隊長アドルフ大尉が、味方輸送船団攻撃のために飛来したイギリス空軍戦爆連合編隊を、オーステンデ沖合の北海上空で迎撃した際、不運にも撃墜されて戦死。その後任として、翌日には7.／ＪＧ26中隊長を務めていた、ヨアヒム・ミュンヘベルク中尉（撃墜数50機以上）が、大尉に進級して即日着任した。

イギリス空軍は、この頃「ルバーブ」「サーカス」作戦の秘匿名で大陸沿岸部への強襲任務を繰り返していたが、規模はそれほど大きくなく、Ｆｗ１９０の配備もⅡ.／ＪＧ26に限られ

→Fw190を装備する最初の部隊として、1941年7月～8月末にかけてBf109E-7から機種改変した、Ⅱ/JG26隷下3個中隊のひとつ、第5中隊が受領したFw190A-1、W.Nr033、機番号“黒の1”。同年秋、ベルギー領内モールゼーレ基地にて撮影。

ていたので、大きな空中戦の機会は少なく散発的であった。

10月に入ると、Ⅱ.／ＪＧ26に続きⅢ.／ＪＧ26がＦｗ１９０Ａ－１への機種改変を行ない、ドーバー海峡に面したカレーの西方コケルに展開した。

11月8日、フランス北東部リールの鉄道車輛修理施設を空襲するために飛来した、イギリス空軍戦爆連合編隊を迎撃したⅡ.、およびⅢ.／ＪＧ26のＦｗ１９０は、スピットファイア編隊と激しい空戦を交え、14機撃墜の戦果を収めて、その高性能を敵側に改めて知らしめたが、味方も3機被撃墜の損害を被った。

12月22日は、Ⅱ.／ＪＧ26にとって手痛い〝厄災〟の日となり、深い霧の悪天候下を移動中視界を奪われて空間意識失調に陥った編隊は、第6中隊長ヴァルター・シュナイダー中尉機を含む5機が、丘の斜面に激突して死亡する惨事に見舞われた。

この頃、ＪＧ26本部小隊と第Ⅰ飛行隊がＢｆ１０９ＦからＦｗ１９０Ａ－２への機種改変を行ない、年末までにＪＧ26全てがＦｗ１９０装備に統一された。大戦勃発以来のＪＧ26の累計戦果は９００機撃墜に達し、これに対する損害はパイロットの戦死95名、事故死22名、捕虜34名だった。

〝海峡航空団《カナルゲシュヴァーダー》〟のモズたち

１９４２年2月、ベルギー、フランスに展開しドーバー、イギリス両海峡を挟んでイギリス空軍に対峙していたＪＧ26、ＪＧ２の両航空団は〝Ｋａｎａｌ Ｇｅｓｃｈｗａｄｅｒ《カナルゲシュヴァーダー》〟（海峡航空団）と通称されたが、その両隊に前例のない重要任務が課せられた。

フランス西部のブレスト軍港に停泊中のドイツ海軍巡洋戦艦2隻、重巡洋艦1隻を含めた艦隊を、ドイツ北西部のヴィルヘルムスハーフェンに回航するため、イギリス、ドーバー海峡を白昼に強行突破する作戦が浮上。その際、ＪＧ26、２、さらにはオランダ駐留のＪＧ１、双発Ｂｆ１１０装備の夜戦隊なども含めた総数約２８０機が、交代で上空援護にあたるというものだった。

「ケルベロス」（雷矢）作戦と命名された海峡突破は2月11日夜に始まり、翌12日、艦隊を発見したイギリス側が、夕刻に至るまで繰り返し各種航空機による襲撃を行なったが、ドイツ戦闘機

←Fw190A-1に機種改変したⅡ/JG26 3個中隊のうち、その先駆となった第6中隊の長を務めていた、ヴァルター・シュナイダー中尉が、愛機W.Nr027、機番号"茶色の1"の方向舵に記入された、19本の撃墜マークを誇らし気に指差ししているカット。

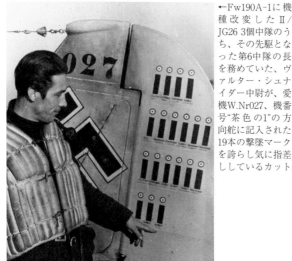

の必死の防御戦闘が効を奏し、艦隊には１隻の被害もなく海峡突破は成功した。

この日、ドイツ側は戦闘機17機とパイロット11名を失ったが、イギリス側は各種43機を失い、うちＪＧ26は７機撃墜、６機不確実撃墜を報じた。損害はＦｗ１９０ ４機だった。

１９４２年３月、ＪＧ26に次いでＪＧ２が第Ⅰ飛行隊を皮切りに、Ｂｆ１０９ＦからＦｗ１９０Ａ－２、－３への機種改変を開始。さらにオランダに駐留していたＪＧ１もこれに続いた。

５月末の時点で、ＪＧ26、２を合わせた計１７０機のＦｗ１９０がベルギー、フランス領内各基地に展開する状況となり、３月から再び活発化したイギリス空軍機による大陸沿岸部への侵攻を迎撃。毎時の空戦で戦果をあげ、とくに「エクスペルテ」（練達者）と称された多数機撃墜者のスコア上昇が顕著になった。

ＪＧ26ではプリラー大尉、ミュンヘベルク大尉、ザイフェルト大尉の各飛

→ベルギーとの国境に近い、フランス北東沿岸部のコケル飛行場に着陸するため、降着装置を出して旋回に入ろうとする、7./JG26所属のFw190A-2、機番号"白の6"。手前の撮影機の主翼は、同行するJu88のものか？

→1942年夏、フランス北部沿岸のシェルブール地区飛行場にて、急造の格納庫兼整備小屋内に収められた、第2戦闘航空団第Ⅲ飛行隊隷下中隊のFw190A-3。カウリング側面に雄鶏の頭を形どった、有名なⅢ./JG2飛行隊エンブレムを描いている。

行隊長、ＪＧ２では〝アッシ〟・ハーン大尉、グライゼルト大尉、シュネル中尉などの活躍が目立った。

痛恨の椿事

しかし、当のドイツ空軍側では知る由もなかったのだが、１９４２年６月23日、Ｆｗ１９０にとって由々しき事態が発生した。この日夕刻、フランスのブルターニュ地区に侵攻してきたスピットファイア編隊を迎撃した、Ⅲ．／ＪＧ２飛行隊本部付きの副官アルニム・ファーバー中尉は、海峡上空での空戦後にコンパスの故障によって帰投方位を誤り、なんとイギリス本土サウス・ウェールズ州のペンブレイ飛行場に誤着陸。イギリス側が〝喉から手が出る程〟に欲しがっていた、Ｆｗ１９０Ａの〝現物〟を無傷で提供してしまったのだ。

イギリス空軍はただちに機体の調査とあわせ、飛行性能の測定、自軍戦闘機との模擬空戦を徹底的に行ない、本機の全てを把握した。

→1942年5月、Bf109FからFw190A-2に機種改変して間もない頃の、Ⅲ./JG2飛行隊長ハンス・ハーン大尉の乗機、W.Nr223、“白の二重楔”。黄色地の方向舵に記入された61本の撃墜マークが圧巻で、ハーン大尉はこの頃のJG2トップ・エクスペルテの1人だった。

→上写真のハーン大尉乗機より少し前の1942年4月、JG26トップ・エクスペルテの1人として君臨した、第Ⅱ飛行隊長ヨーゼフ・プリラー大尉の乗機、Fw190A-3“黒の二重楔”の方向舵に、65本目の撃墜マークを記入する機付整備員。

その結果、スピットファイアＭｋ．Ｖに対しては、旋回性能を除く全ての面で優越すること、とくに急降下、加速、横転性能が出色で、操縦性の良さは類を見ないと称賛。マーリン61エンジン（１，５６５hp）搭載の新型スピットファイアＭｋ．Ⅸの配備を早急に進めるべき、と結論した。

一方で、ＢＭＷ８０１Ｄエンジンには故障の多さがみられ、高度6，000m以上ではパワーの急激な低下をきたし、飛行性能が悪化する欠点も指摘した。

これらを踏まえたうえで、イギリス空軍戦闘機隊は、Ｆｗ１９０と会敵しそうな空域を行動する際は、常に高速飛行をすることが肝要であると各隊に通達した。

東部戦線のモズ

１９４１年6月22日未明、ドイツ軍の突如とした侵攻により勃発した独・ソ戦、すなわちソビエト側で言うところの「大祖国戦争」は、西部戦線とは比較にならぬ大規模なものとなり、ドイツ空軍にも大きな負荷を強いた。

戦闘機隊は侵攻開始から1年3ヵ月余り、Ｂｆ１０９Ｅ／Ｆ装備の各隊が、ソビエト空軍を機材の性能、パイロット技倆、戦術面などで凌ぎ、全般的に優位に立っていた。

しかし、１９４２年夏頃になるとソビエト側にもＹａｋ－7、ＬａＧ－５両新型戦闘機が就役し始め、低高度域ではＢｆ１０９Ｆの性能を凌ぐことがわかり、ドイツ戦闘機隊も早急の対策が必要になった。その〝目玉〟になったのが、新鋭Ｆｗ１９０Ａの配備である。

最初に本機を受領したのは、北部戦区の第51戦闘航空団第Ｉ飛行隊（Ｉ．／ＪＧ51）で、8月にＢｆ１０９Ｆから Ｆｗ１９０Ａ－３に機種改変し、9月上旬に前線復帰。その性能的優位が効いて、エクスペルテたちに再びのスコア上昇をもたらした。同年11月1日、ＪＧ51の撃墜戦果は累計4，000機に到達している。
Ｉ．／ＪＧ51に続きⅡ、Ⅲ．／ＪＧ51もＦｗ１９０Ａに機種改変する予定だったが、Ⅱ．／ＪＧ51は１９４２年11月、地中海戦域への移動を命じられたため、Ｂｆ１０９Ｇ装備に戻った。Ⅲ．／ＪＧ51、および新編制のⅣ．／ＪＧ51は同年10月、翌１９４３年1月にＦ

→1943年3月、厳冬期を過ぎたとはいえ、まだ一面雪景色の凍てついたロシア北部戦区の飛行場で、出撃に備える第51戦闘航空団第Ｉ飛行隊第1中隊のFw190A-3。氷点下20度以下が日常という東部戦線北部戦区は、機材、人員双方にとっても苛酷な環境だった。

ｗ１９０Ａ－４を受領したものの、Ⅲ.／ＪＧ51は同年3月にＢｆ１０９Ｇに再改変された。

　１９４３年1月、ＪＧ51に続き東部戦線の精鋭戦闘航空団と謳われた、第54戦闘航空団の第Ⅰ飛行隊（Ⅰ.／ＪＧ54）、さらに7月には同第Ⅱ飛行隊（Ⅱ.／ＪＧ54）が、Ｂｆ１０９からＦｗ１９０Ａ－４に機種改変した。「グリュンヘルツ」（緑のハート）の称号を冠するＪＧ54には、第Ⅰ飛行隊長のハンス・フィリップ大尉、マックス・シュトッツ中尉の両１００機以上撃墜者を含め、多くのエクスペルテが群雄割拠していた。

　なかでも、Ｆｗ１９０に改変後一身に脚光を浴びたのが、第1中隊長のヴァルター・ノヴォトニー中尉で、１９４３年3月20日に75機、6月15日に１００機、9月8日には２００機、10月14日には史上初めての２５０機撃墜を達成する超人的な活躍を演じた。

　しかし、同年7月上旬のドイツ軍乾坤一擲の攻勢作戦「ツィタデレ」（城塞）が挫折したあと、東部戦線のドイツ軍は退却の一途を辿り、空軍の活動も低調になっていった。

　そんな状況下、ノヴォトニーが本国に去ったのち、ＪＧ54生え抜きのエクスペルテの1人として奮闘したのが、オットー・キッテル中尉。１９４４年4月に１５０機、同年8月に２００機、

→Ｂｆ１０９Ｆから Fw190A-4に機種改変して間もない1943年1月末、東の間の晴天をついてロシア北部戦区の雪に覆われた飛行場から出撃する、第54戦闘航空団第Ⅰ飛行隊第1中隊所属機。東部戦線のドイツ軍にとって、ソビエト軍だけではなく、名にし負う"冬将軍"もまた強敵であった。

←上写真と同じ頃、上面を白一色の冬期迷彩に身を包んだ愛機Fw190A-4の操縦室縁に座り、自らが中隊長を務める1./JG54が、通算300機撃墜を達成した記念のプラカードを手に、満面の笑みを浮かべる、ヴァルター・ノヴォトニー中尉。

10月には史上４人目の２５０機撃墜の偉業を達成した。しかし、翌１９４５年2月16日、Ｆｗ１９０Ａ－８を駆ったＩℓ－２との空戦でついに力尽き、撃墜されて戦死してしまう。

もうひとつのモズの顔

東部戦線のような、陸軍地上部隊同士の大規模な戦いが主導する戦域で、とくに重要な存在と位置付けされる航空機が「近接支援機」、すなわち地上攻撃機である。独・ソ開戦後、ドイツ空軍は主力のＪｕ87を筆頭に、旧式機Ｈｓ１２３、さらにはＢｆ１０９、およびＢｆ１１０の爆装機、いわゆる〝ヤーボ〟（Ｊａｇｄ《ヤークト》－Ｂｏｍｂｅｒ《ボムバー》──戦闘爆撃機の略）などを投入してきた。

しかし、Ｊｕ87の旧式化に加え、厳しい運用環境下でのＢｆ１０９ヤーボの適性の低さ、さらにはソビエト戦闘機、対空火器の脅威が高まるなかで、新たな主力機の必要性が高まった。そこで、ドイツ空軍の出した答えが、Ｆｗ１９０ヤーボの登用である。

１９４３年に入り、まず第1地上攻撃航空団第Ⅰ、Ⅱ飛行隊（Ⅰ、Ⅱ．／Ｓｃｈ．Ｇ．１）がＢｆ１０９からＦｗ１９０Ｆへの機種改変を行ない、ただちに南部戦区に投入された。同年7月上旬の「ツィタデレ」作戦でも大いに活躍している。

ヤーボ・パイロットたちのＦｗ１９０Ｆに対する評価は上々で、旧機材を凌ぐ性能に加え、兵器搭載量の大きさ、操縦のし易さ、頑丈で安定感のある機体構造が好まれた。

ドイツ地上軍にとって大きな脅威である、ソビエト陸軍のＴ－34戦車をはじめとする装甲車輛に対しては、Ｈｓ１２９、Ｊｕ87Ｇの30、37㎜機関砲による射撃が有効だったが、Ｆｗ１９０Ｆは主に陣地や兵士を目標にしたＡＢ爆弾（一種のクラスター型爆弾）による攻撃で成果を上げた。

地上攻撃を本務とするヤーボだが、状況に応じ敵機と空中戦を交える機会も多い。そんなヤーボ・パイロットの

→胴体下面のETC501懸吊架にER-4アダプターを介して、50kg通常爆弾(SC50)4発を懸吊し、ロシア南部戦区の飛行場から出撃する、第2地上攻撃航空団第Ⅰ飛行隊第2中隊(2./Sch.G2) 所属 のFw190F-2、コード“L”。1943年7月上旬に実施された「ツィタデレ」作戦前後の撮影。

←ランベルト少尉に次ぐ46機撃墜を果たした、地上攻撃航空団パイロットの超・エクスペルテの1人、ヘルマン・ブーフナー曹長。写真は、騎士鉄十字章受章時のもの。

→空中戦が“本職”ではないものの、東部戦線にてソビエト空軍機を116機も撃墜し、地上攻撃航空団パイロットのトップ・エクスペルテとなった、アオグスト・ランベルト少尉。

中で、Ｆｗ１９０Ｆを乗機とし、ソビエト機を最終的に１１６機も撃墜して、戦闘機パイロットのエクスペルテ顔負けの実績を残した勇者がいた。

　その者は、Ⅱ．／Ｓｃｈ．Ｇ．２の第5中隊に属したアオグスト・ランベルト少尉（当時）で、南部戦区のクリミア半島を巡る攻防戦のさなか、わずか3週間のうちに70機以上の撃墜を果たす快挙を演じている。そして、１９４４年5月に90機撃墜に達した功績により、騎士鉄十字章を受章する栄誉に浴した。

　このランベルト少尉に次ぐヤーボ・パイロットの勇者が、ヘルマン・ブーフナー曹長（当時）である。１９４２年2月に8．／Ｓｃｈ．Ｇ．１に配属されて東部戦線に赴任してから、Ⅱ．／ＳＧ2に転じて１９４４年8月まで各地を転戦する間に、Ｆｗ１９０Ｆによる３９６回の出撃回数を重ねるなかで、46機撃墜を果たした。

　その代償として対空砲火によるものを含め、5回の被撃墜、うち2回のパラシュート降下、2回の負傷を経験し、まさに不死身のごとく戦い抜き、最後はジェット戦闘機Ｍｅ２６２のパイロットとして戦歴を全うした。１９４４年7月20日付けで騎士鉄十字章受章の栄誉に浴している。

東部戦線の黄昏

　１９４３年10月18日、ドイツ空軍はそれまでＪｕ87を装備する急降下爆撃航空団（Ｓｔ．Ｇ）と、Ｆｗ１９０Ｆ、Ｈｓ１２９などを装備する地上攻撃航空団（Ｓｃｈ．Ｇ）、さらにはＦｗ１９０Ｇを装備する高速爆撃航空団（ＳＫＧ）を一元的に統合した、新たな地上攻撃航空団（ＳＧ）に改編した。

　ソビエト地上軍の攻勢に押され、後退を続けるドイツ地上軍の上空支援が日常化した１９４３年後半以降、ＳＧの主力機をＦｗ１９０Ｆ／Ｇに置き替える計画が進められたが、西部戦線と本土防空部隊へのＦｗ１９０Ａの優先配備という事情も絡み、そのペースは鈍かった。

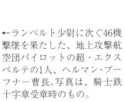

→ソビエト軍による空地双方の大攻勢に押され、後退に次ぐ後退を強いられた東部戦線のドイツ軍にあって、ひとつの"希望の星"にも似た存在となったのが、JG54生え抜きのトップ・エクスペルテ、オットー・キッテル中尉だった。写真は、柏葉騎士鉄十字章を受章した、1944年4月11日の撮影。

それは、戦闘航空団も同様で、ＪＧ51、ＪＧ54に続くＦｗ１９０Ａ装備のＪＧは存在せず、圧倒的な劣勢下で苦闘を続けた。そんな状況下でも、両ＪＧのエクスペルテンはスコアを稼ぎ続け、ＪＧ51は１９４３年9月には累計撃墜数が7，０００機に、ＪＧ54も翌１９４４年3月に7，０００機に達した。

しかし、ドイツ軍全体の退潮は止めようもなく、同年末の最前線はポーランド東部国境まで後退し、ＪＧ51とＪＧ54はバルト海に面した東プロシア、クーアラントに閉じ込められた状況下で絶望的な出撃を続けた。

前述したように１９４５年2月14日、ＪＧ54生え抜きの〝超〟エクスペルテで、史上４人目の２５０機以上撃墜者でもあったオットー・キッテル中尉が、Ｉℓ－2との空戦でついに力尽きて撃墜されたとき、クーアラントの全兵士にとって〝希望の星〟が消え、敗北を実感したに違いない。キッテルの出撃回数は５８３回、最終撃墜数は２６７機だった。享年27。

その後、4月にはⅠ、Ⅲ．／ＪＧ51が東プロシアで解散、ＪＧ54の残存兵力はクーアラントを辛くも脱出し、本国シュレスヴィヒ・ホルシュタイン地区で敗戦を迎えた。

酷寒と酷暑の地で……

西部、東部両戦線ほどの規模ではな

→ドイツ空軍にとって最北の戦域となった、ノルウェーの南西部沿岸ベルゲン市近郊ヘルドラ飛行場に展開した、第5戦闘航空団第Ⅰ飛行隊第3中隊（3./JG5）のFw190A-2。板を敷き詰めた駐機エリアが、いかにもローカル戦域っぽい。1942年春の撮影。

いが、ノルウェー、フィンランド方面でソビエト空軍と対峙した北部戦域、地中海／北アフリカ方面で連合軍と対峙した南部戦域も、ドイツ空軍にとって重要な活動域であった。

北部戦域に配備された戦闘機隊は、実質的には第5戦闘航空団（JG5）のみで、Fw190も比較的早い時期の1942年夏に、第I飛行隊がA－2、A－3を受領した。

JG5には、のちに200機以上撃墜を達成する〝超エクスペルテ〟、ハインリッヒ・エールラー、テーオドール・ヴァイセンベルガー両少佐（最終階級）が在籍したことで知られるが、両者とも1942～43年にかけては、Bf109装備の第II飛行隊に属しており、Fw190との接点はなかった。

I./JG5、IV./JG5、および14.(J)/JG5に配備されたFw190A－2、－3、－4も、多くの場合、爆装したヤーボ任務に充当されたこととも相俟って、本機により目立った撃墜数を記録したパイロットは少ないようだ。

戦況が悪化した1944年2月以降、JG5の第I、II飛行隊が本土防空のために北部戦域を離れ、ノルウェーに残った第III.IV飛行隊がFw190A－8装備にシフトしたものの、特筆すべき戦果を記録することなく、現地で祖国敗戦を迎えた。

いっぽう、地中海／北アフリカ方面へのFw190配備は、1942年11

→北アフリカ戦域に進出した唯一のFw190装備戦闘飛行隊となった、II./JG2のパイロットの中で、最高の40機撃墜を記録した、第4中隊長クルト・ビューリゲン中尉。写真はフランスに撤退したのちの1943年夏の撮影で、背後の乗機はBf109Gに変わっている。

→身を隠す森や林とてない、北アフリカ・チュニジアのティンジャ南飛行場周囲のサボテン自生地に引き込んだ、II./JG2隷下中隊のFw190A-4が、丈の長い草で精一杯の対空偽装を施した状況。1942年12月の撮影。

月にフランス方面からⅡ．／ＪＧ２、東部戦線からⅢ．／ＺＧ２（二代目）の2個飛行隊が、シシリー島を経由して北アフリカのチュニジアに進出。この方面における連合軍との最後の攻防戦に臨んだ。

　とりわけ、Ｆｗ１９０Ａ－４を装備したⅡ．／ＪＧ２は、スピットファイアＭｋ．Ⅴ、Ｐ－38、Ｐ－39、Ｐ－40などの連合軍側戦闘機に対して性能、空戦技倆の両面で優位に立ち、翌１９４３年3月フランスに撤退するまでに、計１５０機撃墜の部隊戦果を記録して面目を保った。

　その筆頭に立ったのが第４中隊長のクルト・ビューリゲン中尉で、40機を仕留めている。これに次いだのが第６中隊長のエーリッヒ・ルドルファー中尉の27機、第Ⅱ飛行隊長アードルフ・ディックフェルト大尉の17機であった。

　しかし、Ⅱ．／ＪＧ２を含めたドイツ戦闘機隊の奮戦も空しく、連合軍の攻勢に押されたドイツ・アフリカ軍団は、１９４３年5月チュニジアで降伏。この方面での攻防戦も終息した。

　なお、Ⅲ．／ＺＧ２は名目上は戦闘機隊に準ずる駆逐航空団だが、実質的にはヤーボ任務に終始し、空中戦による撃墜戦果はほとんどなかった。

ドイツ本土防空戦の始まり

　中立政策に基づき、第二次大戦勃発後も参戦を控え、連合国側への兵器支援に徹していたアメリカだが、日本海軍空母部隊によるハワイ奇襲攻撃をうけて、対日、独宣戦布告に踏み切った。

　そして、１９４２年1月、対ドイツ戦略爆撃を専任とする第8航空軍（８ＡＦ）を編制、同年7月よりイギリス本土からヨーロッパ大陸への出撃を開始する。もっとも、その後半年間は出撃機数、回数も少なく、攻撃目標はドイツ占領下のフランス内に限られていた。

　だが、そうした状況に変化が訪れたのが１９４３年1月27日。この日は初めてドイツ国内北西部の要衝ヴィルヘルムスハーフェン軍港が、計91機の四発重爆（Ｂ－17、－24）により爆撃を受けたのだ。

　オランダ、ベルギー、フランスの各基地に展開していたＪＧ１、26、２の〝海峡航空団〟は、この四発重爆迎撃が日々の任務となったわけだが、その高々度性能に加え、機体各部に配置された．50口径（12．７㎜）防御機銃の強力さとが相俟って、Ｆｗ１９０にとっても撃墜は至難の技だった。

　そんな厳しい現状のなかでも、迎撃のコツを摑んだパイロットが台頭し、四発重爆キラーが次々に輩出された。ＪＧ１のフライ大尉、シュタイガー少佐、ＪＧ26のエダー少佐、グルンツ中尉、ＪＧ２のマイヤー中佐、ビューリゲン中佐、ＪＧ11のヘルミヘン少佐（いずれも階級は最終時）などがそうした勇者たちである。

　Ｂｆ１０９も含め、対四発重爆迎撃には何よりも重武装が必要とされ、Ｆｗ１９０の場合、外翼のＭＧＦＦ20㎜機銃をＭＧ１５１／20に換装したＡ－６、Ａ－７が本土防衛部隊に優先配備された他、新たな兵器として、時限信管付きの空対空ロケット弾、ＢＲ21（Ｗ.Ｇｒ21）の使用も始まった。

「突撃機」の登場

１９４３年９月、戦闘機隊総監を務めるアドルフ・ガランド少将を補佐する幕僚の１人として着任した、ハンス・ギュンター・コルナツキィ少佐は、四発重爆を効果的に迎撃する新たな戦術を提案。ガランド少将は即座にこの案を採用、コルナツキィ少佐に対し、ただちに自身を隊長とする中隊規模の実験部隊編制を指示した。

コルナツキィ少佐の提案した対四発重爆迎撃法は、Ｆｗ１９０Ａ－６、Ａ－７の重武装に加え、キャノピー正面、側面に防弾ガラス、操縦室側面の胴体に装甲板を貼り付けた特別仕様機を用い、中隊12機が横に開いた楔形編隊のまま、四発重爆編隊の後方から接近。至近距離まで肉薄して一斉射撃を加えたのち、上方、もしくは下方に離脱するというもの。

もし、射撃で撃墜できなかった場合には、四発重爆の尾翼に体当りし、自身は損傷した乗機から脱出、パラシュート降下して生還することを期した。

こうした主旨からして、隊員はコルナツキィ少佐自らが各部隊を巡回して志願者を募り、一人一人面談したうえで採用した。その際、任務を全うするよう誓約書に署名することを命じた。

10月19日、正式に発足したこの部隊は、第１突撃飛行中隊（１シュトルム・シュタッフェル）と命名され、２ヵ

→重武装、重装甲化したFw190A“シュトルム・イェーガー”による対四発重爆攻撃法を生み出した、ハンス・ギュンター・フォン・コルナツキィ少佐。ドイツ空軍創設当時からの戦闘機パイロットの生え抜きで、1941年頃には幕僚職に就いていた。

←実戦投入から約3カ月を経た1944年4月、ドイツ北部のザルツヴェーデル飛行場に展開していた頃の、第1突撃飛行中隊のFw190A-7“シュトルム・イェーガー”。主翼上に座る右側の人物が、この機体のパイロット、オスカー・ベッシュ伍長。彼は、この月の29日にB-17を1機撃墜し、初戦果を記録する。

↑紺碧の空に壮大な飛行雲を曳いてドイツ本土を目指す、在英アメリカ陸軍航空軍8AFのB-17編隊。その上空を交差する2本の飛行雲は、護衛戦闘機P-51のもの。突撃飛行隊のみならず、全てのドイツ空軍防空戦闘機隊が、日常的に目にした光景である。排気タービン過給器にモノを言わせ、7,000～8,000mの高々度で飛来するB-17、B-24は、同空域における性能低下が顕著なFw190Aにとっては厳しい相手だった。

突撃飛行中隊の四発重爆攻撃隊形“ブライト・カイル”（広い楔）平面図

※各機の間隔は実機寸度の比率どおり

突撃飛行隊と掩護戦闘機による四発重爆攻撃隊形（正面図）

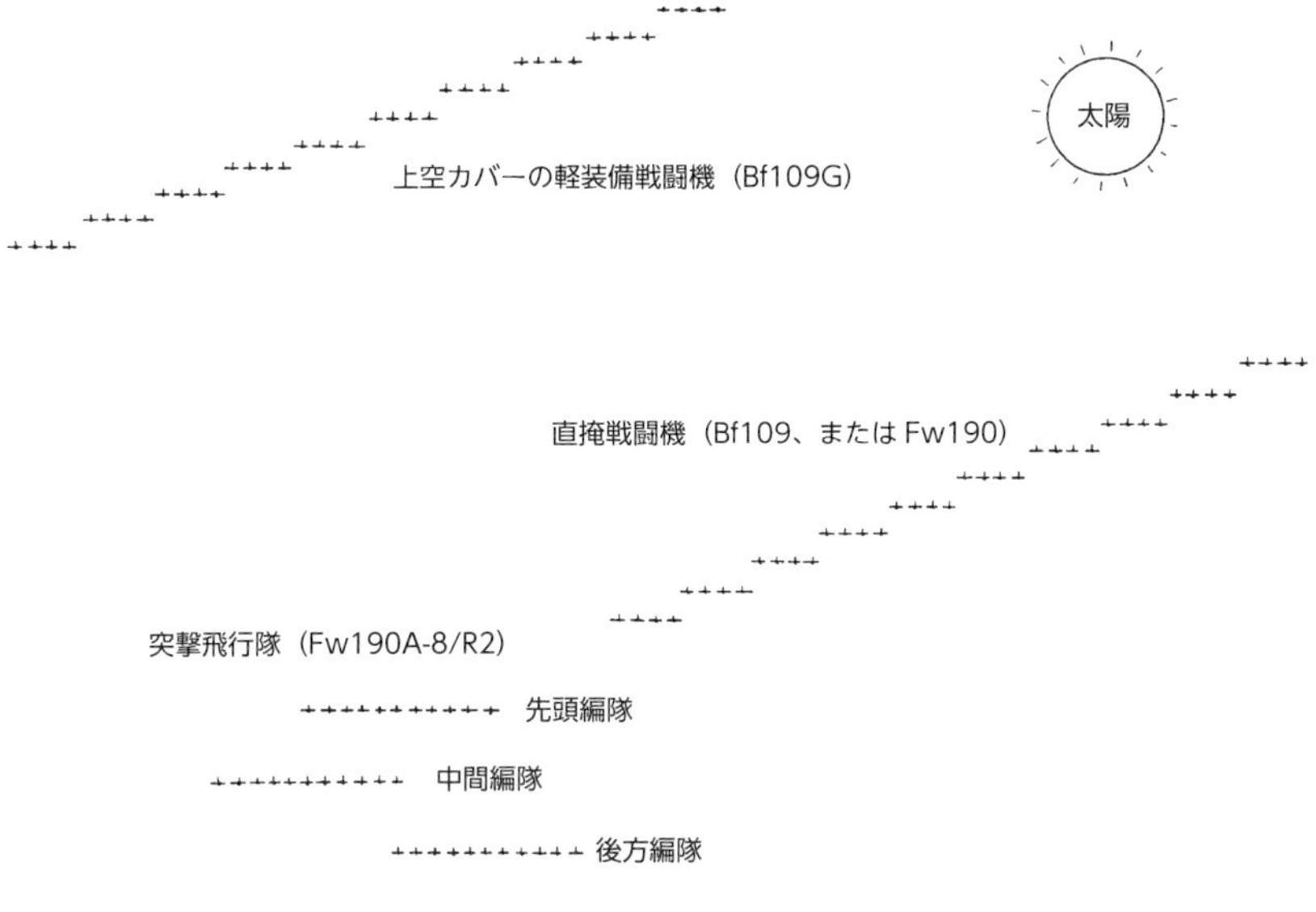

月余の訓練を経て翌1944年1月、本土西部のドルトムント基地に展開して実戦配備に就いた。

　そして、以後空襲の都度出撃して少なからぬ戦果をあげたのだが、4月11日、各地の航空機工場を爆撃目標にして来襲した四発重爆828機と、ほぼ同数の護衛戦闘機（P－47、P－51）を迎撃した際には、B－17 1機、B－24 7機、P－47 1機の計9機を撃墜する、1日あたり最高の戦果を記録した。

　第1突撃飛行中隊による戦術が有効であると判断した空軍は、規模を拡大し飛行隊単位の〝突撃機部隊〟の編制を企図。それまでBf109Gを装備していた第3戦闘航空団第Ⅳ飛行隊（Ⅳ．／JG3）を、Fw190A－8〝突撃機〟仕様装備にそっくり改変することにした。それにともない、旧第1突撃飛行中隊は、その隷下の第11中隊となった。

　突撃飛行隊となり、Ⅳ．（Sturm）／JG3という表記に改められた同隊

↑1944年8月、ドイツ南部のアルプス山系に近いショーンガウ飛行場に展開して、本土防空に任じていた、第3戦闘航空団第Ⅳ(突撃)飛行隊[Ⅳ.(Sturm)/JG3]を率いた、同飛行隊長ヴィルヘルム・モリッツ大尉(機上の人物)と、乗機Fw190A-8/R2、W.Nr681382、二重楔の“シュトルムボック”。彼自身、最終撃墜数44機、うち四発重爆12機のエクスペルテとなる。

↓“敵編隊来襲”の報をうけ、モリッツ大尉機(左手前)を先頭に、ショーンガウ飛行場から緊急発進するⅣ.(Sturm)/JG3のFw190A-8/R2“シュトルムボック”の1個中隊。モリッツ大尉とⅣ.(Sturm)/JG3の存在を一躍広く知らしめたのは、本写真撮影の約1ヵ月前の7月7日の迎撃戦。計44機のFw190A-8/R2が出動し、トータルでB-24 34機撃墜の大戦果を報じた。

の装備機は、Ｆｗ１９０Ａ－７の武装に準じた〝突撃戦闘機〟（シュトルム・イェーガー）の他、外翼のＭＧ１５１／20を、ＭＫ１０８ 30㎜機関砲に換装したＡ－８／Ｒ２も併用した。本型には、別称〝突撃機〟（シュトルム・ボック）が付与された。

Ⅳ.（Ｓｔｕｒｍ）／ＪＧ３の初出撃は１９４４年５月４日で、７月７日に中部ドイツ各地の爆撃に飛来した戦爆連合編隊を、計44機で迎撃した際には、一航過でいちどに計12機のＢ－24を仕留める戦果をあげた。

突撃飛行隊の拡充と破局

Ⅳ.（Ｓｔｕｒｍ）／ＪＧ３の実績を評価した空軍は、７月、Ｂｆ１０９Ｇ装備のⅡ.／ＪＧ３００、翌月にはⅡ.／ＪＧ４が、中佐に進級していたコルナツキィを飛行隊長に迎え、それぞれ突撃飛行隊に改変した。

しかし、この頃になると在英アメリカ陸軍８ＡＦの四発重爆、護衛戦闘機兵力は、１日に双方１,０００機前後ずつの機数を出撃させる程に拡充されており、突撃飛行隊のＦｗ１９０が、護衛戦闘機Ｐ－47、Ｐ－51のカバーを破って四発重爆に接近するのは困難になった。

それでなくとも、重武装、重装甲で機体重量がノーマル仕様に比べて１トン近くも増加したＦｗ１９０Ａ－８／Ｒ２突撃機仕様は、飛行性能が大幅に低下して、Ｐ－47、Ｐ－51を相手にした空戦ではたやすく撃墜されてしまう。

そこで、ドイツ空軍は突撃飛行隊１個に、ノーマル仕様のＢｆ１０９Ｇ、Ｆｗ１９０Ａ－８装備２個飛行隊を掩護役に付随させることにした。しかし、ベテラン、中堅パイロットの損失が相次ぎ、補充される新米パイロットの比率が増した各隊の実情からして、任務を全うするのは難しく、次々とＰ－47、Ｐ－51の好餌となった。

１９４４年９月12日、突撃飛行隊生みの親でもあったコルナツキィ中佐が、空戦で被弾し不時着を試みるも、高圧電線に接触して墜落、戦死してしまう。

この一件が象徴するように、秋以降の突撃飛行隊の活動は凋落の一途を辿ることになる。

同年12月中旬、東西からドイツ国境めがけて進軍してくるソビエト、連合軍地上部隊に対し、ドイツ陸軍は西部国境での反転攻勢、いわゆる「ラインの守り」作戦を発動した。

空軍もこれに応える形で、１９４５年１月１日早朝、オランダ、ベルギー、フランス東部の連合軍側航空基地に対し、ありったけのレシプロ戦闘機９００機を投入して奇襲銃撃を加える決死の作戦、「ボーデンプラッテ」（基板）を敢行した。

新型Ｆｗ１９０Ｄに更新していたⅠ.／ＪＧ26、Ⅲ.／ＪＧ54、Ⅲ.／ＪＧ２を含め、ノーマル仕様Ａ－８、Ａ－９を擁するⅠ.／ＪＧ１、Ⅰ.／ＪＧ６、Ⅳ.／ＪＧ54、Ⅰ.／ＪＧ２、Ⅰ、Ⅲ.／ＪＧ11、Ｆ－８を装備するⅢ.／ＳＧ４など、さらには突撃飛行隊のⅣ.（Ｓｔｕｒｍ）／ＪＧ３、Ⅱ.（Ｓｔｕｒｍ）／ＪＧ４も加わっていた。

奇襲は一応成功し、連合軍機約３００機を破壊したが、人的損害はほとんど与えられず、逆にドイツ側は対空砲火などにより、多くの指揮官クラスのパイロットを含めた２１４名と、機材約３００機を失い、回復不能の打撃を被った。

　このボーデンプラッテ作戦後、Ｆｗ１９０を含めたドイツ空軍レシプロ戦闘機隊の実情は、日々の散発的な〝義務上の迎撃出動〟に限られ、燃料の枯渇がその活動さえも著しく制限した。

　そして、１９４５年５月８日、ドイツは連合国、ソビエトに対して無条件降伏、５年７ヵ月余に及んだヨーロッパ大戦は終結。ナチス・ドイツ第三帝国と空軍の消滅とともに、Ｆｗ１９０の生涯も終焉した。

↑1945年1月1日早朝に決行された、ドイツ空軍レシプロ戦闘機隊最後の組織的大規模作戦、「ボーデンプラッテ」に参加したものの、対空砲火に被弾して損傷。ベルギー領内サン・トロンの連合軍側航空基地に緊急着陸し、接収された第4戦闘航空団第Ⅱ（突撃）飛行隊第5中隊（5.(Sturm)/JG4）のFw190A-8/R2、W.Nr681497、機番号“白の11”。パイロットのヴァルター・ヴァグナー一等飛行兵は無事だったが、当然捕虜となった。写真は連合軍により武装などを撤去された後の撮影。

←Fw190生涯の最期を象徴的に示す写真。ドイツ降伏時、各地の飛行場に“生存”していた各種機体は、プロペラ、武装などを撤去し連合軍、ソビエト軍の命令による廃棄処分を待った。写真もドイツ国内のフレンズブルク飛行場で撮影。画面右寄り前から3列目の、強制冷却ファンが14枚の機は、BMW801TS搭載のA-9か？

第四章

Ｆｗ１９０の塗装・マーキング

戦闘機迷彩の変転

Fw190の原型機V1が初飛行した1939年6月当時、ドイツ空軍の戦闘機（スペイン内乱参加機を除く）は、大戦勃発を意識した受身の迷彩を施していた。

すなわち、上空の敵機から見て目立たぬよう、機体上面を暗いグリーン系の2色、RLM70シュバルツグリュン（黒緑色）、同71デュンケルグリュン（暗緑色）の折線分割塗り分け、下面を同65ヘルブラウ（明青色）1色に塗っていた。上面の2色が、ドイツ本土に多い針葉樹林を背景にしたとき、それに溶け込むよう意図したものであることは言うまでもない。

色番号の接頭文字RLMは、〝Reichs Luftfart Ministerium〟の略で、帝国航空省の意。機体内部色や記号色なども含めたこれら各色の色調は、航空省から発布されるカラーチップに準拠しており、70／71／65迷彩の導入に関しては、1938年度の仕様書L.DV.521／1に依っていた。

しかし、この受身の迷彩も、大戦勃発の緒戦、ポーランド侵攻が予想以上の早さで成功したことで変化。主力戦闘機Bf109装備の各隊では、1939年末から翌1940年初めにかけてRLM70／71迷彩の上から同02グラウ（灰色）を部分的、あるいは広範囲に吹き付けて明度を上げることを試した。

その結果、上面の迷彩はRLM71／02による簡略化したパターンの折線分割塗り分けとし、下面色の65を胴体側面上方、垂直尾翼全体にまで塗布範囲を広げた新たな塗装規定が定められた。

この新迷彩は、1940年夏のバトル・オブ・ブリテンを通して適用されたのだが、精強なイギリス空軍戦闘機隊との激闘を背景に、それぞれの部隊で胴体側面の65カラーの上に70、71、02カラーなどによる各種パターンを吹き付けて目立たぬようにした。

Fw190については、原型1、2号機が旧70／71／65カラー迷彩を適用

→上面RLM70/71の折線分割迷彩、下面同65カラーによる迷彩を施した原型1号機Fw190V1。胴体後部、主翼下面に民間機登録コード"D-OPZE"を黒で記入している。前年8月付けで廃止されたはずの、垂直尾翼の鈎十字記入法（赤帯／白円内）に注目。

したものの、先行生産型A－0では、全面RLM02カラー1色の実験機仕様が標準とされた。

グラウ系迷彩への移行

しかし、1940年夏の段階で一部のBf109装備部隊では、新しいグラウ（灰色）系の塗料RLM74グラウグリュン（灰緑色）、同75グラウフィオレット（灰紫色）を用いた上面迷彩、下面を同76リヒトブラウ（明青色）とする独自の塗装を施し始めた。下、P.147に併載した写真の如くFw190A－0も、途中からこの新しい3色による塗装で完成し、生産型A－1は最初からこの仕様で完成した。

胴体側面、垂直尾翼に施された濃密な斑点状の吹き付けは74、75の他、70、02カラーなども使われた。

1941年11月8日、RLMはこのグラウ系新塗装を追認する形で、L.Dv.521／1仕様のカラーチップを発布し、公式に昼間戦闘機用迷彩と規定した。

Fw190の上面74／75カラー折線分割パターンは、Bf109のそれに比べていっそう簡略化されており、この仕様は以降1944年7月末までの間、変化なく適用された。P.146～147にその仕様と、各部にステンシルされた注意書き、指示マークなどの詳細を示す。

ローカル迷彩の必要性

新しい74／75／76カラーによるグラウ系の迷彩は、ヨーロッパ西部の風土に適した迷彩ではあったが、戦火がソビエト、地中海／北アフリカなどの、いわゆるローカル地域まで拡大すると、ヨーロッパとはまったく異なった風土となり、それに適した迷彩の必要性が生じた。

1941年1月、ドイツ空軍が北アフリカに最初に進出した当時は、同方面用のRLMカラーは制定されてなく、イタリア空軍規格のブラウン、グリーン系カラーを流用して上面迷彩を施した。

→Fw社ブレーメン工場のエプロンで、テスト飛行に備えたエンジン暖機運転中のFw190A-0。左、右の機体は全面RLM02グラウの実験機塗装だが、中央機"KB＋PU"は、新しいRLM74/75/76カラーによるグラウ系迷彩を纏っている。1941年はじめ頃の撮影。

Fw190A/F/Gの基本塗装＆ステンシル(1941～'44)

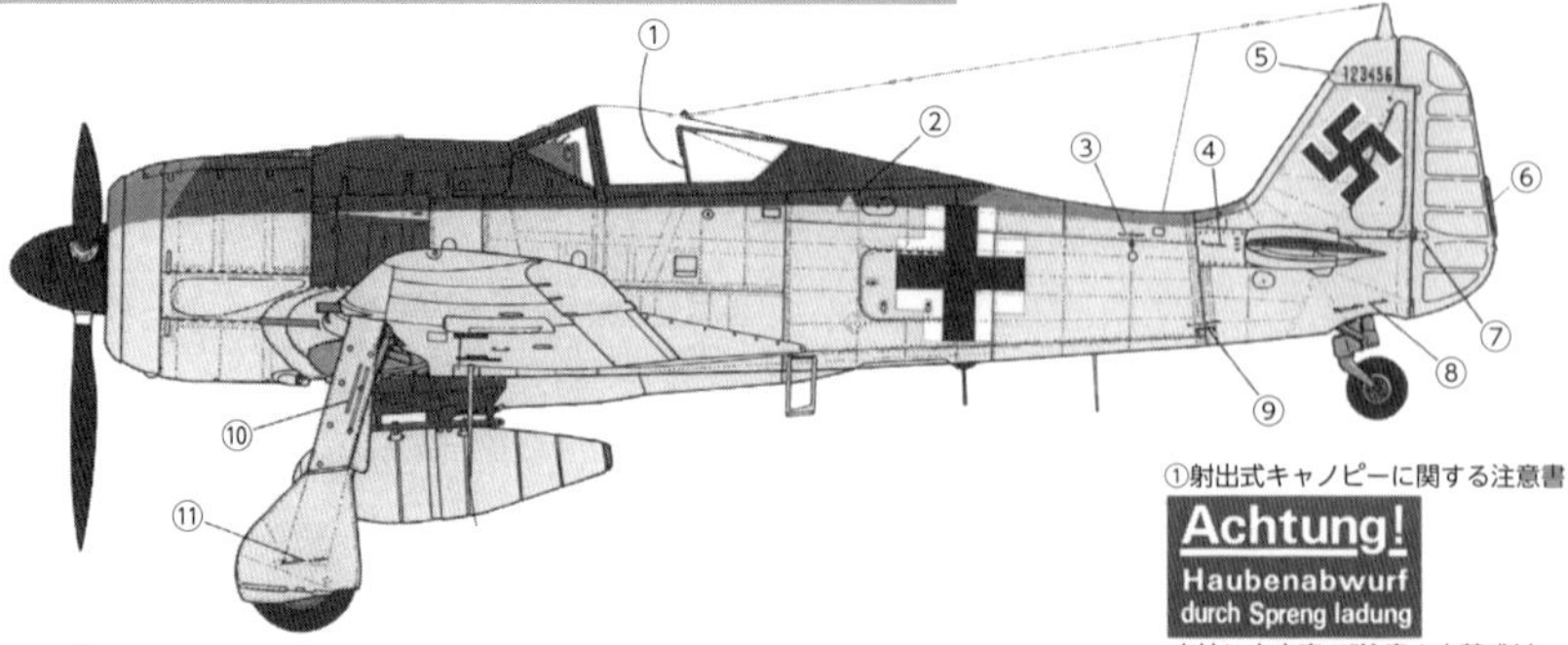

①射出式キャノピーに関する注意書

Achtung!
Haubenabwurf
durch Spreng ladung

赤地に白文字で"注意！火薬式射出キャノピー"と記されている。文字(縦)サイズは"Achtung!"が25㎜、下2行が15㎜。

②増設燃料タンクまたはMW50パワーブースター装置用
メタノール液タンクの注入口表示マーク(A-8、A-9、F-8、F-9、G-8のみ)。白フチ付き黄の三角形の中に黒文字。

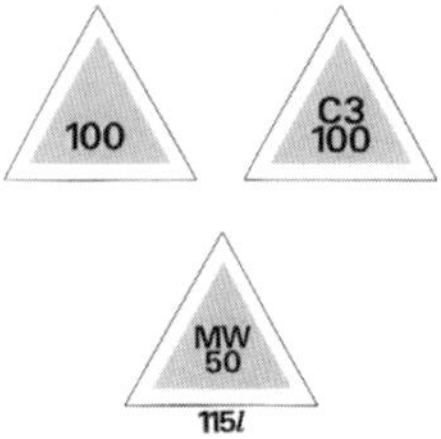

⑤機体製造番号(W.Nr)の記入位置

960231

A-4までは3～4桁、A-5以降は6桁で記入。サイズおよび書体は各型、生産工場によって異なる。数字は黒。

⑩主脚柱オレオの伸縮度表示

文字サイズ(縦)は、上段20㎜、下段10㎜。文字は黒。

機体重量が4,600kg以上と4,600kg以下の2種の収縮度を上下2段に記した表示方法。文字サイズ(縦)は10㎜。

⑥固定タブ注意書き

"Nicht Verstellen"は「動かすな！」、"Nicht Anfassen"は「さわるな！」という意味。いずれも、赤地に白の文字。

③リフト・バー差し込み口の位置表示
"Hier aufholen"は「ここを引き上げよ！」という意味。文字サイズ(縦)は25㎜。矢印、文字ともに黒。

Hier aufholen

④水平尾翼取り付け角度の位置表示
"Anzeigegerät"は「指示目盛り」という意味。文字サイズは20㎜。文字、バーともに黒。

+−
−Anzeigegerät 0−
−−

⑦地上駐機時における方向舵固定具の取り付け位置マーク

赤の破線による長方形。

⑧尾輪のタイヤ空気圧表示

Reifendruck 5 atü

"Reifendruck 5 atü"は「タイヤ空気圧は5気圧」という意味。文字(縦)サイズは25㎜。文字は黒。

⑨整備時のジャッキ位置表示

Hier aufbocken

"Hier aufbocken"は「ここを押し上げよ！」という意味。文字(縦)サイズは25㎜。マーク、文字ともに黒。

⑪主脚タイヤ空気圧表示

"Reifendruck 5.5 atü"は「タイヤ空気は5.5気圧」という意味。文字(縦)サイズは25㎜。文字は黒。

⑫緊急装備品搭載位置表示マーク

白円に赤の十字マーク。

⑬圧縮酸素補給口表示マーク

Sauerstoff

"sauerstoff"は「酸素」の意味。文字(縦)サイズは5㎜。ライトブルー地に白の文字。

機体塗色key

RLM70	RLM74	RLM75	RLM76
シュバルツ・グリュン	グラウ・グリュン	グラウ・フィオレット	リヒト・ブラウ

⑭胴体内後部燃料タンク注入口表示マーク

白フチ付き黄の三角形のサイズは100㎜。100オクタン価C3燃料使用を示す文字は黒。

C3
100

292*l*

㉑ウォークウェイ・ライン

破線の一片は縦10㎜、横20㎜。一般的には、RLM77ライトグレイで描かれているが、黒で記入した機体もある。

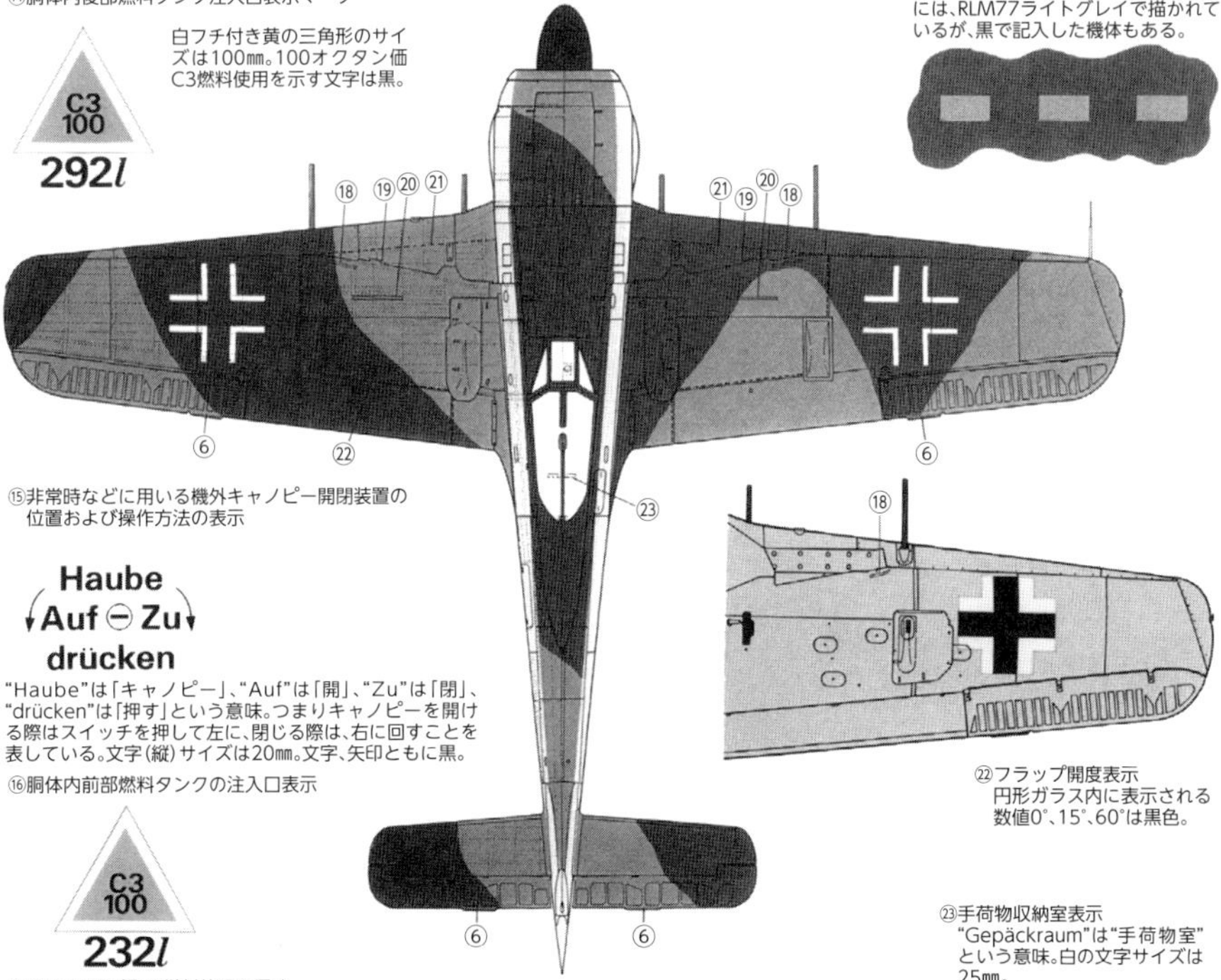

⑮非常時などに用いる機外キャノピー開閉装置の位置および操作方法の表示

Haube
Auf ⊖ Zu
drücken

“Haube”は「キャノピー」、“Auf”は「開」、“Zu”は「閉」、“drücken”は「押す」という意味。つまりキャノピーを開ける際はスイッチを押して左に、閉じる際は、右に回すことを表している。文字(縦)サイズは20㎜。文字、矢印ともに黒。

⑯胴体内前部燃料タンクの注入口表示

C3
100

232*l*

100オクタン価C3燃料使用を示す。色は⑭と同じ。

㉒フラップ開度表示
円形ガラス内に表示される数値0°、15°、60°は黒色。

㉓手荷物収納室表示
“Gepäckraum”は“手荷物室”という意味。白の文字サイズは25㎜。

Gepäckraum

⑰外部電源接続口表示

赤い円。

⑱整備時の主翼下面ジャッキ位置表示

Hier aufbocken

文字(縦)サイズは25㎜。文字は黒。

⑲主脚位置表示棒
上半分はRLM23(赤)、下半分はRLM21(白)。

⑳ステップ位置表示

Nur hier betreten

“Nur hier betreten”は「ここだけ踏むこと」という意味。白地に黒文字。

↓Fw社のメカニックにより、テスト飛行前の点検、整備をうけるFw190A-0、コードレター“KB＋PV”。74/75カラーによる上面の迷彩パターンがよくわかる。胴体側面、垂直尾翼に施された斑点状の吹き付けは、74、75、02カラーなどを用い、製造工場ごとに任意に行なうので、統一された仕様はない。

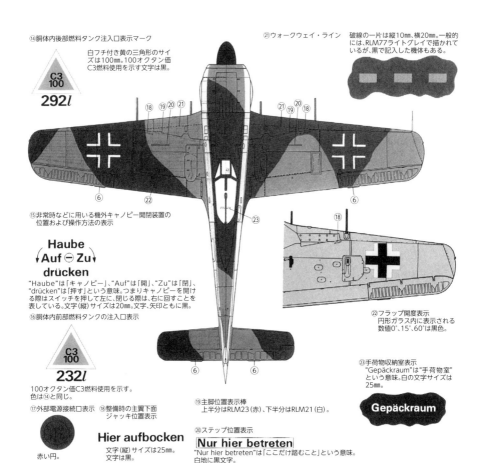

同年11月8日、Ｌ．Ｄｖ．５２１／１仕様の発布に合わせ、新たな〝トロピカル迷彩〟用のカラー、ＲＬＭ79ザントゲルプ（砂黄色）、同80グリュン（緑色）、下面色の同78ブラウ（青色）の３色が規定された。

この方面に進出したＦｗ１９０装備部隊は少なく、１９４２年11月から翌１９４３年３月までの間、Ⅱ．／ＪＧ２とⅢ．／ＺＧ２の２個飛行隊がチュニジアで活動したのみ。

Ⅱ．／ＪＧ２のＦｗ１９０Ａ－４は、上面を79カラー１色に塗布した機体と、74／75カラー迷彩の上に79、80カラーをリタッチした機体とが混在した。下面は78カラーとせず、76のままにしたようだ。

Ⅲ．／ＺＧ２のＦｗ１９０Ａ－４／Ｊａｂｏについては、すべてオリジナルの74／75／76カラー迷彩塗装のままにしていたようである。

なお、１９４４年夏にＦｗ１９０Ｆ－８を装備したⅠ．／ＳＧ４が、イタリア本土北部で活動した際、上面を

←1944年夏、イタリア北部の基地に展開したⅠ./SG4のFw190F-8、機番号"白の1"。ノーマルな74/75カラー迷彩の上から79地に80カラーのマダラ状パターンを吹き付け、応急的なトロピカル迷彩にしている。各国籍標識にもオーバーラップしていることに注目。

↓厳冬期を過ぎて雪溶けが始まった1943年3月、ロシア北部戦線の飛行場でシャーベット状になったエプロン上をタキシングする、1./JG51のFw190A-4、機番号"白の10"。上面全体を覆っていた水性白色塗料は洗い落とされ、地色のグリュン系2色によるローカル迷彩に戻っている。前年秋、胴体尾部に記入していた戦術識別帯（黄）が、国籍標識周囲に移動していることに注目。

79地に80の細かい斑点パターンの、トロピカル迷彩にしたことが知られる。

　いっぽう、１９４１年6月に勃発した独・ソ戦の主戦場となったロシアの大平原は、地中海／北アフリカとはまったく対照的な風土で、夏季は一面緑の絨毯、冬季は一面雪と氷の銀世界という極端な環境だった。

　この方面でＦｗ１９０を最初に受領したＪＧ51は、前線に復帰した１９４１年9月当時は、オリジナルの74／75／76カラー迷彩のままだったが、やがて早い冬の到来で飛行場が雪景色に変わると、上面に水性白色塗料をベタ状に吹き付けて目立たぬようにした。

　ＪＧ51に続き、１９４３年1月にＦｗ１９０に機種改変したＩ．／ＪＧ54のＡ－４も、厳冬期まっ只なかということで、同様に上面全体を白１色に塗った。

　4月頃になり雪溶けが進むと、上面白１色では逆に目立つため、部分的にグリーン系塗料（ＲＬＭ70、71、80、さらには記号色の25など）を不規則に

↑厳冬期のロシア北部戦区に適応する、上面全体を水性白色塗料のベタ塗りとした、ローカル迷彩の5./JG54所属Fw190A-4、機番号“黒の4”。酷使によりカウリング、操縦室周囲付近は、白色塗料が剥離してしまっている。画面左下はBf109の垂直尾翼で、白色塗料はベタ状ではなく、下地の一部を残す状態に吹き付けていることに注目。

→1943年晩春のロシア北部戦区にて、SC250爆弾を懸吊して出撃せんとする、I./JG54飛行隊本部小隊のFw190A-4/Jabo。JG51の夏季ローカル迷彩とは趣の異なる、グリュン／ブラウン系の2色塗り分けにしているようだ。

吹き付けて対処した。

そして、さらに季節が進んで雪が消えると、グリーン系の2～3色を不規則に塗り分けた夏季迷彩に変わる。Ⅱ.／JG54の場合は、グリーン系迷彩の上に、農耕で土の露出が増えた風景に合わせた、ブラウン塗料（RLM79?）を濃密に吹き付けたりした。

しかし、東部戦線の戦況がドイツ軍にとって悪化した1944年に入ると、こうしたローカル迷彩を施している余裕もなくなり、JG51、54、さらには地上攻撃航空団のFw190も含め、オリジナルの74／75／76カラー塗装のままで済ました。

なお、ノルウェー方面に展開したJG5のFw190は、とくにローカル迷彩を施さず、74／75／76カラー塗装で通したようだ。

グリーン系迷彩への回帰

連合軍、ソビエト軍の攻勢に押され、航空戦の主舞台もドイツ本土上空に集約されつつあった1944年7月、RLMは昼間戦闘機の上面迷彩色をグレイ系74／75から、新たに登用したグリーン／ブラウン系の81、82カラーに変更する旨、各製造メーカーに通知した。色調は少し異なるものの、戦前の70／71カラーを用いたグリーン系迷彩への回帰とも言える。

ただ、従来までと異なるのは、塗料の原材料調達難に配慮し、81カラーには3種の調合法が用意され、色調はRLM81v.1と同v.3がブラウン系、同v.2はグリーン系になった。82カラーに関してはヘルグリュン（明緑色）に統一されたようだ。

こうした背景から、各航空機メーカーの新造機に対する塗装指示書は、Me262の場合は81ブラウンフィオレット（茶紫色）、82ヘルグリュン、Do335の場合は81、82いずれもデュンケルグリュン（暗緑色）という具合に、まちまちになった。

この81、82カラーによる新迷彩は、2ヵ月後の9月から各メーカーの新造機に導入されたが、在庫の旧74／75カ

→ドイツ敗戦当時、同国南部ミュンヘン市近郊のノイビベルク基地に駐留していた、もとⅡ./SG2所属と思われるFw190F-8/R1、W.Nr586875、機番号“黄の2”。各国籍標識は全て黒フチのみのタイプ、胴体後部上面に81、または82カラーをリタッチした典型的な末期仕様である。

ラーが残っている場合は、それらを使い切るように、との指示も出されており、81と75、82と74の組み合わせとした機体も存在した。

この時期、Ｆｗ１９０の生産主力は新型のＤシリーズに移行していたが、各社で量産中のＡ－８、－９、Ｆ－８、－9については、旧74／75／76カラー塗装をそのまま継続した機体が多く、完全な81／82カラー塗装で完成した例は少ないようだ。

１９４５年に入ると塗料不足も深刻となり、あり合わせの在庫塗料の使用も恒常化、Ｆｗ１９０Ａ、Ｆについては下面色76の塗布を鋼、および木製部品、羽布張り外皮部のみに限定し、他は無塗装でも可とされた。

国籍標識の変化

ドイツ空軍機の国籍標識は、第一次世界大戦後期のそれを継承した形の「バルケンクロイツ」、いわゆる「桁《けた》十字」と称するもので、胴体後部の両側、および左右主翼の上、下面、垂直尾翼、または方向舵の両側計8ヵ所に記入した。色は黒色で、白フチが付き、さらにその白フチの外側に細い黒フチを付けたタイプを標準とした。

ただし、第一次世界大戦期と異なるのは、垂直尾翼のそれが桁十字ではなく、ナチス党のシンボル標識である「ハーケンクロイツ」（鈎十字）にした点。

第二次世界大戦の中期以降は、主に塗装の手間を省くのと、なるべく敵機からの視認度を下げるための簡略化が図られ、主翼上面は細い白フチのみとし、胴体は外側の細い黒フチを省略するか、白フチのみとした。

末期には、さらに目立たぬよう黒フチのみ、あるいは垂直尾翼の鈎十字を黒ベタのみにするなどの措置も採られた。それらの変遷、およびバリエーションをＰ．１５２に示す。

各国籍標識のサイズは機体の大小によって異なるが、十字の幅に対する、フチどりの幅の寸度基準は厳格に定めてあり、型紙を使って正確に吹き付け

国籍標識の各寸度基準

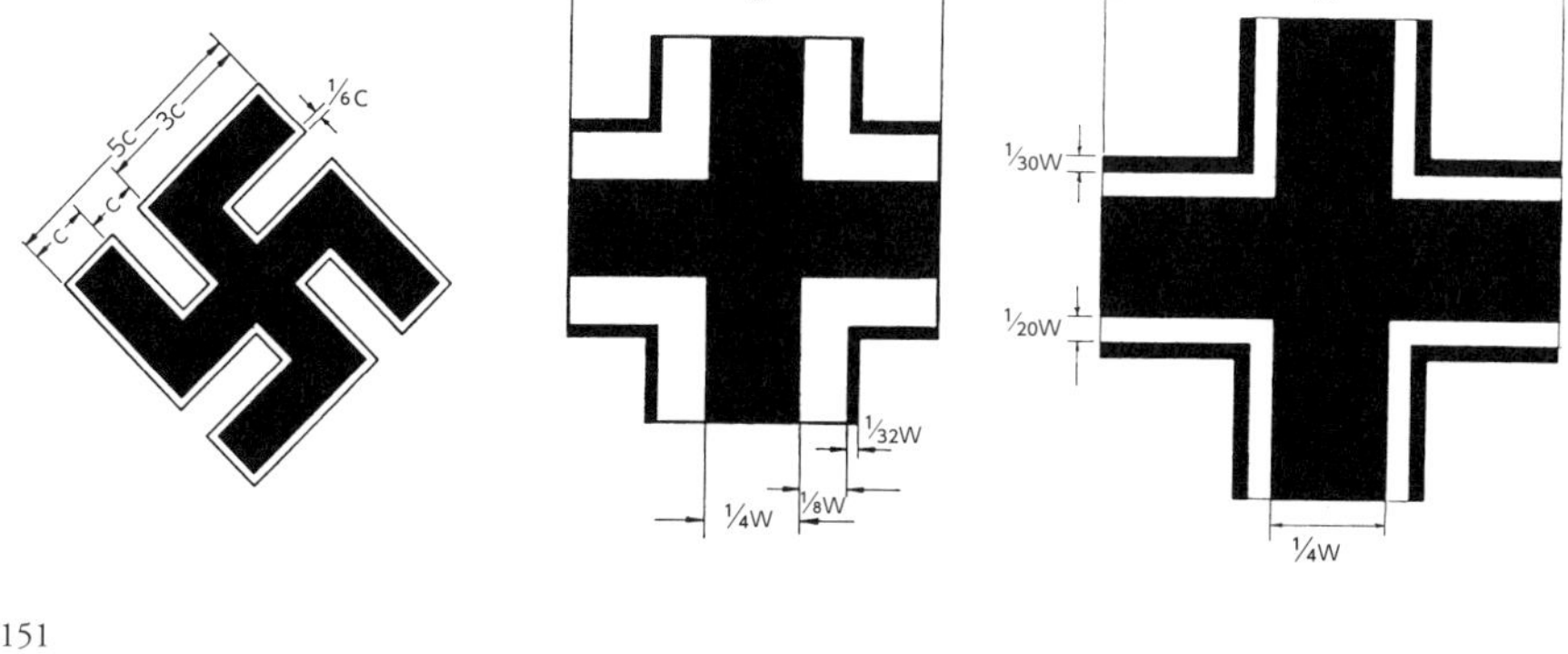

→ドイツ南部のバート・アイブリンク基地で敗戦を迎えたFw190群。戦争末期の国籍標識のバラつきをよく示しており、左手前のA-8、W.Nr960233は胴体が黒フチのみ、尾翼が黒ベタのみ、右のA-3、W.Nr2168は胴体が白十字に黒フチ、尾翼が白フチのみ、中央奥のA-8は、胴体がA-3と同じ、尾翼が黒に白フチ。

国籍標識のバリエーション

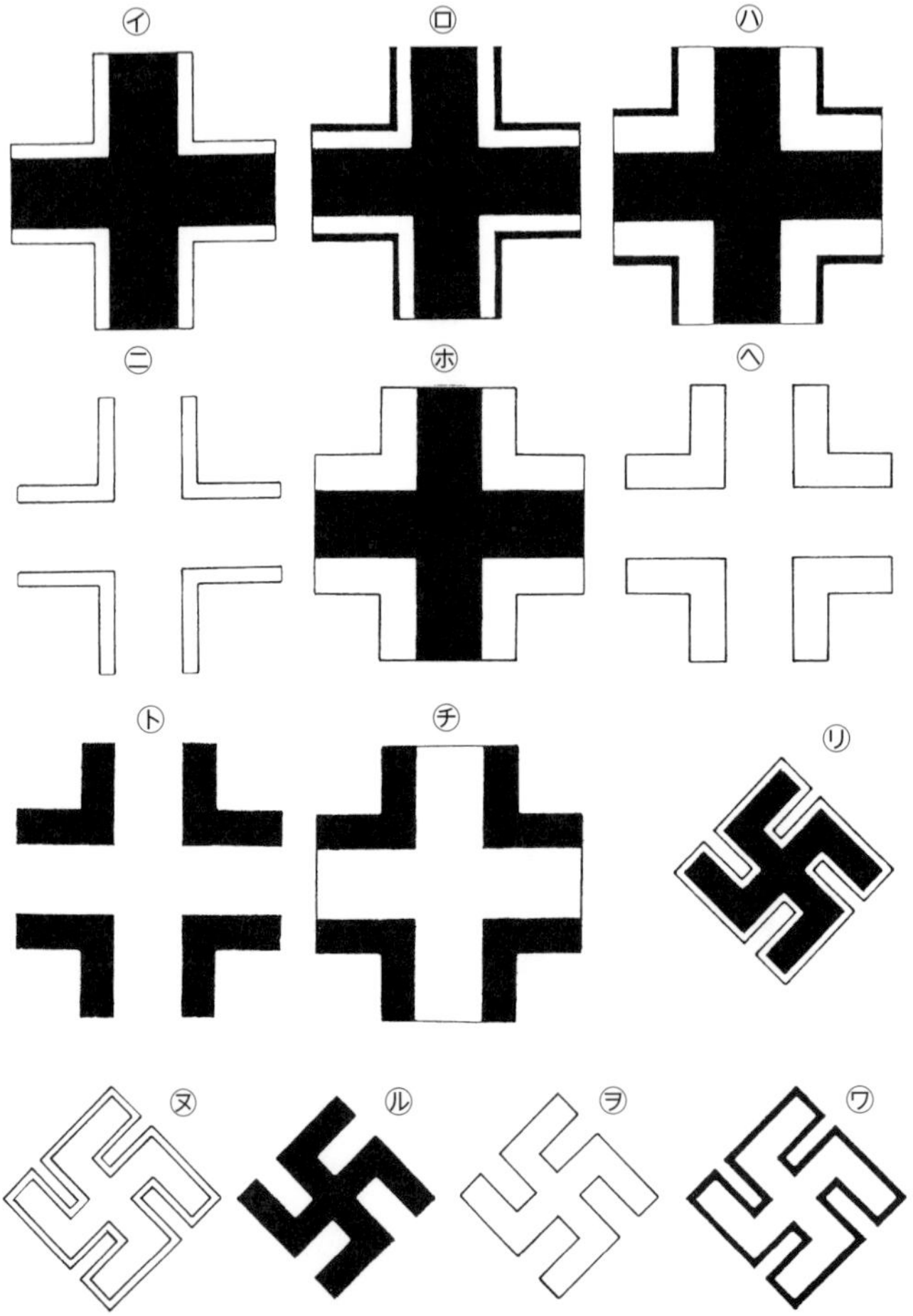

㋑1935年9月〜1936年春頃までの胴体、主翼、㋺1936年春以降の胴体、主翼、㋩1940年以降の胴体、主翼下面、㋥1942年春以降の主翼上面、㋭1942年春以降の胴体、㋬1943年以降の胴体、㋣1944年末以降の胴体、主翼、㋠1945年に入ってからの胴体、㋷1944年までの尾翼、㋦、㋸、㋾、㋻は1945年に入ってからの尾翼。

塗装された。

製造番号、コード・レター

Fw190も含めた全てのドイツ空軍実用機には、工場で完成した時点において、固有の製造番号（3～6桁数字）と、アルファベット4文字から成るコード・レター（ラジオ・コード）が付与された。

Werk《ヴェルク》-Nummer《ヌンマー》（W.Nrと略記）と呼ばれた製造番号は、Fw190の場合A-4までが3～4桁、A-5以降が6桁数字を、各製造工場ごとに番台を割り振り、通し番号で付与した。記入位置は垂直安定板の上部両側で、黒色にてステンシルした。

Stamm《シュタム》-Kennzeichen《ケンツァイヘン》（種別記号）と呼ばれたコード・レターは、4文字の前半2文字で一定のブロックを表わし、3文字目がそのブロック内の区割り、4文字目が固有機コードになった。Fw190A-0からA-1の初期までを例にすれば、ブロックはKB、SB、TI、TKなどがあり、胴体国籍標識を挟み〝KB+PJ〟、〝KB+PU〟、〝SB+KA〟、〝SB+KV〟の要領で黒色にてステンシルした。

主翼下面にも左、右2文字ずつステンシルされたのだが、このコード・レターは実戦部隊配備後は、塗り潰して消去されるのが普通。ただし、主翼下面のそれは残しておく場合もあった。

←黄色地の方向舵に、転属以前の東部戦線で稼いだソビエト機51機撃墜、および現所属の7./JG2でイギリス機1機撃墜を示すスコア・マークを描いた、クルト・クナッペ曹長の乗機、Fw190A-4のW.Nr。フル番号は0142 413だが下4桁のみを記入している。

各記号、マーキング基準

第二次世界大戦期のドイツ空軍戦闘機隊では、他の爆撃機、偵察機隊などとは異なった独特の記号、マーキング基準が適用された。

まず、航空団司令官、飛行隊長、さらにはそれら本部付き各将校などの幹部乗機には、P.155に示したような記号が、胴体国籍標識を挟んだ前、

←黄色地の方向舵に、30機撃墜で騎士鉄十字章受章を示すデコレーションと、その後のソビエト、イギリス機計24機撃墜を示すスコア・マークを描いた、1944年2月当時の4./JG26所属、アドルフ・グルンツ曹長の乗機Fw190A-7のW.Nr。6桁の642527を記入している。

後に記入された。色は黒色で、これに白、および黒のフチを付ける。

飛行隊を示すのは胴体国籍標識の後方に記入する記号で、Ｐ．１５５右下に示すごとく第Ⅰ飛行隊は無記号、第Ⅱ飛行隊は横棒、第Ⅲ飛行隊は波形（１９４1年以降は縦棒に変更）、第Ⅳ飛行隊は当初円だったが、部隊によっては小さな黒十字、末期のＪＧ３などでは半波形も使用した。

中隊内の各機は、胴体国籍標識の前方にアラビア数字を記入して固有機番号とした。大戦初期の1個中隊装備定数は12機だったので、多くの場合、中隊長機の1から12までだったが、中期には16機、末期には24機まで増強された。

もっとも、エクスペルテたちが中隊長の場合は慣例にとらわれず、自分にとってのラッキーナンバーを使った。Ｆｗ１９０では、1．／ＪＧ1グリスラフスキ大尉機の〝9〟、9．／ＪＧ２シュネル中尉機の〝4〟、その後任となったヴュルムヘラー中尉機の〝2〟、1．／ＪＧ54ノヴォトニー少尉の〝8〟などがよく知られる。

各飛行隊隷下の各中隊は、この機番号と飛行隊記号を、それぞれに定められた色で記入し、所属がわかるようにした。各中隊に割り振られた色はＰ．１５６の表に示すとおり。

ただ、Ｆｗ１９０を例にしても、６．／ＪＧ26では黄ではなく茶色を使用し、１９４４年以降1個飛行隊が4個中隊構成に変わると、4番目中隊は青を、またＪＧ５などでは、第Ⅲ飛行隊の１番目中隊となった第9中隊が、白の代わりに青を使用するなどした。

Ｂｆ１０９、Ｆｗ１９０のヤーボを装備した地上攻撃航空団は、戦闘機隊に準じた胴体記号を採用していたが、明確に異なるのは、飛行隊記号を黒の三角形に統一し、第Ⅰ飛行隊はこれを胴体国籍標識の前に、第Ⅱ飛行隊はその後方に記入して区別したこと。固有機識別もアラビア数字ではなく、アルファベット1文字にし、中隊色で前、後いずれかに記入した。

もっとも、１９４３年後半には黒の三角形による識別は廃止され、戦闘機隊と同じ横棒などを用いた区別に、１９４４年後半には固有機記号もアラビア数字に変えるなど、戦闘機隊との区別がつかぬようになった。

全ての航空団、飛行隊、中隊が採用した訳ではないが、それぞれのセクションで功績のあった人物、駐留地の伝統に因んだ紋章などを定め、胴体の各部分に描いて隊員の士気を高める素地とした。Ｆｗ１９０を例にした記入箇所は、Ｐ．１５７に示した各所。

有名なのは、第一次世界大戦におけるＮｏ．２のエクスペルテ、ウーデット大将の頭文字〝Ｕ〟をデザイン化したＪＧ３の航空団章、鮮やかなグリーンのハートをモチーフにしたＪＧ54の航空団章、空軍各徽章のモチーフである鷲の頭部を機首側面に特大サイズで描いた、ＪＧ２航空団章など。

◆　◆

Ｆｗ１９０に限ったことではないが、第二次世界大戦勃発後、１９４０年夏のバトル・オブ・ブリテンを境に、ド

幹部記号一覧

㋑

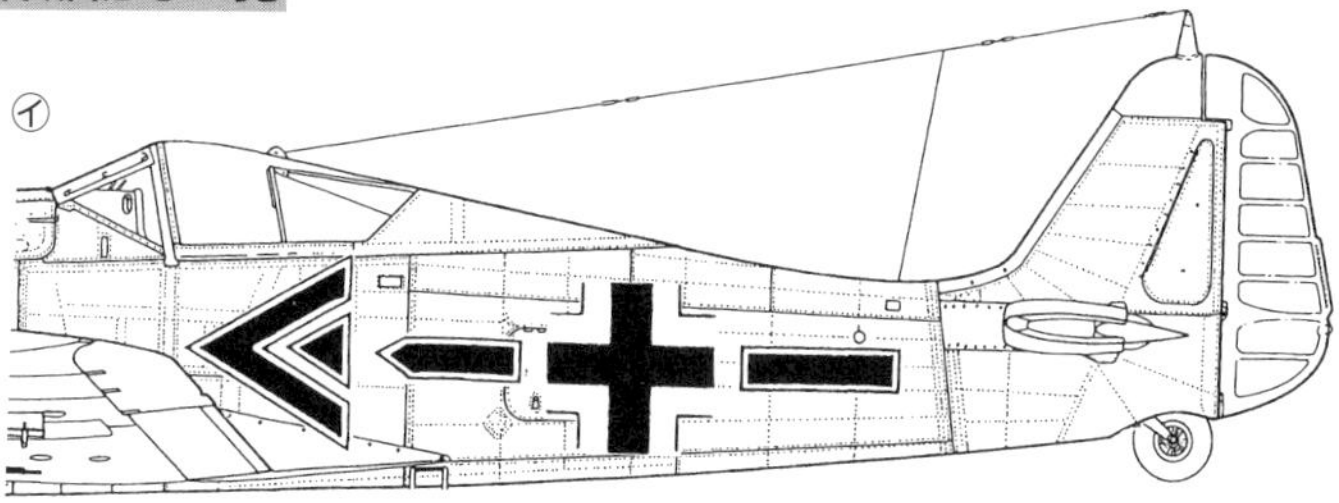

※左に示したのは基本の形で、それぞれに多くのバリエーションがある

㋑、㋺は航空団司令官、㋩航空団本部付副官㋥航空団本部付戦技将校㋭航空団本部付将校㋬、㋣は飛行隊長、㋠飛行隊本部付副官㋷飛行隊本部付戦技将校㋦飛行隊本部付将校

㋺ 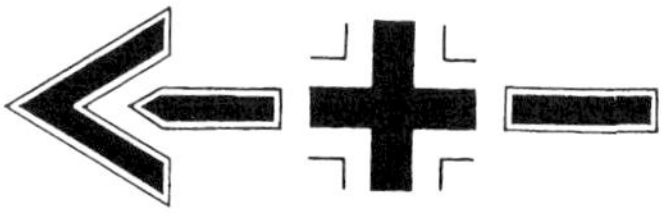

㋩ 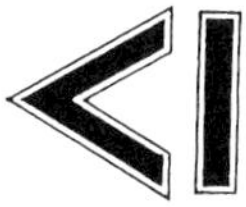

㋥ 

㋭ 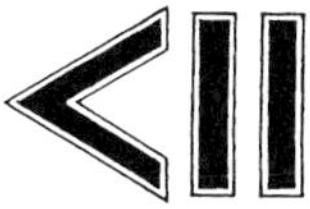

㋬ 

㋣ 

㋠ 

㋷ 

㋦ 

↑図㋺に示した航空団司令官乗機を示す幹部記号を記入したFw190A-5？。1943年夏の東部戦線で、JG51、またはJG54のいずれか。

飛行隊記号

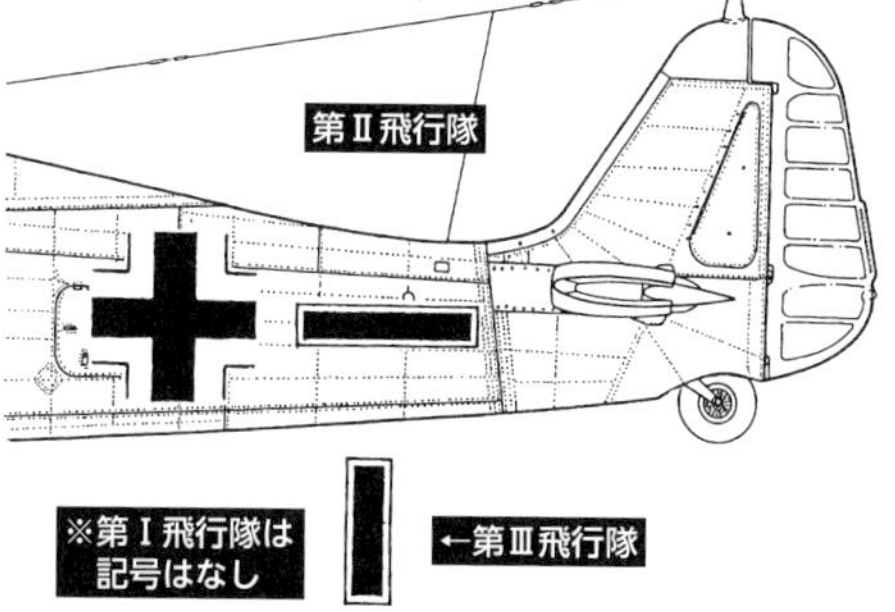

イツ空軍は味方機による同士討ちを防止するなどの理由で、とくに戦闘機を対象にした味方識別の手段として、機首まわり、方向舵を目立つ色の黄に塗る方法を用いた。

1941年9月に西部戦線で実戦デビューしたJG26のFw190も、カウリング下面、方向舵を黄色に塗ってこれに準拠していた。

さらに、戦域が地中海／北アフリカ、ソビエトにまで拡大すると、それぞれの戦域展開部隊であることを明確に示すため、胴体後部に色帯を記入して区別した。

地中海／北アフリカ方面は白、ソビエト戦域は黄が適用されたが、Fw190の場合は、Bf109のようにスピナー全体、主翼端にまで塗布するほど大袈裟な仕様とはせず、胴体後部の帯のみにとどめた。

◆　◆

前述の味方機識別を意図した黄、白塗装と似たような目的で、大戦末期の本土防空に従事した各昼間戦闘航空団を対象に規定されたのが、〝Reichsverteidigung〟（帝国防衛部隊識別帯）と呼ばれた、胴体後部に記入する1～3本の帯。

もっとも、味方機識別の意図というより、各部隊識別の意図が本旨だったが……。というのも、アメリカ陸軍航空軍の戦爆連合編隊計1000機以上が来襲する状況下、ドイツ戦闘機も本土内各基地からときに数百機が迎撃に

機番号の中隊カラー区分

飛行隊／中隊色	第Ⅰ飛行隊（ⅠGruppe）	第Ⅱ飛行隊（ⅡGruppe）	第Ⅲ飛行隊（ⅢGruppe）	第Ⅳ飛行隊（ⅣGruppe）
白	第1中隊（1 Staffel）	4	7	10
赤（または黒）	2	5	8	11
黄	3	6	9	12

←1943年春、東部戦線で出撃準備中の3./Sch.G1所属Fw190F-2/Trop、固有記号“黄のC”。胴体国籍標識の前方に黒の三角形を記入するのは、Sch.G第Ⅰ飛行隊の規定。もっとも、この黒三角形を用いた識別規定は、同年後半に廃止されてしまう。

上がるので、各隊入り混った状況下、その所属を一目でわかるようにするためだった。

当局からの規定通達は１９４４年７月１日付けで、帯の幅は90cmとされ、２色使用する場合は45cmずつと、30cmずつ３本にする場合があった。

Ｆｗ１９０Ａ装備部隊を例にすると、ＪＧ１が赤、ＪＧ２が黄／白／黄、ＪＧ３が白、ＪＧ４が黒／白／黒、ＪＧ５が黒／黄、ＪＧ６が赤／白／赤、ＪＧ11が黄、ＪＧ26が黒／白、ＪＧ54が青、ＪＧ３００が青／白／青、のち赤だった。

◆　◆

Ｆｗ１９０に限らず、Ｂｆ１０９、さらにはＢｆ１１０、Ｍｅ４１０など双発戦闘機の一部にもみられた、スピナーのＳｐｉｒａｌｅ《シュピラーレ》（渦巻き）紋様は、他国機には例がない独特のマーキングで、大戦後期のドイツ戦闘機を象徴する味方機識別標識だった。

１９４３年夏頃にＪＧ３のＢｆ１０９Ｇなどが、対空砲火除けの〝お守

航空団、飛行隊、中隊各章の記入位置

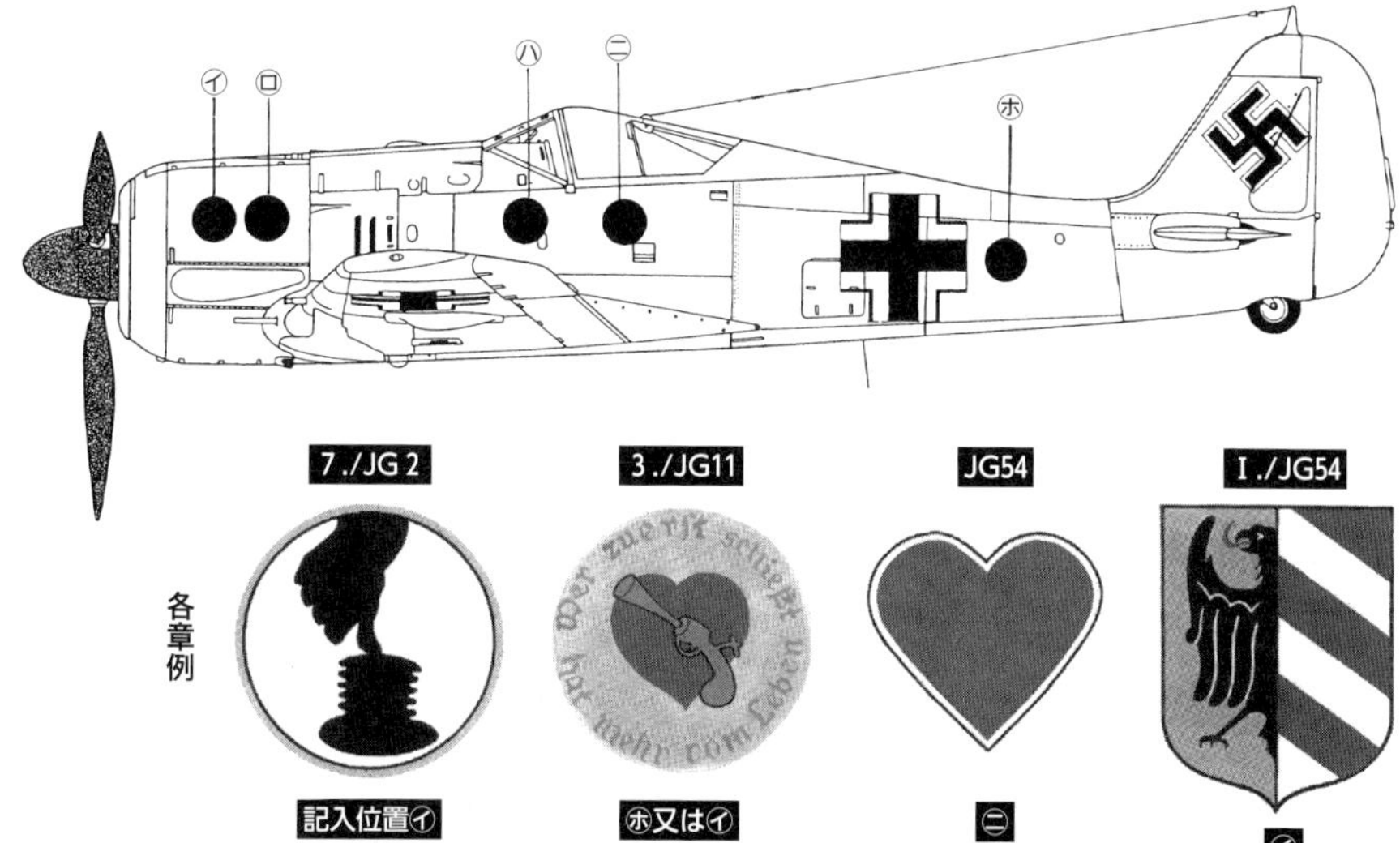

→他隊には例がない、機首から操縦室横にかけて、鷲をモチーフにした特大の航空団章（白フチ付きの黒）を描いた、8./JG2のFw190A-3、機番号“黒の13”。1942年秋頃の撮影にもかかわらず、胴体国籍標識が末期タイプの白フチのみとなっている点に注目。

り〃として塗装したのが始まりらしいが、その後各隊に広く伝播したことをうけ、翌1944年7月1日付けで、当局は正式に味方機識別標識として公認した。Fw190は、A-6以降が記入したようだ。

渦巻きパターンは、スピナーの地色（RLM70）に白でペイントするのが普通だったが、黒地に白、または黄、青地に白などの例もあった。渦巻きの起点はスピナー先端中心で、正面からみて右巻き、左巻きの双方があった。併載写真にその一例を示す。

↑［上2枚とも］黒地のスピナーに白のシュピラーレ（渦巻き）紋様を描いた、Fw190A-8を正面からアップで捉えたショット。下はエンジンを始動した状態の同一機で、静と動の違いを実感できる貴重な写真。プロペラは、正面から見て左廻りなので、回転するとシュピラーレも、前方から後方に連続して流れるように見える。

エクスペルテの証《あかし》

空中戦で敵機を撃墜するのが戦闘機パイロットの使命であり、それを果たした証しとして、多くのパイロットたちが、方向舵に誇らしげなスコア・マークを描いた。Fw190を乗機にしたエクスペルテも同様である。

スコア・マークは、P.159に示した例のごとく縦のバーを用い、白、黒、赤などの各色で記入した。その縦バーの上方、もしくは中ほどに撃墜機の国籍標識や、撃墜機名、日付を記入する例もあった。

数十機以上の撃墜スコアを稼いだエクスペルテが、乗機を更新する際には、最初から描き込むのは大変なので、騎士鉄十字章受章時のスコアと同章の図柄を組み合わせたデコレーションでまとめ描き、その後のスコアのみを下方につづけて記入する、という方法も用いた。

もっとも、全てのエクスペルテたちがスコア・マークを描いた訳ではない。とりわけ、ハルトマンやバルクホルン、ラルといった東部戦線の超エクスペルテたちは、100機以上撃墜を境に止めている。これは、万一撃墜されて不時着しソビエト軍の捕虜になってしまった場合、その反動でひどい〃仕打ち〃を受けるのを避ける意味もあった。

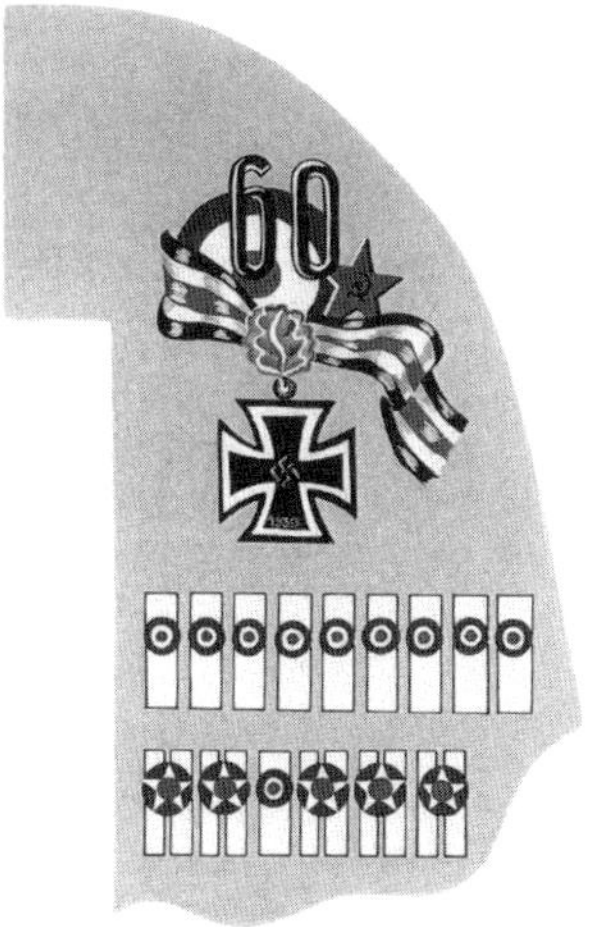

↑下写真の方向舵に描かれたデコレーション、スコア·マークのイラスト。アメリカ軍機国籍標識が重なる白いバーが2本になっているのは、査定ポイントが高い四発重爆撃墜を示している。

スコア・マークのバリエーション

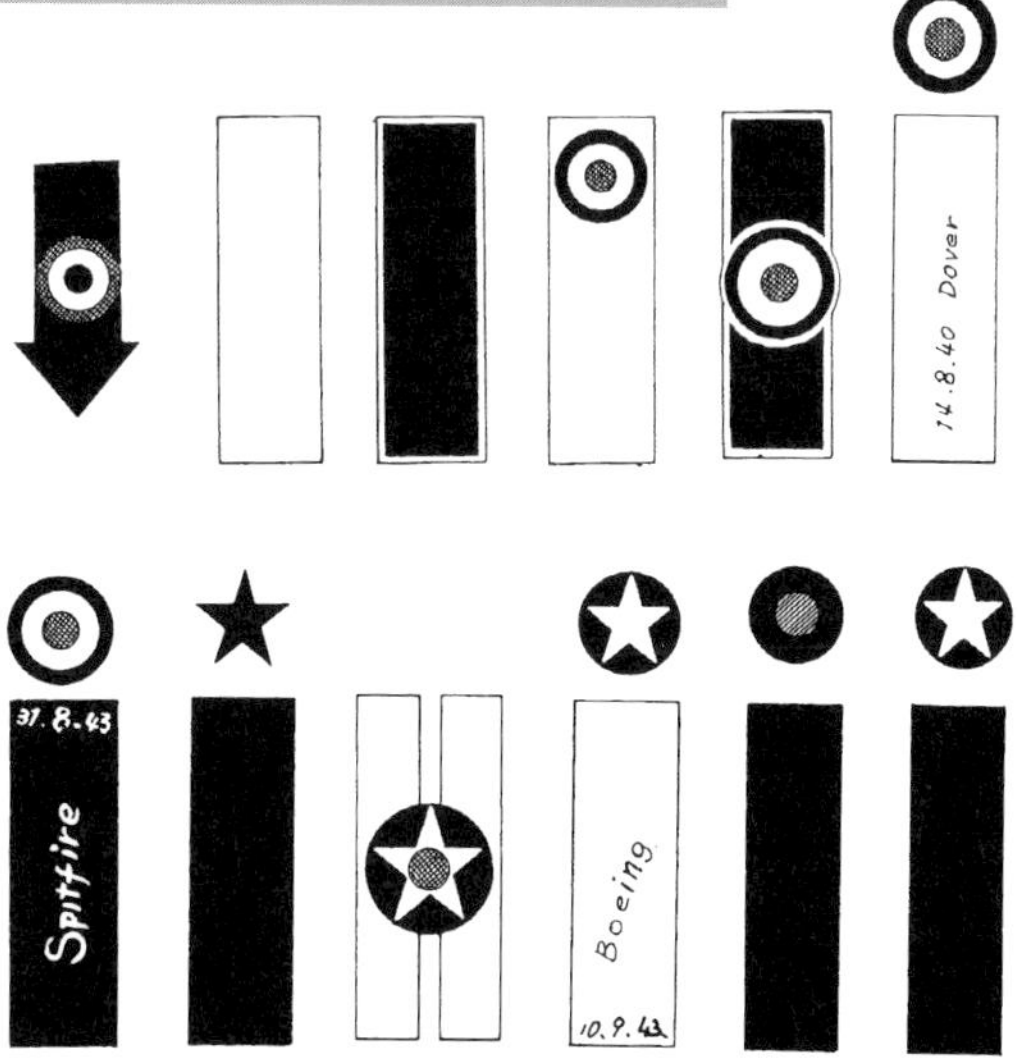

↑右写真から2ヵ月後の1943年7月時点のヴュルムヘラー中尉乗機、Fw190A-5、W.Nr7334、機番号“黄の2”の方向舵に、76機目撃墜のスコア・マークを記入する整備員。60機撃墜分を束ねたデコレーションが華やか。

↑黄色地の方向舵に、撃墜機の国籍マーク／帯で束ねた9～10本ずつのスコア・マークを7段に記入した愛機、Fw190A-5、W.Nr700、機番号“黄の3”とともにカメラに収まった、9./JG2中隊長ヨーゼフ・ヴュルムヘラー中尉。1943年5月の撮影。

フォッケウルフ
Fw190戦闘機のメカニズム
ドイツ主力戦闘機の徹底研究

2023年12月13日　第１刷発行

著　者　野原　茂

発行者　赤堀正卓

発行所　株式会社　潮書房光人新社

〒100-8077
東京都千代田区大手町 1-7-2
電話番号／03-6281-9891（代）
http://www.kojinsha.co.jp

印刷製本　サンケイ総合印刷株式会社

定価はカバーに表示してあります。
乱丁、落丁のものはお取り替え致します。本文は中性紙を使用

ISBN978-4-7698-1704-8 C0095